WOLFGANG LEISENBERG

Die verboЯgene Wirklicheit

Was Menschen davon abhält, die naturwissenschaftliche und biblische Wirklichkeit zu erkennen

WOLFGANG LEISENBERG

Die verboЯgene Wirklicheit

Was Menschen davon abhält, die naturwissenschaftliche und biblische Wirklichkeit zu erkennen

Freimund-Verlag

Bibliografische Information der Deutschen Nationalbibliothek
Die Deutsche Nationalbibliothek verzeichnet diese Publikation in der Deutschen Nationalbibliografie; detaillierte bibliografische Daten sind im Internet über http://dnb.d-nb.de abrufbar.

WOLFGANG LEISENBERG

Die verboRgene Wirklichkeit

Was Menschen davon abhält, die naturwissenschaftliche
und biblische Wirklichkeit zu erkennen

ISBN 978 3 946083 33 7

www.freimund-verlag.de

Titelbild: Freie Datenbank pixabay, Bildmontage
Konzept, Gestaltung, Layout: Silvia Bachl
Gesamtherstellung: Freimund-Verlag, Neuendettelsau

INHALT

Dank und Widmung

Danken möchte ich Dr. Ingo Resch für die Anregung zu diesem Buch, Prof. Dr. Kothmann für seine Unterstützung bei der Veröffentlichung und der Lektorin, Frau Silvia Bachl, für ihre besondere Mühe bei der Gestaltung des Buches.
Mein größter Dank gebührt meiner Frau für die vielen Stunden die sie für dieses Buch auf unsere gemeinsame Zeit verzichten musste.

Gott ist der Autor der Bibel und der Schöpfer des Universums. Da sich beide Offenbarungen nicht widersprechen können, stimmen die Erkenntnisse der modernen Physik umso mehr mit den Aussagen der Bibel überein, je tiefer sie in die unsichtbare Wirklichkeit vordringt.

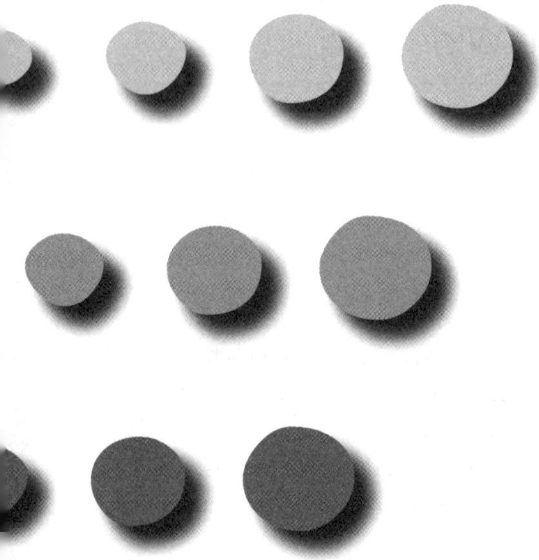

VORWORT

Dieses Buch führt auf der Suche nach der tieferen Wirklichkeit durch die Umbrüche des Naturbildes bis zur Entstehung der modernen Physik, möchte aber vor allem die wechselseitige Beeinflussung von Weltanschauung und Naturwissenschaft in den Blick nehmen. Denn es zeigt sich durch die ganze Geschichte hindurch, dass die empirische Naturwissenschaft zwar weltanschaulich neutrale mathematische Beschreibungen der Wirklichkeit liefert, aber deren Deutung immer auch durch die Weltanschauung ihrer Zeit und der Forscher geprägt ist. Selbst den Forschern fiel es oft schwer, ihre neuen Einsichten zu akzeptieren. So wagte es Kopernikus nicht, sein heliozentrisches Weltbild als Realität vorzustellen, sondern nur als „mathematische Fiktion"[1]. Max Planck musste sich zu einem „Akt der Verzweiflung" zwingen, um die Grundgleichung der Quantenphysik zu formulieren,[2] und Werner Heisenberg fragte sich zeitweise ebenso verzweifelt, „ob die Natur wirklich so absurd sein könne."[3] Das zeigt, wie verborgen uns die Wirklichkeit selbst dann ist, wenn wir sie erkennen könnten. Mit der Quantenphysik sind wir offensichtlich an die Grenzen des Erkennbaren gestoßen und wissen, dass die tiefste Dimension der Wirklichkeit unserer Forschung verborgen bleiben wird. Aber da sie letztlich entscheidend ist für unsere Suche nach Sinn und Ziel des Lebens, wurde sie uns in Form der Bibel aus dieser Dimension offenbart.

Natürlich fließt auch mein Weltbild in die Argumentation ein und es ist nur fair, es den Leser wissen zu lassen. Wie bei den

1 Simonyi Károly, Kulturgeschichte der Physik, 1990, S. 184.
2 Anton Zeilinger, Einsteins Schleier – die neue Welt der Quantenphysik, 2003, S. 15.
3 Werner Heisenberg, Quantentheorie und Philosophie, 1979, S. 18.

meisten Menschen, hat es sich im Laufe der Zeit entwickelt. Es wurde durch das humanistische Gymnasium und drei Technische Universitäten geprägt, wo man als selbstverständlich voraussetzte, dass nur die Wissenschaft sichere Erkenntnis der Wirklichkeit liefern könne. So wäre ich sicher Agnostiker geblieben, wenn ich nicht eine persönliche Erfahrung mit dem Gott der Bibel gemacht hätte, die mich mit 43 Jahren vor die Alternative stellte: Bin ich Monods „Zigeuner am Rande des Universums“[4], oder ein „Gedanke Gottes“? Ich entschied mich trotz meines damaligen, dem völlig entgegenstehenden Weltbildes für die letztere Alternative. Damit begann eine jahrzehntelange Auseinandersetzung mit der Naturwissenschaft, ihren Möglichkeiten, Grenzen und ihren weltanschaulichen Implikationen. Speziell die Quantenphysik zeigt, dass, je weiter die Physik in den Hintergrund unserer Wirklichkeit vordrang, desto mehr ihre Erkenntnisse mit gerade den eher unverständlichen Aussagen der Bibel übereinstimmten. Das bestätigt die Sicht der Pioniere der Naturwissenschaft, die in der Natur und der Bibel komplementäre Offenbarungen des einen Gottes sahen. Mit der Postmoderne hat allerdings eine Entwicklung eingesetzt, in der natur- und gesellschaftswissenschaftlich gesicherte Erkenntnisse durch ideologische Wunschvorstellungen ersetzt werden. Wir geraten mehr und mehr in die paradoxe Situation, dass trotz allen zuverlässigen Wissens, unser öffentliches Leben immer stärker durch eine täuschend echte Pseudowirklichkeit geprägt wird.

Aber es gibt daneben auch eine geistliche Welt, nicht manipulierbar, mit ewigen Wahrheiten, mit Liebe, Sinn, einem großen Ziel und der Gewissheit, am Ende anzukommen in der Welt Gottes. Diese, Offenbarung, verbunden mit den Erkenntnissen der modernen Physik, liefert ein ganzheitliches Weltbild,

4 Jaques Monod, Zufall und Notwendigkeit, 1985, S. 151.

das die Realität mit genügender Genauigkeit abbildet, um sich in der sichtbaren und unsichtbaren Welt orientieren zu können.
Natürlich wird naturalistischen Lesern manche Aussage dieses Buches Mühe machen, aber dem kritischen Leser sei der biblische Rat empfohlen: Prüfen Sie alles und behalten Sie das Gute!

ERSTE GEDANKEN ÜBER DIE VERBORGENE WIRKLICHKEIT

1. Erste Gedanken über die verborgene Wirklichkeit

Naturphilosophie in der Antike

Die für die Wissenschaft bedeutsame Geschichte des Altertums lässt sich in zwei Perioden gliedern:

1. Knapp 3000 Jahre Babylonien und Ägypten bis etwa zur Mitte des letzten Jahrtausends v. Chr.
2. Die Geschichte der Juden, Perser, Griechen und Römer von der Mitte des letzten vorchristlichen bis zur Mitte des ersten nachchristlichen Jahrtausends.

1.1 Was die Ägypter und Babylonier konnten und wussten

Der Nil hat mit der Pünktlichkeit eines Kalenders die Felder überflutet und auf ihnen Schlamm aus Innerafrika abgelagert. So mussten die Grenzmarkierungen der Ländereien jedes Jahr neu vermessen werden. Daher hatte die Geometrie (wörtlich: Landvermessung) naturgemäß große Bedeutung. Es war auch sehr wichtig, den Beginn der Überschwemmungen vorauszusagen. Deshalb waren die astronomischen Beobachtungen nicht nur für religiöse Feiertage, sondern auch für die landwirtschaftliche Produktionsplanung notwendig. Nebenbei war durch diese Berechnungen eine sehr genaue Nord-Süd-Ausrichtung der großen Pyramiden möglich.[5]

Zum Bau der Pyramiden mussten Steinblöcke mit etwa 50 t

auf große Höhen gehoben und exakt positioniert werden. Felsblöcke von bis zu 1000 t wurden auf Schlittenkufen transportiert. Die

5 Károly, Kulturgeschichte, S. 48.

leitenden Bauleute müssen offensichtlich mit Begriffen wie Reibung, Drehmoment und der Zusammensetzung von Kräften vertraut gewesen sein. Für die Planung und den Bau der Pyramiden musste man auch das Volumen eines Pyramidenstumpfes berechnen. Die mathematischen und physikalischen Kenntnisse der Ägypter waren erstaunlich, aber ausschließlich anwendungsbezogen.
Auch die babylonische Mathematik hat in praktischen Berechnungen Spitzenleistungen geliefert. Sie konnte die Diagonale eines Quadrates (Wurzel aus 2) mit einer Genauigkeit von vier Stellen angeben, und die astronomischen Berechnungen waren so präzise, dass die Jahresdauer auf 4,5 Minuten genau bestimmt werden konnte.[6] Ägypter und Babylonier verfügten also über eine Vielzahl konkreter mathematischer Kenntnisse, aber es waren praktische Rechenregeln. Sie konnten die Planetenbahnen sehr genau voraussagen, haben aber nie versucht, sie geometrisch zu beschreiben oder sie mit Hilfe eines physikalischen Modells zu deuten.

1.2 Israels biblisches Weltbild

Im Naturbild der Ägypter und Babylonier ruhte die Erde in der Mitte der Welt und die Gestirne liefen um sie herum. Die Sterne und Planeten sind in diesem Weltbild zudem nicht nur Himmelskörper, sondern Gottheiten, die in „Himmelsbarken" fahren. Die Juden hatten einen regen Austausch mit den Ägyptern und Babyloniern. Aber ihr Weltbild war völlig verschieden von dem aller umliegenden Völker, weil es sich nicht auf die Beobachtung der Phänomene und ihre menschliche Interpretation stützte, sondern auf die Offenbarung Gottes in der Bibel: In den Augen des Astrophysikers Günter Ewald[7] (1929-2015) stellt der Schöpfungsbericht der Bibel „das erste

6 Károly, Kulturgeschichte, S. 52.
7 Günter Ewald, Gibt es ein Jenseits?, 2000, S. 104.

nachweisbare Dokument der Weltliteratur dar, in dem naturkundlich-technisch über Sonne und Mond geredet wird." Im krassen Gegensatz zur damaligen Sicht nennt die Bibel sie „Lampen" bzw. „Lichter" ohne jede göttliche Eigenschaft. Gott warnt sein Volk sogar ausdrücklich davor, die Schöpfung (speziell Sonne, Mond, Gestirne) anzubeten. Die Bibel lässt auch keinen Raum für den bis heute weit verbreiteten Pantheismus, der Gott mit seiner Schöpfung identifiziert. Dies hatte große Auswirkungen auf die Entwicklung der Wissenschaft, denn damit, so Graf Krockow, „wird jene Ernüchterung der Welt ... eingeleitet, die sie dem Prinzip nach befragbar, kritisierbar, veränderbar macht."[8]

1.3 Die Achsenzeit

Für unsere Betrachtung ist der weltanschauliche Hintergrund, der die Forscher bei der Interpretation ihrer wissenschaftlichen Erkenntnisse leitete, von besonderer Bedeutung. Denn jede Interpretation der empirischen Fakten basiert auf einer nicht rational begründbaren und meist unbewussten weltanschaulichen Vorentscheidung.
Das Erstaunliche ist, dass alle weltanschaulichen Gedankensysteme, die wir heute vorfinden, in einem Zeitraum um 500 v. Chr. entstanden sind. In dieser Zeit wirkten Zarathustra, Konfuzius, Laotse, Buddha und die griechischen Philosophen. Abraham-Hyacinthe Anquetil-Duperron (1731-1805) wurde als einer der ersten auf diese bemerkenswerte Epoche aufmerksam: „Damals ereignete sich in der Natur eine Art Revolution, die in mehreren Teilen der Erde Genies hervorbrachte, die im Universum den Ton angeben sollten."[9]

8 Christian Graf Krockow, Plädoyer für die Skepsis, DIE ZEIT, 12/87.
9 A. H. Anquetil-Duperron (1731-1805) und das Konzept der „Achsenzeit", in: Achaemenid History VII. Through Travellers' Eyes. ed. H. Sancisi-Weerdenburg, 1991, S. 123-133.

Karl Jaspers (1883-1969), der diese Epoche zwischen 800 und 200 v. Chr. „Achsenzeit"[10] nannte, schrieb: „Dort liegt der tiefste Einschnitt der Geschichte. Es entstand der Mensch, mit dem wir heute leben."[11] Jaspers sieht als gemeinsames Charakteristikum: Der Mensch beginnt, sich selbst zu reflektieren, und stellt Fragen in bisher nicht bekannter Radikalität.[12]

1.4 Demokrit: Grundgedanken einer materialistischen Weltsicht

In der griechischen Naturphilosophie wird zum ersten Mal in der Menschheitsgeschichte versucht, die Götter und deren Handeln in der Natur durch das Wirken allgemeiner Prinzipien zu ersetzen. Das systematische Denken der griechischen Naturphilosophen von Thales von Milet (etwa 624-548 v. Chr.) bis Demokrit (460 – 370 v. Chr.) hatte zu den kleinsten damals denkbaren Teilchen der Materie geführt, den Atomen. Der Mitbegründer der Quantenphysik, Werner Heisenberg (1901-1976) interpretierte die damalige Sicht: „Die Atome waren das schlechthin Gegebene, sie waren unteilbar, unveränderlich, das eigentlich Seiende, aus dem alles zu erklären war, das aber selbst keiner Erklärung mehr bedurfte."[13]

In Demokrits Weltbild besteht das gesamte Universum aus einem endlosen leeren Raum, in dem sich zahllose Atome frei bewegen, sich verbinden oder abstoßen. Alles Sichtbare ist nur zufälliges Produkt der Bewegung und Kombination der Atome. Auch das Denken besteht nach Demokrit aus winzigen

10 Karl Jaspers, Vom Ursprung und Ziel der Geschichte, 1949, S. 19-42 und 76-79.

11 Jaspers, Ursprung, S. 19.

12 Jaspers, Ursprung, S. 28.

13 Werner Heisenberg, Schritte über Grenzen, 1971, S. 22.

Atomen: „Unsere Hoffnungen und Gefühle sind in der Buchstabensprache der Atome geschrieben."[14] Dass sich Materie tatsächlich aus Atomen zusammensetzt, wurde erst 1905 durch Albert Einstein (1879-1955) bewiesen. Von ihm wie auch von Demokrit ist überliefert, dass sie sehr kleine Partikel, die in einer Flüssigkeit schweben, beobachteten und feststellten, dass sie zuckende Bewegungen ausführen. Bei dieser „Brownschen Bewegung"[15] scheinen die Partikel von verschiedenen Seiten nach dem Zufallsprinzip Stöße zu erhalten. Diese Beobachtung führte beide zu der Vorstellung, dass es Atome geben müsse.

Obwohl von ihm selbst kaum etwas überliefert ist, gilt Demokrit bis heute als großer Gelehrter. Seine Gedanken wurden vor allem von Titus Lucretius Carus, kurz „Lukrez" (99-55 v. Chr.) aufgenommen und weiterentwickelt[16]. Demokrit begründete den Atheismus, indem er ein unendliches Universum postulierte: „Die Welt ist unendlich, da sie von keiner außerweltlichen Macht geschaffen worden ist."[17] Das konnte Demokrit zwar nicht beweisen, aber es war der Versuch, die Existenz eines Jenseits oder Gottes logisch unmöglich zu machen.

Plato: Die Welt als geistige Wirklichkeit

Demokrits „Gegenspieler" Plato (428-348 v. Chr.) hatte in zweifacher Weise eine andere Vorstellung von der Welt: Für ihn sind die Atome nicht unteilbar, sie bestehen aus Dreiecken. Aber, so Heisenberg, diese Dreiecke sind keine Materie, „sie sind nur noch mathematische Form."[18] Dahinter steht aus der Sicht des Quantenphysikers Erwin

14 Carlo Rovelli, Die Wirklichkeit, die nicht so ist, wie sie scheint, 2016, S. 25-27.

15 Benannt nach Robert Brown (1773-1858), der sie als erster beschrieben hatte.

16 Károly, Kulturgeschichte, S. 72.

17 Rovelli, Wirklichkeit, S. 62.

18 Heisenberg, Schritte, S. 23.

Schrödinger Platos Idee einer zeitlosen Existenz: „Eine mathematische Wahrheit ist zeitlos und wird nicht erst in dem Augenblick geboren, in dem wir sie entdecken."[19]

Allerdings war die Idee so neu nicht: So heißt der erste Satz der Bibel: „Im Anfang schuf Gott". Damit offenbart sich Gott schon zu Beginn als der „Zeitlose". Dies wird auch in seinem Namen deutlich, mit dem er sich Mose vorstellt: „Ich bin der Ich bin" [hebr.: Jahwe]. Das Präsens ist die Ewigkeitsform. Dies nimmt Jesus in seiner Göttlichkeit in Anspruch: „Ehe Abraham wurde, bin ich!" (εγω ειμι).[20]

Aristoteles (384-322), Schüler Platos, bestimmte eineinhalb Jahrtausende lang das naturphilosophische Denken des Abendlandes. Man könnte es als eine „Physik der Erscheinung" bezeichnen: Er beobachtete die Dinge, beschrieb sie und suchte nach einer grundlegenden Erklärung für diese Erscheinungen. Er sah den „Kosmos" im wahrsten Sinne des Wortes als [griech. κοσμοσ =] schöne Ordnung. Alles hatte seinen Platz: Dinge und Körper, Menschen und Götter waren in eine hierarchische Ordnung eingefügt.

Wie in der gesamten Antike, sind auch bei Aristoteles die himmlische und die irdische Welt streng voneinander getrennt. In der himmlischen Welt der vollkommenen Ordnung ist alles ewig und unvergänglich. Die Bewegungen der Himmelskörper sind, wie bei seinem Lehrer Plato, gleichförmige Kreisbewegungen um einen Mittelpunkt. Die Himmelsbewohner sind vollkommene, göttliche Personen. Die irdische Natur galt Aristoteles, wie in allen damaligen Kulturen, als vergänglich, chaotisch und unberechenbar.

Aristoteles´ Kosmos ist endlich und in sich geschlossen. Außerhalb der Sphären des Sternenhimmels gibt es nichts, auch kei-

19 Erwin Schrödinger, Geist und Materie, 1989, S. 104.
20 Johannes 8, 58.

nen leeren Raum. Im Mittelpunkt des Kosmos befindet ist die Erde, „da sie aus dem schwersten Stoff besteht und der schwerste Stoff seine natürliche Lage in der Mitte des Kosmos hat."[21]

1.5 Mathematik, Geometrie und ihre Anwendung in der Naturphilosophie

Eine Glanzleistung griechischen Denkens ist Euklids Geometrie, deren Elemente in dreizehn Büchern niedergelegt sind.[22] Über ihre Bedeutung schrieb Albert Einstein: „Hier wurde zum ersten Mal das Gedankenwunder eines logischen Systems geschaffen, dessen Aussagen mit solcher Schärfe auseinander hervorgingen, dass jeder der bewiesenen Sätze jeglichem Zweifel entrückt war."[23] Dieser Auffassung der Geometrie legte Einstein deshalb besondere Bedeutung bei, „weil es mir ohne sie unmöglich gewesen wäre, die Relativitätstheorie aufzustellen." So entstand ein neues Verständnis von Mathematik: Nicht als simple Verwendung von Rechenregeln, sondern „als Aufbau eines Systems, in dem es Sätze aufstellt, aus welchen dann durch logisches Schließen neue Sätze abgeleitet werden können."[24]

Die Mathematik als Möglichkeit der Beschreibung von (himmlischen) Naturvorgängen zu erkennen, war die Idee des Pythagoras (570-510 v. Chr.). Damit ist den Griechen nicht nur eine perfekte Beschreibung der Himmelsbewegungen gelungen, sondern sie leisteten auch bei der Bestimmung des Erdradius, der Abstände Erde-Mond und Erde-Sonne Großartiges. Die Kugelgestalt der Erde war ihnen bekannt und Aristoteles hatte sogar eine Erklärung ent-

21 Károly, Kulturgeschichte, S. 85.
22 Károly, Kulturgeschichte, S. 103.
23 Albert Einstein, Mein Weltbild, hg. v. Carl Seelig, 2010, S. 127.
24 Einstein, Weltbild, S. 135.

wickelt, warum die Antipoden[25] nicht von der Erde herunterfielen.

Claudius Ptolemäus (100-160 v. Chr.) bediente sich bei seinen Untersuchungen des gesamten mathematischen Instrumentariums seiner Zeit und entwickelte es auf dem Gebiet der sphärischen Geometrie weiter. Im ptolemäischen Bild des Sonnensystems ruht die Erde in der Mitte und wird der Reihe nach von Mond, Merkur, Venus, Sonne, Mars, Jupiter und Saturn umlaufen. Er verwendet ausschließlich Kreisbahnen, die seit Plato als ideale Form einer Bewegung galten.

Trotz des völlig falschen Weltbildes erreichte das ptolemäische System dadurch eine erstaunliche Präzision, dass bei ihm die Planeten komplizierte Epizykelkreise[26] durchlaufen. Das ptolemäische System hat über mehr als fünfzig Generationen den Ansprüchen der Kalendermacher und Astronomen genügt und wurde erst durch das Keplersche System in seiner Präzision übertroffen.

Archimedes (287-212 v. Chr.) entwickelte die Idee von Pythagoras, physikalische Gesetze durch mathematische Gleichungen zu beschreiben, weiter. Die Hebelgesetze waren schon vor Archimedes bekannt, aber er hat alle diese Erkenntnisse in einen logischen Zusammenhang gebracht und ist sowohl theoretisch als auch in der Anwendung weit über das Bekannte hinausgegangen. Von ihm stammt die bekannte Aussage: „Gebt mir einen Punkt, an dem ich stehen kann, und ich will die Erde aus den Angeln heben". Archimedes wurde damit zu einem Vorbild für die naturwissenschaftliche Revolution des 17. Jahrhunderts."[27]

25 Antipoden wohnen auf der „Unterseite" der Erde.
26 Kreise, deren Mittelpunkte sich entlang von Kreisen um den Erdmittelpunkt bewegen.
27 Károly, Kulturgeschichte, S. 88.

Seine Naturphilosophie war primär anwendungsbezogen. So ist das archimedische Gesetz über den Auftrieb, den Körper in Flüssigkeiten erfahren, das älteste physikalische Gesetz, das bis zum heutigen Tage in seiner ursprünglichen Form gültig ist.

1.6 Die Grenzen der griechischen Naturphilosophie

Grundsätzlich beschäftigte sich die griechische Naturphilosophie wenig mit der „irdischen" Natur, die ja im Ganzen als unberechenbar galt. Ihr Hauptinteresse galt der Himmelsmechanik. Aber bei allem Erstaunlichen, das die Griechen geleistet haben, wurde die Frage nach der grundlegenden physikalischen Struktur nicht gestellt. Daher konnte man, trotz seiner Präzision, aus dem ptolemäischen Himmelssystem kein physikalisches Gesetz ableiten.
Plato und Aristoteles beobachteten die Natur, um universelle und metaphysische Wahrheiten zu erkennen. Die griechische Philosophie sah Gott als letzte Ursache der Welt und als „unbewegten Beweger". Seine göttlichen, durch Beobachtung und Logik gefundenen Gesetze bedurften keiner Überprüfung.

Die schärfste Kritik an der griechischen Naturphilosophie übte William von Ockham (1285-1349), Franziskaner und Professor an der Universität Oxford, bekannt als der „unbesiegbare Doktor" und durch „Ockhams Rasiermesser".[28] In der von ihm vertretenen biblischen Perspektive, in der Gott außerhalb der Natur steht, gibt es keine dem Kosmos per se innewohnenden Gesetze. Der Gott der Bibel ist nicht durch irgendwelche Gesetze gebunden, er hätte auch ein ganz anderes Universum mit anderen Gesetzen erschaffen können. Weil diese Gesetze aber unbekannt sind, konnten sie

28 Bekannt ist „Ockhams Rasiermesser", das „Prinzip der Einfachheit", das die Theorie als die beste der möglichen nennt, die die einfachste Form besaß und mit den wenigsten zusätzlichen Annahmen auskommt.

nicht durch Naturbeobachtung und Logik, sondern nur durch die experimentelle Wissenschaft gefunden werden. Diese Sichtweise bildet einen Eckpfeiler der modernen, empirischen Wissenschaft.

Über den Beitrag der griechischen Philosophie schrieb Albert Einstein: „Wir verehren in dem alten Griechenland die Wiege der abendländischen Wissenschaft. Hier wurde zum ersten Mal das Gedankenwunder eines logischen Systems geschaffen. … Um aber für eine, die Wirklichkeit umspannende Wissenschaft reif zu sein, bedurfte es einer zweiten Grunderkenntnis, die bis zu Kepler und Galilei nicht Gemeingut der Philosophen geworden war:

Durch bloßes logisches Denken vermögen wir keinerlei Wissen über die Erfahrungswelt zu erlangen; … rein logisch gewonnene Sätze sind mit Rücksicht auf das Reale völlig leer."[29]

Das aristotelische Weltbild war wegen seiner Einheitlichkeit von großer Ausstrahlung. Aber aus ihr ließ sich keine physikalische Theorie entwickeln. Dass ein schwerer Stein nicht schneller fällt als ein leichter, wie Aristoteles meinte, sondern dass beide gleich schnell fallen, fand erst Galilei im Experiment.

1.7 Fazit

Für die abendländische Wissenschaft werden uns drei, in der Antike entstandene Weltanschauungen begleiten:

- Der atheistische Materialismus[30], heute in Gestalt des Naturalismus.
- Der Pantheismus, vertreten durch Wissenschaftler wie Albert Einstein.

29 Einstein, Weltbild, S. 127.

30 Siehe Glossar Kap. 1: Materialismus – Naturalismus – Szientismus.

- Der Glaube an einen persönlichen Gott, der das Universum geschaffen hat und es erhält.

Der Materialismus Demokrits war zu seiner Zeit und ist auch in fast allen Kulturen eine exotische Weltanschauung. Aber er prägt seit der Aufklärung das Abendland und beansprucht heute als Naturalismus uneingeschränkte Deutungshoheit.

DIE ERFORSCHUNG DER ERFAHRBAREN WIRKLICHKEIT

2. Die Erforschung der erfahrbaren Wirklichkeit

Die erste wissenschaftliche Revolution

2.1 Eine realistische Beschreibung des Sonnensystems

Kopernikus

Der erste Schritt in die moderne Naturwissenschaft war das Hauptwerk von Nikolaus Kopernikus (1473-1543) „Über die Ursprünge der himmlischen Schalen", das 1543 erschien. Kopernikus griff die Gedanken von Aristarch (310-230 v. Chr.) auf, dass die Planeten und auch die Erde um die Sonne kreisen. Denn man wusste, dass die Sonne viel größer ist als die Erde, und der Umlauf von einem so großen um einen sehr viel kleineren Körper war nicht einleuchtend.

Das allerdings war ein gigantisches Werk: Allein die Beschreibung der Bahnen war schon ungeheuer schwierig: Man sieht ja nie, wo sich ein Planet im Moment, von der Sonne aus gesehen, wirklich befindet, sondern nur in welche Richtung er, von der Erde aus gesehen, läuft. Dazu beschreibt die Erde selbst eine damals noch unbekannte Bewegung um die Sonne. Albert Einstein schrieb voller Bewunderung: „Die Schwierigkeiten schienen so gut wie unüberwindlich!"[31]

Es gab auch ganz praktische Einwände. Denn aus dem Umlauf der Erde ergab sich, dass sich die Erde um ihre Achse drehen musste. Da man damals nicht wusste, dass sich auch die Erdatmosphäre mitdreht, hätte eigentlich ständig ein starker Wind wehen müssen.

Aber das noch größere Problem war: Das heliozentrische System hatte revolutionäre weltanschauliche Aspekte: Die Erde, die bis dahin als das Zentrum des Universums galt, wurde nun

31 Einstein, Weltbild, S. 165.

zu einem gewöhnlichen Planeten „degradiert". Damit wurde auch der Mensch aus dem Mittelpunkt des Universums „vertrieben". Und: Wenn die Erde auch nur ein Planet war: Gab es dann noch einen Unterschied zwischen irdischen und himmlischen Erscheinungen? Dies markiert den Übergang zur Neuzeit und wurde von Kant zu Recht als „kopernikanische Wende" bezeichnet.
Aber hier ging es nicht nur um Wissenschaft. Zunächst einmal fiel es Kopernikus persönlich schwer, dieses Paradigma anzunehmen, das der damaligen Weltsicht völlig widersprach. Denn damit stellte er nicht nur die aristotelische Naturphilosophie infrage. Es verstieß auch gegen die Lehre der Kirche, die als Zivilreligion[32] Verfassungsrang hatte und deren „Heilige Inquisition" jedes neue Paradigma auf Konformität überprüfen musste. Es konnte also für Kopernikus sogar lebensgefährlich werden. Um dieser Gefahr zu entgehen, hielt er an den Kreisbahnen Platos fest und stellte in der Einleitung seines Buches das neue Paradigma lediglich als mathematische Hypothese vor, die man nicht als Realität ansehen musste.
Die Folge war allerdings, dass seine Beschreibung der Planetenbahnen nicht exakter war als die von Ptolemäus und dass, von einigen Astronomen abgesehen, kaum jemand von seinem Werk Notiz nahm. Man verstand, trotz seiner völlig anderen Grundstruktur, „das neue System lediglich als Variation des ptolemäischen."[33]

Keplers Meisterleistung

Tycho de Brahe, 1546 in Dänemark geboren, wurde 1599 als Hofmathematiker nach Prag berufen, wo Kaiser Rudolf II. ihm eine Sternwarte erbauen ließ. Brahe wurde auf die mathematischen Fähigkeiten des jungen Johannes Kepler aufmerksam

32 Siehe Glossar Kap. 2.1: Zivilreligion.
33 Károly, Kulturgeschichte, S. 184.

und machte ihn zu seinem Mitarbeiter. Nach seinem Tod 1601 folgte ihm Kepler als Hofastronom nach.

Die Messungen Tycho de Brahes waren systematischer und genauer als alle bisherigen. Aus den Aufzeichnungen der Mars-Bahn konnte Kepler erkennen, dass die Planeten nicht auf Kreisbahnen, sondern auf elliptischen Bahnen liefen. Wenn man die damals geltenden weltanschaulichen Vorgaben bedenkt und Kopernikus schon fast vergessen war, so empfand Kepler schon sein erstes Gesetz, nach dem die Planeten auf Ellipsenbahnen laufen, als einen so revolutionären Gedanken, dass er ihm selbst nicht folgen wollte. Auch er schreckte vor den Folgen zurück und er hätte die Planetenbahnen lieber durch ineinander geschachtelte platonische Kreisbahnen beschrieben. Auch Keplers zweites Gesetz, nach dem die Planeten umso schneller laufen müssen, je kleiner ihr Abstand zur Sonne ist, passte überhaupt nicht in die platonische „Harmonie des Himmels" mit konstanten Geschwindigkeiten. Sein drittes Gesetz, das die Verhältnisse der Umlaufzeiten der Planeten beschreibt, war dagegen unanstößig.

Auch Kepler hatte eine Herkulesaufgabe zu lösen, die Albert Einstein als Pionier der Physik gut nachempfinden konnte[34]: „Zuerst musste Kepler einen Weg finden, in dieses Chaos [der Himmelskörper] Ordnung zu bringen. ... Nun kam der zweite und nicht minder schwierige Teil von Keplers Arbeit: die Bahnen waren empirisch bekannt, aber ihre Gesetze mussten aus den empirischen Ergebnissen erraten werden. Nach ungeheurem Suchen stimmte es bei der Annahme: die Bahn ist eine Ellipse, die Sonne sitzt in einem Brennpunkt. ... Aber eine unermessliche Arbeit war es doch, zumal bei dem damaligen Stand der Mathematik. Zur Bewunderung für diesen herrlichen

34 Einstein, Weltbild, S. 166-168.

Mann gesellt sich noch ein anderes Gefühl der Bewunderung und Ehrfurcht, das aber keinem Menschen gilt, sondern der rätselhaften Harmonie der Natur, in die wir hineingeboren sind." Kepler gelang damit eine wesentlich genauere Beschreibung der Himmelsvorgänge als man sie jemals zuvor kannte. Aber auch er war sich bewusst, dass dieses neue Paradigma der Lehre der Kirche widersprach und Verunsicherung und Widerstände auslösen würde. Deshalb bereitete er seine Zeitgenossen ganz vorsichtig darauf vor: „Ich aber kann nicht anders, als anstelle dieser [geozentrischen] Hypothesen die Weltsicht des Kopernikus zu setzen und, wenn möglich, jedermann von ihrer Richtigkeit zu überzeugen. Da es jedoch für die Vielzahl der in der Wissenschaft Tätigen allzu neuartig, ja vielleicht absurd klingen mag, dass die Erde selbst ein Planet sei und sich zwischen den Sternen um die unbewegte Sonne bewege, so bitte ich diejenigen, denen die Absonderlichkeiten dieser Meinung ein Anstoß ist, zur Kenntnis zu nehmen, dass diese harmonisierenden theoretischen Überlegungen auch mit den Hypothesen des Tycho Brahe in Einklang gebracht werden können."[35] Keplers Erkenntnisse stimmten nicht mit der offiziellen Sicht der Kirche überein. Aber offensichtlich gab es, wie auch bei später bei Galilei, im Vatikan bei wichtigen Personen Offenheit für das neue Paradigma, das ja der Bibel nicht widersprach. Kepler wurde jedenfalls nie vor die Inquisition zitiert. Er war weder gegen den Glauben noch gegen die Kirche eingenommen. Wie für viele christliche Pioniere der neuen Wissenschaft war im Gegenteil sein Motiv, durch seine Forschung die Größe Gottes zu zeigen:

„Ich habe die Herrlichkeit Deiner Werke den Menschen … geoffenbart, soviel von ihrem unendlichen Reichtum mein enger Verstand hat fassen können."[36]

35 Johannes Kepler, Harmonices Mundi, 1619.

36 Johannes Kepler, in: Jürgen Hübner, Die Theologie Johannes Keplers, 1975, S. 100.

2.2 Auch auf der Erde gibt es Gesetzmäßigkeiten

Kopernikus und Kepler haben sich auf die Beobachtung der Himmelsphänomene beschränkt, ihnen eine realistische Grundstruktur gegeben und ihre mathematischen Gesetzmäßigkeiten beschrieben.
Robert Gosseteste (1175-1253) Kanzler der Universität Oxford und Bischof von Lincoln schlug als erster die experimentelle Methode vor. Sein Schüler Roger Bacon, ebenfalls Franziskanermönch, betonte, dass„alle Dinge durch Erfahrung verifiziert werden müssen."
Wie Alvin J. Schmidt herausarbeitete, wurde die empirische Wissenschaft durchaus nicht mit offenen Armen aufgenommen: Der bis heute weit verbreitete Pantheismus „war forschungsfeindlich. Er kann die wissenschaftliche Methode, die mit der Manipulation von Elementen im physischen Universum arbeitet, nur als gotteslästerlich betrachten, wohnt doch allem Physischen das Göttliche inne, und mit dem Göttlichen darf man nicht experimentieren."[37]

Erst in der christlichen Perspektive, die Gott und die Natur als voneinander getrennte Größen betrachtet, wird eine freie, experimentierende Wissenschaft überhaupt möglich.
„Wäre es durch Männer wie Grosseteste, die Bacons, oder später Kopernikus, Kepler und Galilei, die ihre Bibel kannten und wussten, dass die Natur nicht göttlich ist, nicht zu diesem Paradigmenwechsel gekommen, gäbe es heute keine empirische Wissenschaft."[38]

Aber Kritik an der neuen Methode kam auch von den Naturphilosophen. Fast 1500 Jahre hatte Aristoteles das philosophische Denken des Abendlandes geprägt. Es ging davon

37 Alvin J. Schmidt, Wie das Christentum die Welt veränderte, 2009, S. 235.
38 Schmidt, Christentum, S. 235.

aus, dass Wissen nur durch den „deduktiven" Schluss von der Gesamtheit auf das Einzelne erlangt werden konnte: „Alle Menschen sterben, also ist auch Sokrates gestorben." Der „induktive" Schluss vom Einzelnen auf die Gesamtheit: „Sokrates ist gestorben, also sterben alle Menschen", war unzulässig. Daran hielten die Naturphilosophen fest und „einige betrachteten die induktive Methode sogar als Irrlehre."[39]

Bacon und die zwei Bücher Gottes

Erst 300 Jahre später trieb Lordkanzler Francis Bacon (1561-1626) die induktive Methode weiter voran, indem er differenzierte Experimente anstellte und sie protokollierte. Man hat ihn, so Alvin J. Schmidt, den „faktischen Erfinder der wissenschaftlichen Induktion" genannt."[40] Francis Bacon war ein Zeitgenosse Galileis, gläubiger Christ, und wollte unvoreingenommen experimentell die Naturgesetze erforschen: „Wir wollen nun an die Betrachtung der Natur mit einer von Idolen gereinigten Vernunft herangehen und versuchen, einfache Erscheinungen zu beschreiben oder die ihnen zugrundeliegenden Gesetzmäßigkeiten zu finden. Diesem Ziel können wir nur näherkommen, wenn wir die Natur selbst befragen."[41]

Die Natur, die zweite Offenbarung Gottes

Francis Bacon begründet die Erforschung der Natur mit der Bibel: "Unser Heiland sagte: Ihr irrt, weil ihr weder die Schrift noch die Kraft Gottes kennt: Vor uns liegen zwei Bücher, die wir studieren müssen, wenn wir diesen Irrtum vermeiden wollen. Das erste ist die Bibel, die uns Gottes Absichten offenbart …

39 Schmidt, Christentum, S. 235.
40 Schmidt, Christentum, S. 232-233.
41 Károly, Kulturgeschichte, S. 214.

Das zweite ist die Schöpfung ... die uns an seine Allmacht glauben lässt, weil sie sich gerade in der Natur zeigt."[42]
Für Bacon wie auch für Galilei sind die Bibel und die Natur komplementäre Offenbarungen Gottes.

Segen und Fluch der Technik

Für Bacon liegt noch ein zweiter Zweck im Auffinden der Naturgesetze. Er hatte das Ziel, die Naturkräfte in den Dienst des Menschen zu stellen. Wolfgang Pauli sieht in Bacons „Wissen ist Macht" eher Stolz.[43]

Als Christ sah Francis Bacon im Glauben und der Technik zwei Seiten einer teilweisen Revision des Sündenfalls: Die Wiederherstellung der Verbindung zu Gott durch den Glauben an Jesus Christus und eine Milderung des Fluches der Mühsal über dem Menschen[44] *durch die Technik.*

Man wirft Bacon manchmal vor, mit seinem Aufruf zur Naturbeherrschung letztlich zur Naturzerstörung beigetragen zu haben. Aber hier tut man ihm Unrecht. Den wahren Grund dieser Fehlentwicklung nennt der ebenfalls um die Erhaltung der Umwelt besorgte Neomarxist Erich Fromm (1900-1980): „Mit der Aufklärung des 17. und 18. Jhd. erlebte der Humanismus[45] eine ... Blütezeit. Aber an der Seite des Humanismus entwickelte sich ein neues Heidentum, das uns heute zu vernichten droht."[46] Ohne den Menschen zu dienen, wurde die

---

42 Francis Bacon, The advancement of Learning, London, 1605, The 1893 edition by David Price, S. 41+42.

43 Wolfgang Pauli, Die Wissenschaft und das abendländische Denken, in: Hans-Peter Dürr, Physik und Transzendenz, 1986, S. 200.

44 1. Mose 3, 17.

45 Eine säkulare Weltanschauung, in der nicht mehr Gott, sondern der Mensch im Zentrum steht.

46 Erich Fromm, Haben oder Sein, 1980, S. 143.

Technik vom Segen zum Fluch: „Die Technik, einst wichtiges schöpferisches Element, zeigt uns ihr anderes Gesicht als Göttin der Zerstörung".[47]

Galilei und der Durchbruch zur experimentellen Wissenschaft

Den nächsten revolutionären Schritt ging Galileo Galilei (1564-1642). Er stammte aus einer verarmten Florentiner Patrizierfamilie, doch sein Vater schickte ihn 1580 zum Medizinstudium nach Pisa. Nach vier Jahren brach er es ab und ging nach Florenz, um Mathematik zu studieren. 1589 erhielt Galilei eine Stelle als Lektor für Mathematik an der Universität Pisa. Dort begann er seine Bewegungsstudien mit Kugeln aus verschiedenen Materialien, um zu untersuchen, ob diese Bewegungen Gesetzen folgten.
Galilei war überzeugt, dass diese Gesetze mathematischer Natur sein müssten, wie es sein berühmter Ausspruch deutlich machte: „Die [Natur-] Philosophie steht in diesem großen Buch geschrieben, dem Universum, das unserem Blick ständig offen liegt. Aber das Buch ist nicht zu verstehen, wenn man nicht zuvor die Sprache erlernt und sich mit den Buchstaben vertraut gemacht hat, in denen es geschrieben ist. Es ist in der Sprache der Mathematik geschrieben, und deren Buchstaben sind Kreise, Dreiecke und andere geometrische Figuren, ohne die es dem Menschen unmöglich ist, ein einziges Wort davon zu verstehen; ohne diese irrt man in einem dunklen Labyrinth herum."[48]

Die Bedeutung des Experiments

Galilei begründete eine neue Qualität systematischer Experimente und gleichzeitig des Entwurfs und der Verifizierung von Hypothesen.[49] Mit diesen Prinzipien hat er die Grundlage für

47 Fromm, Haben, S. 152.
48 Galileo Galilei, Il Saggiatore (1623) Edition Nazionale, Bd. 6, Florenz 1896, S. 232.
49 Siehe Glossar Kap. 2.2: Galileis neue Methode.

die bis heute so erfolgreiche empirische Wissenschaft gelegt, wie es Albert Einstein würdigte: „Alles Wissen über die Wirklichkeit geht von der Erfahrung aus und mündet in ihr. Durch diese Erkenntnis … ist Galilei der Vater der modernen Physik, ja, der modernen Naturwissenschaft überhaupt geworden."

Irdische Naturgesetze gelten auch im Universum

1609 erfuhr Galilei von dem im Jahr zuvor in Holland erfundenen Fernrohr. Er baute aus Linsen ein Gerät mit ungefähr vierfacher Vergrößerung, lernte aber dann, selbst Linsen zu schleifen und erreichte später eine etwa 33-fache Vergrößerung. Nun konnte er auf dem Mond deutlich Berge erkennen und hat sogar überraschend genau berechnet, wie hoch sie sind. Die Oberflächengestalt des Mondes war also der Erde ähnlich. Galilei stellte auch als erster fest, dass die Planeten im Fernrohr als kleine runde Scheiben erscheinen, während die Fixsterne flimmernd bleiben, und deutete das richtig: Die Planeten leuchten nicht selbst, sondern erhalten ihr Licht von der Sonne. Diese Beobachtungen belegten die Vermutung von Kopernikus, dass sich, ganz im Gegensatz zum antiken Denken, himmlische und irdische Erscheinungen in ihrem Wesen nicht voneinander unterscheiden „und dass es folgerichtig ist, die Erde unter die Planeten einzureihen."[50]

Populärwissenschaft

Um eine rasche Verbreitung der neuen Erkenntnisse unter naturwissenschaftlich interessierten Zeitgenossen zu erreichen, schrieb Galilei nicht in der „Gelehrtensprache" Latein, sondern in Italienisch und in einem einfachen Stil. So hat er mit seinen Beobachtungen großes Aufsehen erregt. 1610 ernannte ihn der Großherzog der Toskana und ehemalige Schüler Galileis Cosimo II. de Medici zum Hofmathematiker,

50 Ausführliche Darstellung in: Károly, Kulturgeschichte, S. 195-209.

Hofphilosophen und zum ersten Mathematikprofessor in Pisa ohne jede Lehrverpflichtung. Galilei bekam damit volle Freiheit, sich ganz seinen Forschungen zu widmen.

Die Kirche

Galilei war allerdings kein einfacher Charakter: „Oft kamen seine menschlichen Schwächen, seine Unduldsamkeit, seine Eitelkeit sowie sein Bestreben, sich in den Vordergrund zu spielen, zum Vorschein."[51] So lehnte Galilei zeitlebens die elliptischen Bahnen Keplers ab, obwohl er mit ihm in Briefkontakt stand und obwohl er wusste, dass Kepler mit seinem Modell das heliozentrische System präzise beschrieben hatte. Er ignorierte auch das verbesserte kopernikanische Modell Tycho Brahes.

So war es wohl auch Galileis Eitelkeit zuzuschreiben, die ihn in Konflikt mit der Kirche brachte.[52] Aber Galilei wandte sich nie gegen den christlichen Glauben, sondern sah, wie Francis Bacon, die Natur als Offenbarung Gottes. Dies belegt ein Brief an die Großherzogin der Toscana:

> *„Es offenbart sich Gott in den Geschehnissen der Natur durchaus nicht minder als in den heiligen Überlieferungen der Bibel. Die Bibel als Eingabe des Heiligen Geistes und die Natur als die Ausführung der göttlichen Befehle."*[53]

Descartes: Reduktion, Dualismus, cogito ergo sum

Das Prinzip der Reduktion

Ein weiterer wichtiger Pionier der modernen Wissenschaft war René Descartes (1596-1650). Obwohl geboren als Sohn eines verarmten Adeligen, hat er bis zu seinem 16. Lebensjahr die

51 Károly, Kulturgeschichte, S. 195.

52 Siehe Glossar Kap. 2.2: Galilei und die Kirche.

53 Galileo Galilei an die Großherzogin der Toscana (1615), Opere, Vol. V, pp. 309-348.

bestmögliche Ausbildung an der Jesuitenschule in La Flège erhalten. Dort hat sich in ihm erstaunlicherweise die durchaus unchristliche Überzeugung gebildet, dass es keine über jeden Zweifel erhabene Wahrheit gebe außer der Wahrheit der Mathematik. Descartes war fasziniert davon, wie man in der Geometrie über eine Gedankenkette, deren einzelne Glieder sich jeweils klar und eindeutig aus den vorhergehenden ableiten lassen, auch die kompliziertesten Beweise führen konnte. Diese Methode wollte er in drei Schritten auf die Naturwissenschaft übertragen:

1. Die Fragestellung wird in eine möglichst große Anzahl von Teilschritten zerlegt.
2. Dann geht es stufenweise von diesen einfachen und leicht durchschaubaren Aussagen hinauf bis zu den kompliziertesten Zusammenhängen.
3. Schließlich muss bei jedem einzelnen Schritt das Ganze überprüft werden, um sicher zu sein, dass nichts Wesentliches außer Acht gelassen wurde.

Dieser Gedanke begründete die für die Wissenschaft so erfolgreiche Methode der „Reduktion“, mit der jedes noch so komplizierte System in seine Teile zerlegt werden konnte, die man verstehen und mathematisch beschreiben kann. Als Summe dieser Teile lässt sich dann auch das Gesamtsystem verstehen. Damit, so die damalige Ansicht, würde dem menschlichen Verstand nichts mehr verschlossen sein.

Dualismus von Geist und Materie

In Descartes Naturbild gibt es die denkende Substanz, die res cogitans (Seele/Geist) und die ausgedehnte Substanz, die res extensa (Leib/Materie). Dieser „Leib-Seele-Dualismus“ warf die Frage auf, wie denn der Geist auf die Materie einwirken kann. Denn im damaligen Verständnis beruhte jede Wirkung zwischen Substanzen auf Berührung. Descartes sah als Brücke zwischen Geist und Materie „Gott als [gemeinsamen] Grund".[54] Auf die Frage, wie unser Bewusstsein[55] mit dem Gehirn verbunden ist, konnte erst John Eccles mit Hilfe der Quantenphysik eine Antwort geben.[56]

Tiere als biologische Maschinen

Für Descartes besteht alles, auch das Leben, aus leblosen Elementen, wie Karl Popper (1902-1994) es zusammenfasste: „Alle Pflanzen und Tiere sind „Maschinen", nur der Mensch ist beseelt."[57] Diese von Demokrit begründete Sicht finden wir bis heute, so Prof. Joachim Bauer (*1951) : „Das Denken darüber, was Biologie ist, basiert in erheblichem Maße auf Vorstellungen, die der mechanischen Physik entstammen. Tonangebende Theoretiker unserer Zeit betrachten Lebewesen noch immer als Maschinen".[58]

Die Suche nach einer letzten Wahrheit

Wie auch Bacon und Galilei wollte Descartes weder seinen eigenen vorgefassten Meinungen noch der Meinung anderer, weder irgendwelchen Büchern noch seinen eigenen Sinnen vertrauen. Auch nicht dem Verstand, der so viele falsche Theorien hervorgebracht hat. Selbst an der sichtbaren Welt ließ sich nach seiner Ansicht zweifeln, weil sich die Phänomene oft als Illusionen herausstellen. Bei all diesen Unsicherheiten fand Descartes nur eine einzige Gewissheit, an der wir nicht zweifeln können: Die Tatsache nämlich, dass wir zweifeln. Nur auf dem Weg des Zweifels, des Hinterfragens können wir zu einer grundlegend sicheren Erkenntnis gelangen, so sicher, dass sie

54 Wolfgang Röd, Der Weg der Philosophie, 2. Band, 1996, S. 53.
55 Siehe auch Glossar Kap. 4.3: Bewusstseinsteilchen.
56 Siehe Kap. 5.6: Dualismus.
57 Karl R. Popper, John C. Eccles, Das Ich und sein Gehirn, 2014, S. 223.
58 Joachim Bauer, Das kooperative Gen – Abschied vom Darwinismus, 2008, S. 11.

von keinem Skeptiker angegriffen werden könne: Cogito ergo sum – ich denke, folglich bin ich. Auf dieser Philosophie beruht unsere westliche Kultur der Skepsis.

Pascal und die Alternative

Aber ist das wirklich die „letzte" Wahrheit? Auch Descartes Zeitgenosse, der Mathematiker und Naturforscher Blaise Pascal (1623-1662) suchte nach dieser letzten Sicherheit. Auch bei ihm löste sich alles in dem ätzenden Zweifel auf, wie es Descartes von sich geschildert hatte, ehe er seine Gewissheit in dem Satz: „ich denke, also bin ich" gefunden hatte. Aber die Gewissheit Descartes genügte Pascal nicht. Wäre sie wahr, so Pascal, so „sei die ganze Philosophie keine Stunde Mühe wert."[59] Die Antwort auf die bohrende Frage erhielt er am 23. November 1654 „zwischen halb elf abends bis ungefähr eine halbe Stunde nach Mitternacht. So lange dauerte die Ekstase, der Feuerbrand seines Herzens, in dem er die Wirklichkeit Gottes spürte und darin die Gewissheit besaß, die er suchte."[60] Doch so gewaltig diese Erfahrung auch war, Pascal blieb ihr gegenüber der Beobachter, der das nicht weniger sachlich protokollierte, als irgendein physikalisches Experiment. In dieser Aufzeichnung lauteten die entscheidenden Sätze: „Gott Abrahams, Gott Isaaks, Gott Jakobs, nicht der Philosophen und Gelehrten. Gott Jesu Christi". Und in der folgenden Zeile: „Gewissheit, Gewissheit. Empfinden: Freude, Friede". Gott, das erfuhr Pascal, ist der Vernunft unbegreifbar, „doch dem Herzen begreifbar: Person."[61]

59 Blaise Pascal, Gedanken, 1956, S. 12.
60 Pascal, Gedanken, S. 13.
61 Pascal, Gedanken, S. 13.

2.3 Eine geniale Beschreibung der erfahrbaren Wirklichkeit

Newton: Vom Gesetz zur Theorie

Albert Einstein stellte fest: „Vor Newton gab es kein geschlossenes System physischer Kausalität, das irgendwie tiefere Züge der Erfahrungswelt wiederzugeben vermochte."[62] Isaac Newton (1643-1727) entwarf das erste umfassende und leistungsfähige System einer „theoretischen Physik". Der Nobelpreisträger Max Born (1882-1970) erklärt die neue Qualität folgendermaßen: „Der Physiker stellt Experimente an, beobachtet Regelmäßigkeiten, formuliert diese in mathematischen Gesetzen, und sagt mit Hilfe dieser Gesetze neue Erscheinungen voraus."[63] Dieser Teil wurde von Galilei begründet. Aber es blieb eine Sammlung von Gesetzen, die die Naturphilosophen als unzulässige induktive Methode kritisierten. Newtons entscheidender Gedanke war die Aufstellung einer Theorie, so Born: „Der Physiker vereinigt die verschiedenen Gesetze zu zusammenhängenden Theorien, die unserem Bedürfnis nach Harmonie und logischer Schönheit genügen, und schließlich prüft er diese Theorien wieder durch Vorhersagen. Die erfolgreichen Vorhersagen sind die Glanzpunkte der theoretischen Physik."[64]

Damit gab Newton bis zum Ende des 19. Jahrhunderts das Programm allen theoretisch-physikalischen Forschens vor. Es ist erstaunlich, was sich aus dieser Theorie entwickelte. Newton benutzte ausschließlich geometrische Größen: „Seine Mechanik beschreibt raumzeitliche Abläufe, ist also genaugenommen, so der Wiener Physiker Josef Tomiska (1925-2003), weitgehend reine Kinematik."[65] Alles Geschehen wurde auf

62 Einstein, Weltbild, S.169.

63 Max Born, Physik und Metaphysik, in: Hans-Peter Dürr, Physik und Transzendenz, 1986, S. 80.

64 Born, Physik, S. 80.

65 Josef Tomiska, Physik, Gott und die Materie, 2010, S. 101.

Massen, die Newtons Bewegungsgesetzen unterworfen sind, zurückgeführt. Dennoch konnte sie, wie Einstein erstaunt feststellte, auf ganz andere Bereiche angewendet werden: „Auf Newtons Bewegungsgleichungen allein stützte sich die kinetische Theorie der Wärme, die nicht nur das Gesetz der Erhaltung der Energie vorbereitete, sondern auch eine Theorie der Gase und des zweiten Hauptsatzes der Thermodynamik."[66] Dabei kam in Netwtons Theorie der Begriff der Energie noch gar nicht vor. Erst über 80 Jahre später, in einem posthum erschienenen Beitrag zur französischen Enzyklopädie sprach Jean-Baptiste le Rond d´Alambert (1717-1783) als erster Naturforscher von (kinetischer) Energie: „In bewegten Körpern steckt eine Anstrengung oder „Energie", die in ruhenden nicht enthalten ist."[67]

Vom Intergral zum Differential

Newtons Physik brachte zwei neue Grundgedanken in die Naturwissenschaft: Keplers und Galileis Gesetze beschreiben ungestörte Bewegungen wie elliptische Bahnen oder das Fallen eines Steines. Es sind gesamtheitliche, „integrale" Beschreibungen.

- Newton fragte danach, wie sich eine Bewegung durch äußere Einwirkung verändert. Damit wurde eine Vorhersage für das künftige Verhalten eines beliebigen Systems bei irgendwelchen äußeren Einwirkungen möglich. Die momentane Änderung der Geschwindigkeit ist die Beschleunigung. Newtons große Entdeckung war es, so der Mathematiker John L. Casti (*1943), die Beschleunigung mit der Wirkung von Kräften zu verbinden."[68]
- Dazu entwickelte er (zeitgleich, aber unabhängig mit Gottfried Wilhelm Leibniz) die Differentialrechnung.

66 Einstein, Weltbild, S. 172f.
67 Tomiska, Physik, S. 103.
68 John L. Casti, Verlust der Wahrheit, 1990, S. 47.

Diese zweifache physikalisch-mathematische Leistung beeindruckte Albert Einstein besonders: „Die klare Konzeption des Differenzialgesetzes ist eine der größten geistigen Taten Newtons. Nicht nur der Gedanke war nötig, sondern auch ein mathematischer Formalismus."[69]

Faraday und Maxwell: Das Rätsel der Fernwirkung

Vor Newton gingen die Physiker davon aus, dass Kraftwirkungen ausschließlich durch Druck oder Stoß hervorgerufen werden. Bei der Berechnung der Planetenbewegungen hatte Newton die Vorstellung einer Fernwirkung durch die Schwerkraft entwickelt. Aber obwohl er sie eingeführt hatte, machte eine „körper- und berührungslose" Wirkung über große Entfernungen ihn ratlos. In einem Brief schrieb er: „Es ist unvorstellbar, dass die unbelebte Materie ... auf andere Materie einwirkt und sie beeinflusst, ohne dass es eine Berührung gibt."[70] Newton nennt ironischerweise gerade den Teil seiner Arbeit unvorstellbar, der zu einem bedeutenden Durchbruch der Wissenschaft führen sollte. Der erste Schritt in diese neue Dimension der Wirklichkeit war die Entdeckung der elektromagnetischen Felder durch die beiden Briten Faraday und Maxwell.

Michael Faraday (1791-1867) stammte aus ärmlichen Verhältnissen, hatte keine wissenschaftliche Ausbildung und arbeitete zuerst in einer Buchbinderei, dann in einem Laboratorium. Doch hier entwickelte er sich zu einem genialen Experimentator und Visionär der Physik des 19. Jahrhunderts. An Newtons Gravitationskraft orientiert, versuchte Faraday zunächst, die Eigenschaften der Kraft zu ermitteln, die zwischen elektrisch geladenen oder magnetischen Gegenständen wirkt. Aber seine Intuition ließt ihn nicht an Kräfte zwischen Körpern denken. Vielmehr ver-

69 Einstein, Weltbild, S. 170.
70 Isaac Newton, zitiert nach: Thayer, Newtons Philosophy of Nature, 1953, S. 54.

mutete er etwas Unsichtbares, aber Reales, das überall im Raum verteilt ist und das auf die elektrischen und magnetischen Körper wirkt. Dieses „Reale" nennen wir heute „Feld".

James Clark Maxwell (1831-1879) kam aus einer reichen schottischen Adelsfamilie und war einer der bedeutendsten Mathematiker seines Jahrhunderts. Er lieferte eine geniale Theorie zur Beschreibung der Felder und ihrer Wirkungen. Faraday und Maxwell stellten fest, dass sich Elektrizität und Magnetismus zu einer einzigen Kraft, der „elektromagnetischen" Kraft zusammenführen ließen. Sie konnten nicht ahnen, dass diese grundlegende Kraft Atome zu Molekülen verbindet, Elektronen und Atomkerne zusammenhält, in der Chemie wirkt, in den Nervenzellen unseres Gehirns agiert und dass sie später Elektromotoren antreiben, Lampen leuchten lassen und die Basis dafür sein würde, dass wir im Internet surfen, telefonieren, fernsehen, Radio hören können und vieles mehr. Albert Einstein, der diesen Gedanken zu Ende brachte, schrieb dazu: „Der große Umschwung wird für alle Zeiten mit den Namen Faraday, Maxwell, Hertz[71] verbunden bleiben".[72]

Einstein und die Vollendung der klassischen Physik

Die Spezielle Relativitätstheorie

Maxwells Feldtheorie war unvereinbar mit Newtons Physik der Massen. Um eine gemeinsame Basis der Physik zu finden, gab Albert Einstein die Newtonsche Vorstellung auf und führte Kräfte allein auf die Wirkung von Feldern zurück. So fand er in seiner „Speziellen Relativitätstheorie" eine einheitliche Grundlage für die Elektrodynamik und die Mecha-

71 Heinrich Hertz (1857-1894), Physiker, wies 1886 erstmals elektromagnetische Wellen im Experiment nach.

72 Einstein, Weltbild, S. 173.

nik. Das erstaunlichste und wichtigste Ergebnis der speziellen Relativitätstheorie war für Einstein und die meisten Zeitgenossen die Äquivalenz von (Ruhe-) Masse [m] und Energie [E], dargestellt durch die berühmte Formel $E = m\,c^2$ mit [c] als Lichtgeschwindigkeit. „Es ergab sich, dass die Trägheit eines Systems von seinem Energieinhalt abhängen musste, und man gelangte geradezu [automatisch] zur Auffassung, dass träge Masse nichts anderes sei als latente Energie."[73]

Diese „einfache" Beziehung war ein schwerer Schlag für den Materialismus, dessen Urstoff, die Materie nun nicht mehr „ewig" war.[74] Sie war auch nicht, wie Friedrich Engels meinte, unerschaffbar: „Heute wissen wir, dass die Umwandlung von etwas Masselosem, zum Beispiel Licht, in Materie mit Ruhemasse geschehen kann."[75] Und in jedem Kernreaktor wird Materie in Energie umgewandelt. Es war ein erster Schritt zu der Erkenntnis, dass die Materie doch nicht die Basis des Universums ist.

Dem „speziellen" Relativitätsprinzip zufolge haben die Gesetze der Physik in allen Systemen konstanter Geschwindigkeit, dieselbe Form. Das beseitigte ganz praktische Bedenken: Als die erste Eisenbahn gebaut wurde, fürchtete man, dass der Mensch die hohe Geschwindigkeit nicht aushalten könnte. Doch wie Einsteins Theorie voraussagte, kann man im ICE oder im Flugzeug gemütlich Kaffee trinken, ohne etwas von der Geschwindigkeit zu spüren. Wir merken nicht einmal etwas davon, dass sich die Erde mit Hochgeschwindigkeit durch das All bewegt. Aus der Theorie folgt auch, dass Raum und Zeit keine festen Werte haben, sondern vom Bewegungszustand des Betrachters abhängen. Dabei bleibt die „Raumzeit" als Ganzes unverändert, während in ihr Längen und Zeiten

73 Einstein, Weltbild, S. 144.
74 https://de.wikipedia.org/wiki/Dialektischer_Materialismus.
75 Thomas Görnitz, Quanten sind anders, 2008, S. 252.

geschwindigkeitsabhängig, also „relativ" werden. Das wirkt sich allerdings erst bei Geschwindigkeiten in der Nähe der Lichtgeschwindigkeit praktisch aus. Raum und Zeit als Ganzes bilden nun eine neue, vierdimensionale „Raumzeit", so wie Länge, Breite und Höhe den dreidimensionalen Raum bilden.

Die Allgemeine Relativitätstheorie

Da Einstein seine eigentliche Aufgabe darin sah, die Wirklichkeit nicht mehr, wie Newton, durch Körper im leeren Raum, sondern ausschließlich durch Felder zu beschreiben, musste er auch die Schwerkraft in seine Theorie einbeziehen. So legte er zehn Jahre später seine „Allgemeine Relativitätstheorie" vor. Die Folgerung aus dieser Theorie ist, dass die Raumzeit durch Materie „gekrümmt" wird, was inzwischen auch experimentell nachgewiesen wurde. Allerdings ist ein 4-dimensionaler gekrümmter Raum für uns nicht vorstellbar.
Albert Einstein sah die Relativitätstheorie nicht als einen revolutionären Akt: „Das Aufgeben gewisser bisher als fundamental behandelter Begriffe wie Raum, Zeit und Bewegung darf nicht als freiwillig aufgefasst werden, sondern nur als bedingt durch beobachtete Tatsachen."[76] Dennoch beginnt hier ein neuer Weg, auf dem die Wirklichkeit zwar mathematisch immer exakter beschrieben wird, sie aber unser menschliches Vorstellungsvermögen zunehmend übersteigt.

Philosophen und Theologen folgerten, dass die Physiker bewiesen hätten: „Alles sei relativ". Aber, so wies Bernhard Philberth nach, existenziell und aktuell ist das barer Unsinn.[77]

Bernhard Philberth (1927-2010) schrieb dazu: „Die Erkenntnis, dass tatsächlich kein Relativitätsprinzip besteht, war für

76 Einstein, Weltbild, S. 147.
77 Siehe Gossar 2.3: Ist alles relativ?

Einstein tief enttäuschend. Er kam aber gegen die in der Zwischenzeit eingeführte falsche Bezeichnung ‚Relativitätsphysik' nicht mehr auf. Ich schrieb auch an Werner Heisenberg. Er schrieb zurück, dass man die Arbeiten ... genau durchgegangen sei. Sie seien zu dem Schluss gekommen, dass das, was ich schreibe, richtig sei und dass es im Grunde genommen das sei, was man machen sollte, aber leider sei die geschichtliche Entwicklung der Relativitätsphysik auf ein falsches Gleis gekommen und alles sei derartig darauf ausgerichtet, dass man es nicht mehr ändern könne."[78]

Die theologische Basis der empirischen Wissenschaft

Grundsätzlich sind heute alle Wissenschaftler von einem geordneten Universum überzeugt. Ohne diese Grundannahme wäre jeder Versuch, die Phänomene der Natur mathematisch beschreiben zu wollen, von vornherein aussichtslos gewesen. Sie ist absolut nicht selbstverständlich. So schrieb Albert Einstein an einen Bekannten: „Der Erfolg der Wissenschaft setzt eine hochgradige Ordnung der objektiven Welt voraus, die a priori zu erwarten man keinerlei Berechtigung hatte."[79] Aber woher kam diese Überzeugung? Warum ist sie im Abendland entstanden? Max Planck erkannte den entscheidenden Unterschied der abendländischen zu allen anderen Kulturen darin, „dass der Gott der Bibel sich als Vernunftwesen zu erkennen gibt, der diese Welt vernünftig und durch die Vernunft erkennbar geschaffen hat."[80] So lautet Plancks Fazit: „Wissenschaft und Glaube ... ergänzen und bedingen einander."[81]

78 Bernhard Philberth, Ein Wissenschaftler erlebt Gott, Hg. Waltraud Uhlenbruch, 2016, S. 195.
79 Albert Einstein, Briefe an Maurice Solovine, Paris 1956, S. 114.
80 Max Planck, Religion und Wissenschaft, in: Hans-Peter Dürr, Physik und Transparenz, 1986, S. 37.
81 Max Planck, in: Dürr, Physik, S. 37.

Die Bedingung liegt nach Plancks Aussage auf der Hand. Die Ergänzung besteht in der Beantwortung der Fragen des „Wozu" durch die Bibel und des „Wie" durch die Wissenschaft. Sie führt uns auch die Größe und Herrlichkeit Gottes vor Augen. So schrieb Roger Cotes, Professor an der Universität Cambridge im Vorwort der zweiten Auflage von Isaac Newtons „Prinzipien der mathematischen Physik": „Man kann den Schöpfer und Herrn des Universums nun noch inniger ehren und anbeten. Mit Blindheit muss geschlagen sein, wer nicht sofort aufgrund des besten und weisesten Aufbaus der Welt die unendliche Weisheit und Güte des allmächtigen Schöpfers erkennt; ein Narr aber der dies nicht offen zugeben will."

Hier finden wir auch die Begründing, warum die empirische Wissenschaft nur im damals kulturell eigentlich rückständigen Europa am Ende des Mittelalters entstehen konnte und nicht in Indien oder China, die damals kulturell viel höher standen. Auch dort wurde die Natur sehr genau beobachtet, aber niemand hat versucht, in ihr Gesetzmäßigkeiten zu suchen und diese mathematisch zu beschreiben. Denn wie in der Antike erwartete man eine Gesetzmäßigkeit nur im „Himmel". Der China-Experte Joseph Needham (1900-1995) schrieb: „Den Chinesen schien der Gedanke, das Universum könnte von einfachen Gesetzen regiert werden, die von Menschen entdeckt werden könnten … außerordentlich töricht."[82]

Das Gros unserer agnostischen Wissenschaftler, die den Glauben als „unwissenschaftlich" ablehnen, hat leider vergessen oder nie erfahren, dass es ohne diesen Glauben und die Bibel gar keine moderne empirische Wissenschaft gäbe.
Es ist also kein Wunder, dass die Pioniere der Wissenschaft fast ausnahmslos gläubige Christen waren: Leonardo da Vinci,

82 Joseph Needham, Science and Society in East and West, 1969, zitiert in: John Lennox, Hat die Wissenschaft Gott begraben?, 2009, S. 28.

Gregor Johann Mendel, Nikolaus Kopernikus, Tycho Brahe, Johannes Kepler, Galileo Galilei, Blaise Pascal, Isaac Newton, Gottfried Wilhelm Leibniz, Alessandro Volta, Georg Simon Ohm, André Marie Ampère, Michael Faraday, William Thomson Kelvin, Robert Boyle, Antoine Lavoisier, John Dalton, Joseph Priestley, Philippus Theophrastus Paracelsus, Ambroise Paré, William Harvey, Louis Pasteur, James Simpson u.v.m.

2.4 Die weltanschaulichen Folgen der klassischen Physik

Ablösung des mittelalterlichen Weltbildes

Bis zum Ende des Mittelalters bestimmte der „metaphysische Realismus" das Denken der Menschen. Er geht davon aus, dass die Schöpfung mit dem Verstand erfasst werden kann, weil sie von Gott verstandesgemäß geordnet ist und er sich in ihr offenbart, wie es Francis Bacon und Galileo Galilei vertraten.

Das mittelalterliche Europa stellte allerdings keinen christlichen Idealzustand dar. Die Kirche war in spektakulärem Ausmaß korrupt und hatte auch ganz reale Machtinteressen. „Aber trotz der tief greifenden Gebrochenheit der Welt trugen die Menschen des Mittelalters in ihrer Vorstellung eine kraftvolle Vision von Ganzheit."[83] Im mittelalterlichen Weltmodell wurde der Zusammenhang alles Seienden mit allem anderen Seienden durch die gemeinsame Beziehung aller Dinge zu Gott hergestellt wie es auch Descartes in seinem Dualismus von Leib und Seele voraussetzte. Nach diesem „metaphysichen Realismus" lebten die Menschen nicht in einem kalten, sinnlosen Universum, sondern in einem Kosmos, in dem alles Sinn hatte, weil es am Leben des Schöpfers teilhatte.

Der Theologe, der am meisten dazu beigetragen hat, nicht nur die mächtige Eiche der aristotelischen Philosophie zu fällen,

83 Rod Dreher, Die Benedikt-Option, 2018, S. 50.

sondern auch die des mittelalterlichen Weltmodells, war William von Ockham. Wenn der unendliche Gott sich in endlicher Materie offenbart: Bedeutet das dann nicht eine Beschränkung? Ockham fürchtete, der metaphysische Realismus schränke die Handlungsfähigkeit Gottes ein. Die Bedeutung aller Dinge hing nach Ockham von Gottes souveränem Willen ab. Somit war zum einen wegen der Freiheit Gottes, die Naturgesetze nach seinem Willen zu schaffen, die empirische Wissenschaft zur Erkenntnis der Wirklichkeit notwendig, aber die konnte dann auch ohne Bezug auf Gott betrieben werden. „In der Nachfolge Ockhams begannen die Vorläufer der modernen Naturwissenschaft denn auch damit, den metaphysischen „Ballast" abzuwerfen, der ihnen von Aristoteles und dessen mittelalterlichen Nachfolgern hinterlassen worden war. Sie stellten fest, dass man keine philosophische Theorie über das Wesen eines natürlichen Gegenstandes brauchte, um diesen empirisch zu untersuchen und Schlüsse daraus zu ziehen."[84] So ebnete nach Rod Dreher (*1967) paradoxerweise ein Theologe den Weg zu einer säkularen, naturalistischen Wissenschaft und am Ende sogar zu einer Säkularisierung Europas.

Das Ende des „Kopf-Christentums"

Die mittelalterlichen Menschen erlebten viel unmittelbarere Präsenz des Göttlichen in ihrem täglichen Leben als die heutigen. Religion war überall, so Rod Dreher, „und das ist der entscheidende Punkt, sie war nicht nur eine Angelegenheit des Glaubens, sondern auch der Erfahrung."[85] Diese unmittelbare Begegnung mit Gott ging der Neuzeit verloren, und ein „aufgeklärtes" Christentum meinte, sich nun allein auf den Verstand stützen zu dürfen. Gotthold Ephraim Lessing (1729–1781) beschrieb das Dilemma dieses Vernunft-

84 Dreher, Benedikt-Option, S. 54.
85 Dreher, Benedikt-Option, S. 48.

glaubens: „Wenn ich historisch nichts dawider einzuwenden habe, dass Christus einen Toten erweckt, muss ich darum für wahr halten, dass Gott einen Sohn habe, der gleichen Wesens sei? Das ist der garstige breite Graben, über den ich nicht kommen kann, sooft und ernstlich ich auch den Sprung versucht habe. Kann mir jemand hinüberhelfen? Der tue es. Ich bitte ihn, ich beschwöre ihn. Er verdienet einen Gotteslohn."[86]
Die Wahrheit der Bibel wurde daran festgemacht ob sich, wie in der Geometrie, eine Aussage logisch aus einem System konsistenter Sätze ergibt. Dies wäre einer Hypothese angemessen, als die Laplace Gott später bezeichnet. Aber Gott ist Person. Eine Person kann man nicht beweisen oder widerlegen. Sie ist in Ihren Handlungen auch nicht an eine Logik gebunden, sondern sie kann frei entscheiden. Um sie zu erkennen, muss man ihr begegnen. Und wenn man einer Person, die uns liebt, begegnen möchte, führt der Weg über Vertrauen, nicht über Skepsis. Lessing übertrug die Kriterien der wissenschaftlichen Wahrheit auf eine Person, aber das ist eine völlig andere Kategorie: Die persönliche Aussage „ich liebe dich" kann man glauben oder bezweifeln, sie lässt sich nicht beweisen. Blaise Pascal ging den Weg des Glaubens und Gott reagierte auf seine Anfragen und Zweifel: „Ich [Gott] verlange nicht, dass du ohne Grund an mich glaubst, ich beabsichtige aber auch nicht, dir Rechenschaft von allem zu geben. Aber um diesen Konflikt zu lösen, will ich dich ... göttliche Zeichen in mir schauen lassen, ... und ohne Zögern wirst du glauben, was ich dich lehre."[87] Es gab aber in Lessings Umfeld offenbar niemanden, der ihm das erklären konnte. So zog er den für unsere Kultur tragischen Schluss in der „Ringparabel" seines Werkes „Nathan der Weise": Man weiß nicht mehr, ob eine, und wenn, welche Religion die Wahrheit besitzt. Diese als religiöse Toleranz verstandene Sicht wurde zum Religionsverständnis der meisten Bildungsbürger in Deutschland.

86 G. E. Lessing, Gesammelte Werke, hg. v. Paul Rilla, Berlin 1956, Bd. 8, S. 9-16.
87 Pascal, Gedanken, S. 133.

Laplace: Die Welt als Maschine

1784 wurde Pierre de Laplace (1749-1827), französischer Mathematiker, Physiker und Astronom zum Examinateur der königlichen Artillerie ernannt. In dieser Funktion prüfte er 1785 auch den damals sechzehnjährigen Napoleon Bonaparte. Nach dessen Staatsstreich 1799 wurde Laplace Innenminister. Als er 1823 sein Buch „Himmelsmechanik" vollendet hatte und er es Napoleon zu lesen gab, kam es zu einem Gespräch, das der Astronom Hervé Faye festhielt: „Napoleon sagte zu Laplace: „Newton sprach in seinem Buch von Gott. Ich habe das Ihrige schon durchgesehen und dabei diesen Begriff kein einziges Mal gefunden." Woraufhin Laplace erwidert hatte: ‚Bürger und Erster Konsul, ich brauchte diese Hypothese nicht.'"[88]

Im Laufe des 18. Jahrhunderts wurde der Materialismus immer mehr zur Weltanschauung gebildeter Bürger. 1814 veröffentlichte Laplace seinen „Philosophischen Essay über die Wahrscheinlichkeit". Dadurch machte er einen breiten Leserkreis mit einem alles rational erfassenden „Weltgeist", dem „Laplaceschen Dämon", bekannt, der in einem völlig berechenbaren „mechanischen Weltall" aus der in allen Details bekannten Gegenwart die Zukunft des Weltgeschehens in allen Einzelheiten vorausberechnen kann. Laplaces Universum war also vollständig determiniert. Aber, so fragt Josef Tomiska: Warum eigentlich ein Dämon und kein Mensch? „Weil auch Laplace nicht glaubte, dass Menschen in der Lage sein würden, alle Geschehnisse des Universums konkret zu erfassen."[89] Aber diese praktische Undurchführbarkeit änderte nichts daran, dass sich aus diesem Gedanken das Bild des Universums als

88 https://de.wikipedia.org/wiki/Pierre-Simon Laplace.
89 Tomiska, Physik, S. 138.

einer Maschine entwickelte, in der die „Hypothese Gott" weder Raum noch Eingriffsmöglichkeiten hatte. So feierte Demokrit seine Auferstehung, die bis heute anhält.

Darwin: Die Evolution des Lebens

Der eigentliche Durchbruch des materialistischen Weltbildes in der breiten Öffentlichkeit kam durch Charles Darwins (1809-1882) Werk „Die Entstehung der Arten". Nach der Evolutionslehre war der Mensch als höheres Tier und rein physikalisch zu verstehen. Mehr noch, so der indisch-amerikanische Physiker Amit Goswami (*1936): „Das Leben selbst war nun ein Epiphänomen aus Materie und Mechanismus ohne Bezug zu irgendwelchen nichtphysikalischen Dingen."[90]
Nach anfänglicher Skepsis brach ein Sturm der Zustimmung über Darwin herein: „Jetzt haben sich die Sachen ganz und gar geändert und fast jeder Naturforscher nimmt das große Prinzip der Evolution an."[91] In der Tat waren und sind viele Wissenschaftler wie der Nobelpreisträger Jaques Monod begeistert von Darwins Evolutionslehre: „Sie ist die einzig vorstellbare, da sie allein sich mit den Beobachtungs- und Erfahrungstatsachen deckt."[92] Darwin selbst war sich nicht so sicher:

„Die Unmöglichkeit, sich vorzustellen, dieses großartige und wunderbare Universum samt uns bewussten Wesen sei durch Zufall entstanden, scheint mir das Hauptargument für die Existenz Gottes zu sein."[93]

90 Amit Goswami, Die schöpferische Evolution, 2009, S. 181.
91 Charles Darwin, Die Entstehung der Arten, 2016, S. 576-577.
92 Monod, Zufall, S. 106.
93 Charles Darwin in einem Brief an einen holländischen Studenten am 2. April 1873, in: Siegfried Schmitz (Hg.), Carles Darwin – ein Leben, 1982, S. 501.

Die Geburt der „wissenschaftlichen Weltanschauung"

Nachdem die Evolutionslehre die Schöpfungsgeschichte zu widerlegen schien, war das Christentum für viele Bildungsbürger nicht mehr glaubwürdig. Besonders Intellektuelle wie Friedrich Nietzsche sahen darin nichts Geringeres als den „Tod Gottes". So koppelte sich nach Darwin die Naturwissenschaft völlig vom weltanschaulichen Hintergrund des Christentums ab. Dies war methodisch unproblematisch, denn auch Newton und Galilei hatten bewusst alle metaphysischen Aspekte, wie die Frage „warum fällt ein Stein", ausgeklammert. Galilei wollte nur untersuchen „wie ein Stein fällt" und das beschreiben. Auch Newtons Theorie enthielt keinerlei übernatürliche Begründungen.

Kant und der Aufbruch in eine rationale Welt

Ernst Peter Fischer (*1947), Mathematiker, Physiker und Biologe sah die Unanfechtbarkeit der Newtonschen Physik für Immanuel Kant als Beleg dafür, „dass sie nicht bloß das Ergebnis von angesammelten Beobachtungen war. Sie entspringt vielmehr unserem Denken selbst und ist allein deshalb wahr."[94] Seit Newton waren die aristotelischen Vorbehalte gegen die empirische Physik auch von den Philosophen beseitigt. Der Weg für eine rationale neue Welt wurde mit Kant von höchster philosophischer Stelle freigegeben: „Aufklärung ist der Ausgang des Menschen aus seiner selbstverschuldeten Unmündigkeit. Unmündigkeit ist das Unvermögen, sich seines Verstandes ohne Leitung eines anderen zu bedienen. Selbstverschuldet ist diese Unmündigkeit, wenn die Ursache derselben nicht am Mangel des Ver-

94 Ernst Peter Fischer, Sowohl als auch, 1987, S. 28.

standes, sondern der Entschließung des Mutes liegt, sich seiner ohne Leitung eines anderen zu bedienen. Sapere aude!"[95]

Fazit

Der Erfolg der klassischen Physik, so Ernst Peter Fischer, „vermittelte den Eindruck einer Welt, die vollständig und in anschaulicher Form erklärbar ist."[96] Der Traum von einer völlig kontrollierbaren, neuen Welt schien greifbar. Die Erwartung, dass man die „Weltformel" finden könnte, wurde von Albert Einstein in seiner Rede zum 60. Geburtstag von Max Planck bekräftigt: „Höchste Aufgabe der Physiker ist das Aufsuchen jener allgemein elementaren Gesetze aus denen durch reine Deduktion das Weltbild zu gewinnen ist."[97]

Erich Fromm lässt uns diese Erwartung nachfühlen: „Der industrielle Fortschritt bestärkte uns in dem Glauben, ... durch die Technik allmächtig und durch die Wissenschaft allwissend zu werden. Wir waren im Begriff Götter zu werden, mächtige Wesen, die eine zweite Welt erschaffen konnten, wobei uns die Natur nur die Bausteine für unsere neue Schöpfung zu liefern brauchte."[98]

95 Immanuel Kant, „Berlinische Monatsschrift", Dezember 1784.
96 Fischer, Sowohl, S. 28.
97 Einstein, Weltbild, S. 119.
98 Fromm, Haben, S. 11+12.

DIE VERBORGENE WIRKLICHKEIT

3. Die verborgene Wirklichkeit

Die zweite wissenschaftliche Revolution

3.1 Max Planck und die neue Welt der Quanten

Während Albert Einstein an seiner Relativitätstheorie arbeitete, kam es zu einer Entdeckung, die unsere Vorstellung von der Wirklichkeit noch einmal revolutionieren sollte. Sie begann ganz unspektakulär: Max Planck (1858-1947) versuchte 1896, die Gesetzmäßigkeit der elektromagnetischen Strahlung zu erforschen, in diesem Fall von Licht, das aus einem glühenden Hohlraum ausgesandt wurde. Er musste davon ausgehen, dass es eine „stufenlose" Energie der Strahlung gab. Weiter erwartete er, dass das Licht als Welle von den Wänden des Hohlraums ausgestrahlt würde.

Seine experimentellen Ergebnisse ließen sich aber erstaunlicherweise nicht in eine Formel bringen. Erst als er das elektromagnetische Strahlungsfeld in „Energiepäckchen", in „Quanten" unterteilte, fand er eine Strahlungsformel, die mit den experimentellen Ergebnissen übereinstimmte. Dazu musste er allerdings die „Lichtquanten" im Gegensatz zur damals als bewiesen angesehenen Wellennatur des Lichts als Partikel auffassen. Planck fand weiter heraus, dass die Energie der Quanten [E] von der Frequenz der elektromagnetischen Strahlung [f] (die der Farbe des Lichts entspricht) und einer bisher unbekannten Naturkonstante, dem „Planckschen Wirkungsquantum" [h] abhing: Mit der Beziehung $E = h\,f$ hatte Max Planck damit eine völlig neue Naturgesetzlichkeit entdeckt. Am 14. Dezember 1900 trug er seine Ergebnisse der physikalischen Gesellschaft zu Berlin vor, aber wie so oft bei revolutionären Entdeckungen, wurden sie zunächst weitestgehend ignoriert. Erst 18 Jahre später erhielt Max Planck dafür den Nobelpreis.

Welle oder Teilchen?

Die Wellennatur des Lichts, die 1678 von Christiaan Huygens[99] (1629-1695) vorgeschlagen worden war, konnte zwar nicht theoretisch begründet werden, aber seine Annahme bot eine Erklärung für die Brechung des Lichts, die mit der Korpuskel-Theorie von Newton nicht möglich war. 1816 konnte Augustin Fresnel (1788-1827) zeigen, dass sich damit auch Interferenzen als Überlagerung von Wellen erklären und berechnen lassen. Nun aber erschien das Licht plötzlich wieder als Korpuskel und löste eine lange Debatte über seine Natur aus. Die Physiker mussten sich mit der bis dahin unbekannten Tatsache anfreunden, dass Licht nicht entweder Teilchen oder Welle ist, sondern je nach Experiment beides sein kann.

Sowohl als auch

Auch in der Wirklichkeit Gottes treffen wir auf Aussagen, die uns paradox erscheinen: Gott ist drei und zugleich einer. Auch Gott lässt sich in unserer Sprache nur durch sich eigentlich ausschließende, komplementäre Begriffe annähernd beschreiben.
Die Logik dahinter könnte in seinem Charakter als Gott der Liebe liegen: Liebe braucht ein Gegenüber und in der Trinität besteht schon innerhalb der Gottheit eine Liebesbeziehung.

Die zweite Bestätigung dafür, dass Licht tatsächlich aus Teilchen (Photonen) besteht, erbrachte Albert Einstein mit seiner Untersuchung des „photoelektrischen Effekts", der erst kurz zuvor beobachtet worden war: Wenn Licht auf bestimmte

99 Christian Huygens, Traite de la Lumiere, 1678.

Substanzen auftrifft, emittieren die Atome der Substanz Elektronen: es fließt ein schwacher elektrischer Strom. Natürlich erwartete man, dass dieser Effekt umso stärker sein würde, je heller das Licht ist. Aber Einstein fand, dass nicht die Helligkeit, sondern die Farbe des Lichtes die Größe des Stromes bestimmte. Da er in der klassischen Physik dafür keine Erklärung fand, griff er auf Plancks Quantengesetz zurück und konnte damit beweisen, dass das neue Gesetz das Phänomen richtig beschrieb. Die Erklärung: Ein Elektron „springt" nur dann aus „seinem" Atom, wenn es von einem Photon mit genügend großer Energie, also genügend hoher Frequenz getroffen wird. Mit der Veröffentlichung dieser Erkenntnis im Jahre 1905 in den „Annalen der Physik" wurden die Quanten als physikalische Wirklichkeit nun allgemein akzeptiert. 1922 erhält Einstein für diese Entdeckung (nicht für seine Relativitätstheorie!) den Nobelpreis.

Der Däne Niels Bohr (1885-1962) brachte den dritten Beleg für die Existenz von Quanten. Anfang des 20. Jahrhunderts beschäftigte er sich mit dem Atommodell, das der Nobelpreisträger Ernest Rutherford (1871-1937) im Jahr 1911 erstellt hatte[100]. Demnach besteht das Atom aus einem Kern, der positiv elektrisch geladen ist und fast die gesamte Masse des Atoms enthält und aus Elektronen, die um den Atomkern kreisen, ähnlich wie Planeten um die Sonne. Aber kein Planetensystem würde nach dem Zusammenstoß mit einem anderen jemals in seinen ursprünglichen Zustand zurückkehren. Doch ein Kohlenstoffatom bleibt ein Kohlenstoffatom, auch wenn es zuvor mit einem anderen Atom eine chemische Bindung eingegangen war. Die Erklärung fand Niels Bohr 1913, als er Plancks Quantengesetz auf das Rutherfordsche Atommodell

100 Ernest Rutherford, Über die Kernstruktur der Atome, Leipzig 1921.

anwandte: Wenn das Atom seine Energie nur um feste Beträge ändern kann, so kann es nur in ganz bestimmten energetischen Zuständen existieren. Es fällt nach irgendeiner Wechselwirkung immer wieder in den „Normalzustand" der niedrigsten Energie zurück.

Eine folgenreiche Ergänzung der Atomtheorie auf der Basis von Plancks Wirkungsquantum lieferte der österreichische Physiker Wolfgang Pauli (1900-1958). Das „Pauli-Prinzip" besagt, dass kein Elektron einen Energiezustand in einem Atom besetzen darf, der bereits von einem anderen Elektron besetzt ist.[101] Diese zunächst unscheinbar anmutende Gesetzmäßigkeit lieferte die physikalische Begründung für das periodische System der Elemente, das schon 1869 unabhängig voneinander und fast identisch von dem Russen Dmitri Mendelejew (1834-1907) und dem Deutschen Lothar Meyer (1830-1895) aufgestellt worden war und zur Grundlage für die moderne Chemie wurde. Pauli erhielt für diese Entdeckung den Nobelpreis.
Ein solcher Paradigmenwechsel ist zuallererst für seine Entdecker eine Herausforderung. „Dieses Ergebnis", so Werner Heisenberg, „war so verschieden von allem, was man aus der klassischen Physik wusste, dass Planck sich sicher am Anfang geweigert hat, es zu glauben".[102] Er war sich ganz sicher darüber im Klaren, dass seine Formel die Grundlagen der klassischen Physik erschüttern würde. Und so fand er erst zu einer Lösung „nachdem er sich, wie er selbst sagte, zu einem Akt der Verzweiflung zwang."[103] Auch Niels Bohr war sich bewusst, „dass die Quantenbedingungen in einer gewissen Weise die innere Konsistenz der newtonschen Mechanik zerstörten."

101 Karl von Meyenn, Paulis Ausschließungsprinzip, Teil 1,2, Phys. Blätter, Bd. 36, 1980, S. 293, Bd. 37, 1981, S. 13.
102 Heisenberg, Quantentheorie, S. 3.
103 Zeilinger, Schleier, S. 15.

Noch dramatischer schildert Albert Einstein die Herausforderungen, vor die die Physiker gestellt waren: „Es war, wie wenn einem der Boden unter den Füßen weggezogen worden wäre, ohne dass sich irgendwo fester Grund zeigte, auf dem man hätte bauen können."[104]

3.2 Erste Schritte in eine fremde Welt

Wie sollte man die „neue Wirklichkeit" interpretieren?

In Niels Bohrs Institut in Kopenhagen hatten sich einige der brillantesten Köpfe versammelt, um eine Erklärung für das unverständliche Verhalten der Atome zu finden. Werner Heisenberg, der als Doktorand der Universität Göttingen mit Anfang Zwanzig zu einem engen Mitarbeiter und Freund Niels Bohrs wurde, beschreibt diese merkwürdige Situation: „Ich erinnere mich an viele Diskussionen mit Bohr, die bis spät in die Nacht dauerten und fast in Verzweiflung endeten. Wenn ich am Ende solcher Diskussionen noch allein einen kurzen Spaziergang im benachbarten Park unternahm, wiederholte ich mir immer und immer wieder die Frage, ob die Natur wirklich so absurd sein könne, wie sie uns in diesen Atomexperimenten erschien."[105]

„Werner Heisenberg war 25 Jahre alt, als er den „festen Grund" fand, auf dem man bauen konnte. Er beschrieb die Bahn der Elektronen nicht mehr geometrisch in Raum und Zeit. Denn periodische Verläufe lassen sich auch als Summe von Schwingungen durch deren Frequenzen und Amplituden darstellen. [106] Heisenberg brachte diese Parameter in eine Tabellenform,

104 Heisenberg, Quantentheorie, S. 9.

105 Heisenberg, Quantentheorie, S. 18.

106 Die Fourier Transformationen (Operatorenmethode) transformiert die Differentialrechnung für periodische Vorgänge in Algebra.

aus der 1925 die „Matrizenmechanik"[107] entstand. Diese konnte das Phänomen mathematisch beschreiben. Das Erstaunliche dabei war, dass man zwar einen mathematischen Formalismus gefunden hatte, der „die Erfahrung richtig darstellt"[108], aber dass man keine Begriffe hatte, um die Welt der Atome, die man ja mit unseren Sinnen nicht wahrnehmen kann, angemessen zu beschreiben: Gibt es also überhaupt „Elektronenbahnen" im Atom? Obwohl Niels Bohr das in seinem Atommodell als selbstverständlich unterstellt hatte, und man die Bahn eines Elektrons in der Nebelkammer ja auch sichtbar machen kann, „wurden wir durch die Erfahrung mit den Atomen immer wieder dazu gedrängt, zu sagen: Nein, eine Elektronenbahn im Atom gibt es eigentlich gar nicht. Natürlich konnte man all das nicht verstehen, und wir haben uns damit gequält, irgendeine Art von Sprache zu finden, in der man darüber reden konnte."[109]

Gegenwind von höchster Autorität

Nach der Veröffentlichung seiner Theorie wurde Heisenberg im Frühjahr 1926 eingeladen, vor den Größen der theoretischen Physik an der Universität Berlin einen Vortrag über seine Quantenmechanik zu halten. Einstein bat ihn nach dem Kolloquium in seine Wohnung, um über die neuen Gedanken ausführlich zu diskutieren. In der Wohnung angekommen, eröffnete er das Gespräch mit dem Verdacht, dass Heisenberg mit seiner Theorie noch Schwierigkeiten bekommen werde: „In der Nebelkammer beobachten wir die Bahn des Elektrons durch die Kammer. Im Atom aber soll es nach Ihrer Ansicht keine Bahnen des Elektrons mehr geben? Das ist doch offenbar Unsinn!"[110] Einstein schaute Heisenberg etwas kritisch an:

107 Werner Heisenberg, Gesammelte Werke, Bd. IV, 1986, S. 25.
108 Heisenberg, Werke, S. 24.
109 Heisenberg, Werke, S. 25.
110 Heisenberg, Quantentheorie, S. 35.

„Warum glauben Sie so fest an Ihre Theorie, wenn doch so viele zentrale Fragen ungeklärt sind?"[111]
Einsteins Frage, so Werner Heisenberg, war völlig berechtigt. Als er durch den dunklen Park in Kopenhagen ging, lief dort ein Mann, der immer nur sichtbar war, wenn er in die Nähe einer Laterne kam. „Dies inspirierte Heisenberg zu der Vorstellung, dass Elektronen nur sichtbar sind, wenn sie auf Atome stießen. Außerhalb dieser „Wechselwirkungslaternen" sind sie nicht zu erkennen."[112] So waren also die kondensierten Wassertropfen in der Nebelkammer nicht die Bahnen der Elektronen, sondern nur die Spuren ihrer Wechselwirkungen mit Gasatomen!
Noch dramatischer war Heisenbergs Erkenntnis, dass sich der momentane Zustand eines Systems zur Voraussage seiner weiteren Entwicklung, nicht beliebig genau bestimmen ließ. Man konnte zwar den Ort und die Geschwindigkeit eines Elektrons messen, aber nicht beide Größen gleichzeitig mit beliebiger Genauigkeit. Heisenberg fand mit seiner berühmten Unbestimmtheitsrelation, „dass das Produkt dieser beiden Ungenauigkeiten (Ort und Impuls[113]) nicht kleiner gemacht werden konnte als die Planckkonstante, geteilt durch die Masse des Teilchens."[114] Man dachte natürlich zuerst, dass es sich hier um eine Messungenauigkeit handelte. Aber diese Unbestimmtheitsrelation gilt immer. Es ist keine Versuchsanordnung denkbar, bei der sie aufgehoben wäre. Und, so Heisenbergs Tochter Christine Mann, „wenn man dieses Ergebnis ernst nimmt, dann bedeutet das, dass die Elementarteilchen insgesamt nicht völlig festzulegen sind und daher unseren Vorstellungen von einem Gegenstand mit klarem Ort und Impuls nicht mehr entsprechen. Sie sind in ihrer Struktur oder

111 Heisenberg, Quantentheorie, S. 29+35.
112 Rovelli, Wirklichkeit, S. 133.
113 Der Impuls ist ein Vektor der Bewegung mit einer Geschwindigkeit und einer Richtung.
114 Heisenberg, Quantentheorie, S. 20.

ihrem Wesen unbestimmt, und nur unsere Messung erzwingt für einen ihrer Aspekte ein klar bestimmtes Ergebnis."[115]

Welch dramatische Folgen die neue Sicht der Wirklichkeit für die die Physik haben würde, beschrieb ein Jahrhundert später der Wiener Quantenphysiker Anton Zeilinger (*1945):

„All die Millionen von Wissenschaftlern möchten mehr über das Universum erfahren, über die Gesetze der Natur, und sie möchten erklären. Immer genauer, immer detaillierter. Dieses Programm gelangt durch die Quantenphysik auf einen Schlag an sein Ende. Plötzlich stellen wir fest, dass es unmöglich ist, alle Informationen in einem System zu bestimmen."[116]

Hier ging es um eine weitere fundamental neue Eigenschaft der Materie. Da die Unbestimmtheit mit der Masse des Systems bzw. der Zahl der beteiligten Atome abnimmt, wirkt sie sich bei makroskopischen Systemen praktisch nicht aus.[117] Aber da alle Systeme aus Atomen bestehen, war nun die Zukunft prinzipiell nicht mehr beliebig lange berechenbar. Das führte zu einer harten Auseinandersetzung mit Einstein, Schrödinger und vielen anderen Physikern, die von der Berechenbarkeit der Welt überzeugt waren.

Die Unschärferelation hat auch dramatische weltanschauliche Konsequenzen:
Mit dieser Unvorhersagbarkeit der Zukunft ist die Vorstellung einer mathematisch exakt vorausberechenbaren Welt (Laplaces Dämon) endgültig widerlegt.

115 Frido Mann, Christine Mann, Es werde Licht, 2017, S. 109.
116 Anton Zeilinger, Einsteins Spuk, 2007, S. 89.
117 Siehe Glossar Kap. 3.1: Zufall und Wahrscheinlichkeit.

Damit bekommen die vielen Zukunftsvoraussagen über Jahrhunderte in der Bibel ein völlig anderes Gewicht: Das Eintreffen der wissenschaftlich unmöglichen Voraussagen macht Gott deshalb zum Kriterium dafür, dass ein Prophet in seinem Namen spricht.[118]

Materiewellen

Nicht nur Heisenberg arbeitete an diesem Thema. Louis-Victor Pierre Raymond de Broglie (1882-1987) postulierte, dass nicht nur Licht, sondern alle Korpuskel auch Welleneigenschaften besitzen und ordnete jedem Materieteilchen eine Materiewelle zu, was später auch experimentell bestätigt wurde.

Diese Sicht regte Erwin Schrödinger (1887-1961) an, im Jahr 1926 seine berühmte Wellengleichung zu formulieren, für die er den Nobelpreis erhielt. Da den Physikern die Differentialrechnung geläufiger war als die Matrizenrechnung, wurde Schrödingers Ansatz sofort angenommen. Seine Arbeiten nahmen die „Kopenhagener" mit Respekt, aber auch mit Verunsicherung wahr. Heisenberg bemerkte dazu: „Wir waren erst beruhigt, als Schrödinger selbst nachgewiesen hatte, dass beide mathematische Schemata äquivalent waren, also offenbar das Gleiche bedeuteten."[119]

Allerdings waren Schrödinger und Heisenberg völlig unterschiedlicher Meinung über die Deutung der Schrödinger-Gleichung. Schrödinger fasste sie in Anlehnung an de Broglie als Materiewelle, also als physikalische Realität auf, während sie

118 Siehe Glossar Kap. 7.4: Woher stammt die Information der Bibel?
119 Heisenberg, Werke, S. 26.

nach Heisenberg als deterministische Gleichung der Quanten-Wirklichkeit widersprach. Heisenberg stand bei den „klassischen" Physikern überhaupt auf einsamem Posten. Als Schrödinger seine Deutung 1926 an der Universität München vorstellte, waren die Experimentalphysiker begeistert von der Aussicht, „dass nun vielleicht dieser ganze Quantenzauber vorbei sein könnte und dass man wieder zur klassischen Vorstellung „anständiger Felder" zurückkehren könne".[120] Als Heisenberg in der Diskussion einwandte, dass man mit Schrödingers Deutung nicht einmal das Plancksche Wärmestrahlungsgesetz erklären könne, antwortete ihm der Chairman schroff, „er könne verstehen, dass ich jetzt traurig darüber sei, dass die ganze Quantenspringerei und die Matrizen unnötig geworden seien, aber es wäre wohl richtiger, wenn ich jetzt das Feld Schrödinger überließe".[121]

Unbestimmtheit: Eine Eigenschaft der Wirklichkeit[122]

Im gleichen Jahr entdeckte der Göttinger Physiker Max Born, dass Schrödingers Wellengleichung zwar nicht den Weg eines Teilchens voraussagen kann, aber präzise, mit welcher Wahrscheinlichkeit ein Teilchen zu einer bestimmten Zeit an einem bestimmten Ort anzutreffen war. Max Born wurde für diese Deutung der Schrödinger-Gleichung mit dem Nobelpreis ausgezeichnet. Die Bewegung der Partikel folgt also definitiv Wahrscheinlichkeitsgesetzen. Allerdings nur so lange, wie keine Messung gemacht wird. Dann „kollabiert" die Schrödinger-Gleichung und die Variable nimmt von den vielen Möglichkeiten (Wahrscheinlichkeiten) einen festen Wert an. Denn das Elektron befindet sich bei der Kollision mit etwas anderem immer an einem kon-

120 Heisenberg, Werke, S. 26.
121 Heisenberg, Werke, S. 27.
122 Siehe Glossar Kap. 3.1: Zufall und Wahrscheinlichkeit.

kreten Ort und ist nicht, wie eine Welle, im Raum verteilt. So bestätigte Schrödingers Gleichung paradoxerweise genau die Unbestimmtheit, die er selbst nicht akzeptieren wollte. Er musste zwar zugeben, dass seine Wellentheorie nicht geeignet war, die Teilchenphänomene zu erklären, aber er blieb zeitlebens der Meinung, dass Heisenbergs Theorie trotz ihrer Erfolge keine adäquate Theorie der Wirklichkeit sei.

Schrödingers Katze

Deshalb versuchte er 1935, sie durch sein später als „Schrödingers Katze" berühmt gewordenes Gedankenexperiment ad absurdum zu führen: „Man stelle sich vor, dass eine lebende Katze in einem Kasten eingesperrt wäre und mit ihr ein tödliches Gift, das durch ein einzelnes, im Kasten anwesendes radioaktives Atom freigesetzt wird. Nach Ablauf der Halbwertszeit des Atoms besteht nun 50 % Wahrscheinlichkeit dafür, dass die Katze noch lebt und 50 %, dass sie tot ist. Schrödinger interpretiert dies mit dem Satz: „Die halbe lebende und die halbe tote Katze ist über den ganzen Kasten verschmiert."[123] C. F. v. Weizsäcker erklärt den Gedankenfehler des klugen Physikers: „Schrödingers Gleichung beschreibt die Wahrscheinlichkeit der beiden Alternativen lebend oder tot zu diesem Zeitpunkt. Beide sind gleich wahrscheinlich. Mehr sagt die Quantenphysik nicht aus. Es gibt hier keine Spur eines Paradoxons. Die Verschärfung des paradoxen Eindrucks bewirkt Schrödinger, indem er „die arme Katze hier einfach als Messinstrument behandelt, das die Irreversibilität des Messprozesses veranschaulichen soll. So ging

123 Carl Friedrich von Weizsäcker, Aufbau der Physik, 1985, S. 542.

der Schuss nach hinten los und Schrödinger wird heute hauptsächlich mit seiner Katze assoziiert."[124]

Die Feuerprobe der Kopenhagener Deutung

Unterstützung fand Heisenberg bei dem jungen Paul Adrien Maurice Dirac[125] (1902 -1984), den viele als den bedeutendsten Physiker des 20. Jahrhunderts nach Einstein ansehen. „Von allen Physikern hat Dirac den klarsten Geist", sagte der alte Bohr über ihn; „seine Physik ist rein und klar wie ein Gesang – eine magische Begegnung zwischen Logik und Intuition."[126] Einstein war sichtlich irritiert: „Mit Dirac habe ich Schwierigkeiten, zurechtzukommen. Diese schwindelerregende Gratwanderung zwischen Genie und Wahnsinn ist schrecklich."[127] Dirac rückte die Wahrscheinlichkeit ins Zentrum der Natur. Seine entscheidende Aussage zu diesem Thema war: „Die fehlende Determiniertheit im kleinsten Maßstab ist eine grundlegende Eigenheit der Natur."[128] Als 25-jähriger nahm er sich Heisenbergs Theorie vor und gab der Quantenmechanik eine vollendete theoretische Architektur. Er lieferte den mathematischen Formalismus, um die Gesamtheit der Werte zu berechnen, die für eine physikalische Variable möglich sind. So war man schließlich im Frühjahr 1927 zu einer widerspruchsfreien Deutung der Quantentheorie gekommen, die als die „Kopenhagener Deutung" bekannt ist.

Diese Deutung bestand ihre Feuerprobe auf der Solvay-Konferenz in Brüssel im Herbst 1927. Werner Heisenberg berichtete über diese Tage: „Einstein brachte zum Frühstück, wir wohnten

124 Weizsäcker, Physik, S. 542.
125 Paul Dirac, britischer Physiker, Nobelpreisträger und Mitbegründer der Quantenphysik.
126 Rovelli, Wirklichkeit, S. 137.
127 Rovelli, Wirklichkeit, S. 136.
128 Rovelli, Wirklichkeit, S. 139.

alle im gleichen Hotel!, ein Gedankenexperiment mit, durch das er glaubte, die Unbestimmtheitsrelation widerlegen zu können. Danach gab es zwischen Bohr, Pauli und mir jedes Mal einen Tag lang sehr schwierige und anstrengende Diskussionen. Aber am Abend wusste Bohr immer die Antwort. Dieses Spiel wiederholte sich mehrere Male und am Schluss hatten wir das Gefühl, dass nun eigentlich die Schwierigkeiten der Quantentheorie gelöst seien."[129]

Die endgültige mathematische Form der „klassischen" Quantentheorie

Mit John v. Neumann (1903-1957) fand die „klassische" Quantentheorie schließlich ihren mathematischen Abschluss[130]: Er identifizierte 1932 die Gesamtheit der Schrödingerschen Wellenfunktionen als einen „Hilbertraum".[131] Seit dieser Zeit gab es keinen Zweifel mehr, dass dies die mathematische Struktur war, auf welche die Entwicklung der Quantenmechanik hingeführt hatte. C. F. von Weizsäcker schrieb: „Von Neumann wirkte wie die Kodifikation auf ein Rechtssystem: Nun war das Wissen nicht nur den Eingeweihten, sondern der Allgemeinheit zugänglich. Die Hilbertraum-Theorie hat sich seit fünf Jahrzehnten bewährt; sie liefert die gemeinsame Sprache, in der über die Quantenphysik gesprochen werden kann."[132]

Während sich Schrödinger ganz aus der Quantenphysik zurückzog, blieb Einstein dabei:[133] „Meine Meinung ist, dass die

129 Heisenberg, Werke, S. 28.

130 John v. Neumann, Mathematical Foundations of Quantum Mechanics, 1932.

131 Hilbert-Raum benannt nach dem deutschen Mathematiker David Hilbert, ist ein Vektorraum von reellen oder komplexen Zahlen, versehen mit Winkel- und Längenbegriffen.

132 Weizsäcker, Physik, S. 511.

133 Siehe Glossar Kap. 3.2 Einsteins metaphysisch begründete Ablehnung der Unbestimmtheit.

gegenwärtige Quantentheorie bei gewissen festgelegten Grundbegriffen, die im Wesentlichen der klassischen Mechanik entnommen sind, eine optimale Formulierung der Zusammenhänge darstellt. Ich glaube aber, dass die Theorie keinen brauchbaren Ausgang zeigt für die künftige Entwicklung."[134]

3.3 Konsequenzen der neuen Wirklichkeit

Ganzheit und Beziehung

Die klassische Physik beruht auf der Vorstellung von voneinander unabhängigen Objekten, zwischen denen Wechselwirkungen bestehen. Die Welt erscheint als eine Art mechanisches Uhrwerk, das man nach Descartes Methode der Reduktion in seine Einzelteile zerlegen, sie untersuchen und dann wieder zusammensetzen kann.

Quantensysteme verhalten sich im Bereich der Elementarteilchen völlig anders: Sobald sie miteinander in eine Beziehung treten, bilden sie eine grundlegend neue Ganzheit, in der sie aufgehen und in der die ursprüngliche Form nicht mehr zu finden ist. Thomas Görnitz (*1943), Schüler von C. F. v. Weizsäcker, nennt die Quantentheorie „eine Physik der Beziehungen."[135] An anderer Stelle beschreibt Görnitz ihre Folgen: „Die Beziehungen bewirken, dass die Eigenexistenz von Teilen aufgehoben wird und ein neues, qualitativ ganz anderes Ganzes entstehen kann."[136] Damit sind sie, anders als die Objekte der klassischen Physik, grundsätzlich mehr, als die Summe ihrer Teile: „Sie enthalten als Einheit sehr viel größere Möglichkeiten als aus ihren Teilen ableitbar sind."[137] Ein einfaches Beispiel dafür ist Kochsalz: Es hat völlig andere Eigenschaften als die beiden hochgiftigen Elemente Chlor und Natrium, aus denen es besteht. Diese Beziehungsstruktur führt

134 Zitiert in Weizsäcker, Physik, S. 513.
135 Görnitz, Quanten, S. 273.
136 Thomas und Brigitte Görnitz: Die Evolution des Geistigen, 2009, S. 72.76.
137 Mann, Licht, S. 116.

nach dem italienischen Physiker Carlo Rovelli (*1956) zu einer völlig neuen Sichtweise: „Nicht Dinge treten in eine Beziehung zueinander; vielmehr geht aus den Beziehungen selbst die Vorstellung von Dingen hervor."[138] So ist das Universum eher als ein Organismus zu verstehen als eine Ansammlung toter Materie.

Bedenkt man, dass Beziehung schon innerhalb der göttlichen Trinität das charakteristische Element ist und auch das Verhältnis zwischen Gott und Mensch auf einer Beziehung gegründet ist, dann kann es nicht verwundern, dass Gott auch die Schöpfung als ein Geflecht aus Beziehungen, als einen Organismus gestaltet hat.

Was „wissen" Photonen?[139]

Nachdem Albert Einstein 1935 wegen der Nationalsozialisten in die USA emigriert war, arbeitete er am Princeton Institute of Advanced Studies mit den beiden jüngeren Kollegen Boris Podolski und Nathan Rosen an Systemen, die aus zwei Teilchen bestehen, die Erwin Schrödinger „verschränkt"[140] nannte. Diese beiden Teilchen sollten nach der Quantentheorie „wissen", was das andere tut. Ein Informationsaustausch von der Lichtquelle zu den Photonen oder zwischen ihnen müsste aber mit unendlich hoher Geschwindigkeit geschehen. Er kann aber nach der Relativitätstheorie nicht schneller sein als das Licht. Dies wertete Einstein als eine Widerlegung der Quantentheorie.
Erst 1982 konnten der Physiker Alain Aspekt (*1947) und sein Team das „EPR-Phänomen"[141] experimentell untersuchen und nachweisen, „dass die Photonen Information über ihre Weg-

138 Rovelli, Wirklichkeit, S. 153.
139 Siehe Glossar Kap. 3.3: Doppelspaltversuche.
140 Siehe Glossar Kap. 3.3: Verschränkung.
141 EPR: Abkürzung mit den Initialen ihrer Begründer Einstein, Podolski, Rosen.

Entscheidung schneller als das Licht verbreiten mussten."[142] Keine klassische Theorie konnte dieses Phänomen erklären. Damit stoßen wir auf das Phänomen, dass verschränkte Objekte eine „nichtlokale" Untrennbarkeit haben, also unabhängig von ihrem räumlichen Abstand ein System bilden und sich gegenseitig ohne Signalübertragung und Zeitverzögerung beeinflussen.[143]

Interessant ist, dass sich diese „Verschränkung" bei allen Quantensystemen beobachten lässt. Offenbar gilt das Prinzip: Was einmal vereint war, bleibt für immer verbunden. Das gilt nicht nur für einzelne Atome, denn auch jedes makroskopische Objekt besteht aus Atomen und ist letztlich ein Quantenobjekt. So reagieren menschliche Zellen über große Distanzen auf Gedanken und Gefühle ihres „Besitzers". Der Erfinder des Lügendetektors, Grover Cleveland Backster Jr. (1924 – 2013), konnte eine augenblickliche nichtlokale Kommunikation zwischen dem Bewusstsein eines Probanden und seinen isolierten weißen Blutkörperchen nachweisen, „selbst wenn diese Zellen 20 km entfernt von der Testperson aufbewahrt waren. Diese Aktivität der Zellen konnte sogar nachgewiesen werden, wenn die Blutkörperchen sich abgeschirmt gegen elektromagnetische Strahlung in einem faradayschen Käfig befanden."[144]

Könnte es sein, dass Gott dieses Prinzip schon bei der Erschaffung des Menschen angewandt hat? Gott schuf Adam aus Erde (adama). Warum nahm er nicht eine Handvoll neuer Erde, um Eva zu erschaffen? Gott machte Eva aus der „Seite" Adams. Der rief, als er seine Frau zum ersten Mal sah: „Das ist doch Bein von meinem Bein und Fleisch von meinem

142 Alain Aspect et al, Experimental Realization of Einstein-Podolsky-Rosen-Bohm Gedankenexperiment, Physical Review Letters, 1982, Vol. 49, Iss. 2, S. 91-94.

143 Siehe Glossar Kap. 3.3: EPR-Paradox.

144 Pim van Lommel, Endloses Bewusstsein, 2010, S. 302.

Fleisch!"[145] Damit waren Adam und Eva und nach ihnen sämtliche Blutsverwandten auch quantenverschränkt miteinander verbunden.

Hyperraum oder: Die Physiker entdecken ein „Jenseits"

Der Schweizer Physiker Nicolas Gisin (*1952), der selbst an bahnbrechenden Versuchen über das EPR-Phänomen beteiligt war, kommt bei der Erklärung des Phänomens zu einem für einen Physiker erstaunlichen Schluss: „Da geschieht etwas wirklich Befremdliches, etwas außerhalb der Raumzeit."[146] Die einzig mögliche physikalische Erklärung für diese EPR- und Doppelspalt-Phänomene[147] ist, dass es „außerhalb" unseres Raum-Zeit-Universums einen „Hyperraum" gibt, von dem aus nur durch Information, ohne Zeitverzug und unabhängig von Entfernungen, Einfluss auf Phänomene in unserem Raumzeit-Universum genommen werden kann.

Nach einer erkenntnistheoretischen Betrachtung des Mathematikers, Informatikers und Physikers Klaus-Dieter Sedlacek (*1948) gibt es keinen Zweifel: Die experimentellen Daten von Quantenzuständen belegen die Existenz eines Hyperraums. Sedlacek postuliert spezifische Eigenschaften des Hyperraums, den er „Vakuum" nennt, wie folgt[148]:

Er wäre

- Ein Informationsspeicher: Weil sich die Information über das Photon und die Information, die es für sein künftiges Verhalten benötigt, dort befindet.

145 Genesis 2, 23.
146 Nicolas Gisin, zitiert in: Rolf Froböse, Der Lebenscode des Universums, 2009, S. 84.
147 Siehe Glossar Kap. 3.3: Doppelspaltversuche.
148 Klaus-Dieter Sedlacek, Unsterbliches Bewusstsein, 2008, S. 96.

- Nichtzeitlich: Was uns auf der Erde als Zeitverschiebung, als „früher" oder „später" erscheint, geschieht im Hyperraum gleichzeitig.
- Nichtlokal: Die Entfernung zwischen „verschränkten" Photonen spielt keine Rolle.

Wie kann man diesen Hyperraum deuten? Dieser Hyperraum ist nicht „über" der Raumzeit, sondern er durchdringt sie. Da wir uns eine vierte Dimension nicht vorstellen können, hilft es etwas weiter, das Problem um eine Dimension zu reduzieren: Wenn wir also „Flachländer" wären, die nur die zwei Dimensionen Breite und Länge kennen, könnten wir uns auch nicht vorstellen, dass es ein „oben" oder „unten" gibt. Aber wie ein unendlich dünnes Blatt Papier, das „Flachland", von „allen Seiten" von der dritten Dimension umschlossen wird, so könnte eine vierte Dimension unsere drei räumlichen Dimensionen umschließen. Der amerikanische Quantenphysiker Lothar Schaefer folgert daraus: „Die Quantenphänomene haben es möglich gemacht, innerhalb des Rahmens der Naturwissenschaften die Gegenwart von alles durchdringenden und allgegenwärtigen Wirkungsfaktoren anzunehmen."[149]

Mit diesem Phänomen war schon König David konfrontiert: „Von allen Seiten umgibst du mich und hältst deine Hand über mir. Diese Erkenntnis ist mir zu wunderbar und zu hoch, ich kann sie nicht begreifen."[150]
Das klassische biblische Beispiel für Nichtlokalität ist der Heilige Geist. Als ihn Jesus als seinen „Stellvertreter" auf der Erde ankündigt, macht er deutlich, dass er gehen muss, weil er als Mensch nur an einem Ort sein konnte, damit der Heilige Geist überall und gleichzeitig in den Gläubigen wirken kann.[151]

149 Lothar Schaefer, Versteckte Wirklichkeit, 2004, S. 58.
150 David, Psalm 139, 5-6.
151 Johannes 14, 16-18.

Schwarmverhalten als nichtlokale Informationsübertragung

Hinweise auf nichtlokale Informationsübertragung finden wir bei Fischen, Vögeln und anderen Tieren, wenn sie sich zu Schwärmen zusammenfinden. Beim „Schwarmverhalten" lässt sich die blitzartige Koordination aller Tiere eines Schwarms nicht anders erklären, denn eine Reaktion einzelner Tiere über ihre Sinne würde viel zu lange dauern. Nichtlokale Informationsübertragung gibt es offensichtlich auch bei Insektenvölkern wie Bienen oder Ameisen: Der Biologe Rupert Sheldrake (*1942) fand: „Obwohl die Tiere in diesen Völkern unterschiedliche Aufgaben haben, verfügen sie doch über ein gemeinsames Gruppenbewusstsein, das von der Königin koordiniert wird. Wird die Königin lebendig von ihrem Volk isoliert, ändert sich nichts am Verhalten der Gruppe. Wird sie jedoch fern von ihrem Volk getötet, entsteht sofort Chaos und alle Arbeiten werden eingestellt."[152]

Licht – neu gedacht

Die unabänderliche Vakuum-Lichtgeschwindigkeit ist eine Basisgröße aller großen Theorien. Nach der speziellen Relativitätstheorie ist „Zeit" keine absolute Größe, sondern abhängig vom Beobachter. John L. Casti folgert daraus, „dass das Licht nicht altert". Für die Photonen vergeht keine Zeit, auch wenn sie durch die Tiefen des Weltalls fliegen."[153] Das bedeutet auch, dass das Licht von fernen Galaxien, das in unserer Raumzeit viele Jahre braucht, um uns zu erreichen, vom Hyperraum aus gesehen ohne Zeitverzug bei uns eintrifft. Klaus-Dieter Sedlacek nennt als Beispiel: „So interferieren die Photonen eines Doppel-Quasars nach 50.000 Jahren miteinander genauso wie Photonen, die aus derselben Lichtquelle stammen."[154]

152 Rupert Sheldrake 1990, zitiert in Lommel, Bewusstsein, S. 314.
153 Casti, Verlust., S. 184.
154 Sedlacek, Bewusstsein, S. 96.

F. David Peat (1938-2017) wusste um die biblische Bedeutung von Licht: „In der jüdisch-christlichen Religion leitet sich alles, was existiert, vom Licht her."[155] Licht kann Unmengen von Informationen transportieren. Wie die Hyperraum-Theorien nahelegen, wird unser Universum aus dem Hyperraum durch Licht gesteuert. Um das Universum aus dem Hyperraum heraus zu strukturieren, musste zuerst ein extrem leistungsfähiges Informationsnetz geschaffen werden. Damit wird für Lothar Schaefer deutlich: „Das Universum ist keine lose Sammlung von zusammengewürfeltem Schutt, sondern ein extrem schnelles Netzwerk."[156] Dies findet eine Parallele im Schöpfungsbericht:

> *So erschuf Gott als ersten Schöpfungsakt mit den Photonen ein „Cosmic Wide Web", ein superschnelles Informationsnetzwerk aus Licht. Es durchdringt aus dem Hyperraum zeitlos das gesamte Universum. Gott selbst ist in Licht gehüllt: „HERR, mein Gott, du bist sehr herrlich; … Licht ist dein Kleid, das du anhast."[157].*

Das Universum in Zeitscheiben

Die Quantenphysik zeigt noch weitere erstaunliche Eigenschaften unserer Wirklichkeit: Nicht nur Energie, auch die Zeit ist „gequantelt", in ultrakurze „Scheiben": Wie der Astrophysiker und Heisenberg-Schüler Hans-Peter Dürr (1929-2014) fand, gibt es aus quantenmechanischer Sicht keine zeitlich durchgängig existierende Welt, sondern „diese Welt ereignet sich gewissermaßen in jedem Augenblick neu."

155 F. David Peat, Der Stein der Weisen, 1992, S. 123.
156 Schäfer, Wirklichkeit, S. 15.
157 Psalm 104, 1-2.

Die Welt „jetzt" ist nicht mit der Welt im vergangenen Augenblick identisch. Die Zukunft ist prinzipiell offen[158], prinzipiell unbestimmt."[159]

Auch F. David Peat sieht das Universum einem ständigen Prozess des Werdens und Vergehens unterworfen. Der Nicht-Zustand der Auflösung liegt dabei außerhalb der Zeit. Nach dieser Transformation kristallisiert sich die Welt erneut heraus und tritt wieder in das Reich der Zeit ein. „Die materielle Existenz liegt in der Zeit, ihre Wurzeln aber sind anderswo zu suchen."[160] Das bedeutet für unser Universum, „dass es die Zeit verlässt und mit dem in Berührung kommt, was ich mangels eines besseren Ausdrucks (und mit großem Vorbehalt) seinen schöpferischen Ursprung nennen möchte."[161] Damit ist das Universum nicht festgelegt auf Veränderungen innerhalb der Unschärfe, sondern seine Zukunft ist völlig offen.

Das eigentliche Wunder ist also nicht die spontane Veränderung eines Zustands, sondern die Beständigkeit der Objekte.

Der naturwissenschaftlich gebildete Theologe Karl Heim (1874-1958) wusste: „Gottes Handeln ist ein fortgesetztes Vernichten und Schaffen neuer Formen."[162] Selbst wenn Lücken in unserer Erklärung der Welt auf einen Schöpfer hinweisen, sind das nicht die einzigen Beweise, die die Wissenschaft für seine

158 Siehe Glossar Kap 3.1 Erwartungswert.

159 Hans-Peter Dürr, Naturwissenschaft und Wirklichkeit, in: Helmut A. Müller (Hg.), Naturwissenschaft und Glaube, 1988, S. 79.

160 Peat, Stein, S. 159.

161 Peat, Stein, S 157+ S. 163.

162 Karl Heim, Du Herr bist Kraft und Leben, 1961, S. 101.

Existenz liefert. Sie sind Zugaben zu der Gesamtheit der Indizien, die das Wunder der Schöpfung als Ganzes liefert. Seriöse christliche Theologie vertritt, dass Gott nicht nur ursprünglich das Universum geschaffen hat, sondern es auch beständig erhält, so wie alle seine Vorgänge: ohne ihn würde es aufhören zu existieren."[163] Das trifft sich mit den Vorstellungen des Nobelpreisträgers Max Born:

„Je tiefer wir vordringen, desto ruheloser wird das Weltall. Alles ist in Bewegung. Der Tanz der Atome, der Elektronen und der Kerne obliegt, trotz seiner Wildheit Gottes ewigen Gesetzen"[164] Dies ist genau, was von Christus gesagt wird: Er, der „Architekt" des Universums, „trägt (griech: φερω bedeutet auch erhalten) alle Dinge mit seinem kräftigen Wort (griech: λογοσ = Information/Kommunikation) ... und es besteht (griech: συνίστημι = zusammensetzen) alles in ihm."[165] Auch hier wird deutlich, dass es ein einmaliger Schöpfungsakt war, der die Struktur festlegte, aber der sich fortsetzt als ein stetiger, kreativer Prozess.

Hebr. 1,3

Das Bewusstsein hält Einzug in die Physik

In der klassischen Physik betrachtet der Experimentator das Experiment wie das Publikum im Theater ein Stück verfolgt. Dies kann man so nicht mehr sehen, meint Max Born: „Die Quantenmechanik deutet indessen die in der Atomphysik gewonnene Erfahrung auf andere Weise. Wir können den Beobachter einer physikalischen Erscheinung nicht mit dem Publikum bei einer Theateraufführung vergleichen, sondern eher mit dem bei einem Fußballspiel, wo der Akt des Zusehens, von Applaus und Pfeifen einen ausgeprägten Einfluss auf die

163 Lennox, Wissenschaft, S. 268.
164 Max Born, Physik im Wandel meiner Zeit, 1959, S. 247.
165 Paulus, Kolosser 1, 16+17.

Schnelligkeit und Konzentration der Spieler und damit auf den beobachteten Vorgang hat."[166] Dabei muss man berücksichtigen, dass auch der Körper des Beobachters ein Quantensystem ist, also genaugenommen zum Versuchsaufbau gehört. Am Ende bleibt das „Bewusstsein" als der eigentliche Beobachter. Da ein Quantensystem erst durch die Messung, also die Beobachtung von einer Vielzahl möglicher in einen wirklichen Zustand übergeht, müssen nach Günter Ewald „Materie und Bewusstsein in einem unlösbaren Zusammenhang stehen."[167] Geht man noch einen Schritt weiter, dann muss es einen ständigen Beobachter geben; denn es ist nicht vorstellbar, dass ein Weg, ein Baum oder der Ozean nur dann existiert, wenn gerade ein Mensch hinschaut, oder etwas an ihm gemessen wird.

Da das ganze Universum vom Geist Gottes durchdrungen wird, ist Er offensichtlich der „bewusstseinsartige" Hintergrund der Wirklichkeit und Gott dieser „ultimative Beobachter".

Das kosmische Bewusstsein ist eine Person

Erwin Schrödinger führt die Tatsache, dass in der naturalistischen Physik der persönliche Gott nicht vorkommen kann darauf zurück, dass sie „nur zugänglich geworden ist um den Preis, dass man alles Persönliche daraus entfernt hat."[168] Aber diese Einschränkung gibt es in der Quantenphysik nicht mehr: So haben Gedanken über Phänomene wie Verschränkung und „intelligentes" Verhalten von Photonen bei führenden Physikern und Nobelpreisträgern wie E. Wigner, P. Davies, D. Bohm, O. Costa de Beauregard und C. F. v. Weizsäcker zu dem Schluss geführt, „dass die mikrophysikalische Wirklichkeit

166 Born, Physik, in: Dürr, Physik, S. 91.
167 Ewald, Jenseits, S. 99.
168 Schrödinger, Geist, S. 98.

willens- bzw. bewusstseinskorreliert ist."[169] In einem weiteren logischen Schritt kommt Thomas Görnitz zu dem Schluss, dass Gott Person sein muss: „Ein wichtiger Aspekt des Göttlichen ist Personalität … eine solche Fähigkeit scheint bei ihm unvermeidlich zu sein."[170]

3.4 Was ist Materie und wie könnte sie entstanden sein?

Materie ist nicht „materiell"

Max Planck fasste schon 1944 in einem Vortrag in Florenz die Summe seiner Erkenntnis über die Materie zusammen: „Als Physiker, also als ein Mann, der sein ganzes Leben der nüchternsten Wissenschaft, nämlich der Erforschung der Materie dient, bin ich sicher von dem Verdacht frei, für einen Schwarmgeist gehalten zu werden. Und so sage ich nach meinen Erforschungen des Atoms dieses: Es gibt keine Materie an sich! Alle Materie entsteht und besteht nur durch eine Kraft, welche die Atomteilchen in Schwingung bringt und sie zu dem winzigen Sonnensystem des Atoms zusammenhält. Da es aber im ganzen Weltall weder eine intelligente noch eine ewige abstrakte Kraft gibt, … so müssen wir hinter dieser Kraft einen bewussten intelligenten Geist annehmen. Dieser Geist ist der Urgrund aller Materie! Nicht die sichtbare, aber vergängliche Materie ist das Reale, Wahre, Wirkliche, denn diese Materie bestünde, wie wir gesehen haben, ohne diesen Geist überhaupt nicht, sondern der unsichtbare, unsterbliche Geist ist das Wahre!" Und als Schlussfolgerung:

> *„Da es aber ‚Geist an sich' allein ebenfalls nicht geben kann, sondern jeder Geist einem Wesen zugehört, so müssen wir zwingend ein Geistwesen annehmen.*

---

169 Horst W. Beck, Geist – Wort – Materie, 2001, S. 125.
170 Görnitz, Evolution, S. 348.

Da aber auch Geistwesen nicht aus sich selber sein können, sondern geschaffen worden sein müssen, so scheue ich mich nicht, diesen geheimnisvollen Schöpfer ebenso zu nennen, wie ihn alle Kulturvölker der Erde früherer Jahrtausende genannt haben: Gott." [171]

Hans-Peter Dürr gab am Endes seiner wissenschaftlichen Laufbahn ein paradoxes Statement ab: „Ich habe als Physiker 50 Jahre lang, mein ganzes Forschungsleben, damit verbracht zu fragen, was eigentlich hinter der Materie steckt. Das Endergebnis ist ganz einfach: es gibt keine Materie! Ich habe somit 50 Jahre an etwas gearbeitet, was es gar nicht gibt. Das war eine erstaunliche Erfahrung!"[172]

Information – Urstoff des Universums

Die theoretische Auseinandersetzung mit der neuen Wirklichkeit führte zu Überlegungen, ob nicht Materie, sondern Information und Intelligenz/Bewusstsein elementar für die Existenz des Universums und des Lebens sein könnten. Ein erster Vorschlag, der eine breite Öffentlichkeit erreichte, wurde 1999 von dem britischen Physiker Paul Charles William Davies (*1946) in einem Leitartikel des New Scientist gemacht: „Die zunehmende Anwendung des Informationskonzeptes auf die Natur war der Anlass zu einer seltsamen Vermutung: Normalerweise gehen wir davon aus, die Welt setzt sich zusammen aus einfachen klumpenartigen Materiepartikeln, und Information ist ein abgeleitetes Phänomen, gebunden an bestimmte, geordnete Materiezustände. Könnte es nicht auch umgekehrt sein? Vielleicht ist das Univer-

171 Max Planck in einem Vortrag in Florenz 1944 über „Das Wesen der Materie", Archiv zur Geschichte der Max-Planck-Gesellschaft, Abt. Va, Rep. 11, Nr. 1797.

172 Hans-Peter Dürr, Geist, Kosmos und Physik, 2010, S. 44-45.

sum wirklich ein Streich der Ur-Information und materielle Objekte sind eine komplexe Sekundärerscheinung."[173] Auch Anton Zeilinger (*1945), Physiker an der Universität Wien, ist überzeugt, dass nicht Materie, sondern Information die Basis des Universums ist: Jedes beliebige Objekt setzt sich aus Materie plus Information zusammen. Das ergibt sich auch daraus, dass Materie sehr einfach beschaffen ist: Sie hat nur drei verschiedene Bestandteile, Up-Quark, Down-Quark und Elektron. Dazu kommt noch der „Kleber," die Gluonen, der das Ganze zusammenhält. Das wirklich Charakteristische an einem bestimmten Objekt ist offensichtlich die Information darüber, wie die Quarks und Elektronen angeordnet sein müssen, um Atome zu bilden.

„Daher kommen wir zu einer wichtigen Schlussfolgerung: Information ist der fundamentale Baustein des Universums!"[174]

Wie der Geist zu Masse kommt

Wie kann in ein geistiges Gebilde Masse hineinkommen? Erst im Jahr 2012 gelang es am Genfer CERN, das Rätsel zu lösen. Die Teilchenphysiker entdeckten, so der Physiker und Autor Dr. Stefan Klein (*1965), dass das „Vakuum" von einem „Higgsfeld"[175] erfüllt ist, „einem „Nichts", einer unbespielten Bühne, einem Raum, in dem alles entstehen kann."[176] Woher kommt nun die Masse? „Die Teilchen sind Beziehungen eingegangen und jede Bindung enthält Energie. Aber selbst, wenn man alle Quarks und Elektronen, aus denen ein Hammer

173 Paul Davies, New Scientist, 30. Januar 1999, S. 3.
174 Zeilinger, Spuk, S. 72-73.
175 Benannt nach dem Peter Ware Higgs (*1929), britischer theoretischer Physiker und Nobelpreisträger.
176 Stefan Klein, Das All und das Nichts, 2017, Vorabdruck in FAS vom 22.10.2017.

besteht, auf die Waage legen würde, ergäbe sich in der Summe nur das Gewicht eines Blattes Papier." [177] Hier kommt nun das Higgsfeld ins Spiel: Man kann es mit einem riesigen Schneefeld vergleichen, einer weißen Fläche ohne Gestalt. Doch der Wanderer spürt, dass etwas jedem seiner Schritte Widerstand leistet, weil er im Schnee einsinkt. Genauso hemmt das Higgs-Feld die Bewegung der Teilchen, es macht sie träge. Da es nach Einstein keinen Unterschied zwischen einer trägen und einer schweren Masse gibt, beziehen die Materieteilchen aus dieser Trägheit ihre Masse, obwohl sie selbst keine besitzen. Das Higgs-Feld erklärt auch, warum nicht alle Teilchen gleich schwer sind: Es behindert die einen mehr, die anderen weniger. „Ein Skifahrer gleitet schnell durch die Landschaft, während ein Tourist in Stiefeln bis zu den Knien einbricht. Einen Vogel kümmert der Schnee gar nicht, er fliegt einfach darüber hinweg. Elektronen sind Skifahrer, Quarks Touristen, Photonen Vögel. Dementsprechend haben Elektronen eine kleine, Quarks eine große, Photonen gar keine Masse."[178]

Fazit

Eines ist sicher: „Materie ist keineswegs so, wie wir sie erleben" so Carlo Rovelli. „Ihre Bestandteile haben keine festen Konturen. Elementarteilchen sind Energiezustände, ein plötzliches Aufflackern im leeren Raum."[179] Der Raum als Behälter, die Zeit und die klassischen Teilchen und Felder sind aus der Physik verschwunden.

177 Klein, All.
178 Klein All.
179 Klein, All.

Woraus also besteht die Welt? „Die Antwort ist jetzt einfach: Teilchen sind Quanten von Quantenfeldern. Licht besteht aus den Quanten eines Feldes, auch der Raum ist nur ein Feld, das ebenfalls gequantelt ist. Mit anderen Worten: die Welt besteht vollständig aus Quantenfeldern."[180] Carlo Rovelli fasst das Modell bündig zusammen: „Die Natur besteht nur noch aus einem Typ von Objekt, dem Quantenfeld. Die Welt ist seltsam, aber einfach."[181]

3.5 Theorien für Unvorstellbares

Die merkwürdige Welt der Quanten

Die klassische Physik vermittelte den Eindruck einer Welt, die vollständig und in anschaulicher Form erklärbar ist. „Das Wirkungsquantum weckte die Wissenschaftler aus diesem Traum", so Ernst Peter Fischer: „Hier war etwas nicht reduzierbar und auf anschauliche Weise begreifbar."[182] Denn eines der schärfsten Werkzeuge der klassischen Physik, die Methode der Reduktion, ist nicht mehr anwendbar: Quantensysteme sind hochkomplexe rückgekoppelte Systeme, die sich überhaupt nicht mehr ohne Zerreißen von irgendwelchen Teilverbindungen auf einfachere Systeme zurückführen lassen. Man muss das System als Ganzes verstehen. Deshalb brauchte es mehr als ein Vierteljahrhundert, um von der Planckschen Hypothese der Existenz von Energiequanten zu einem wirklichen Verständnis der quantentheoretischen Gesetze zu kommen. „Daraus erkennt man", so Fischer weiter, „wie groß die Veränderungen unserer grundlegenden Vorstellungen von der Wirklichkeit sein mussten, bevor man die neue Situation vollständig verstehen konnte."[183] C. F. v. Weizsäcker, der sowohl mit Niels Bohr

180 Rovelli, Wirklichkeit, S. 214.
181 Rovelli, Wirklichkeit, S. 144-146.
182 Fischer, Sowohl, S. 28.
183 Heisenberg, Quantentheorie, S. 21.

als auch mit Werner Heisenberg eng zusammengearbeitet hatte, schrieb: „Logisch hatten, so schien mir, um 1935, vielleicht vier bis fünf Leute die Quantentheorie verstanden, etwa Heisenberg, Pauli und Dirac; philosophisch verstand sie nur Bohr; ihn verstand kein anderer und zudem wusste selbst er, so schien mir weiter, nicht das letzte Wort."[184] Der amerikanische Nobelpreisträger Richard Feynman (1918-1988), der die Theorie besser als jeder andere einsetzen und handhaben konnte, sagte es noch pointierter: „Niemand versteht im Sinne der hergebrachten Physik die Quantentheorie, doch alle rechnen ziemlich erfolgreich mit ihren Formeln."[185] Hans-Peter Dürr folgert daraus: „Wir haben immer gemeint, die Wissenschaftler könnten sagen, was ist und was nicht ist. Jetzt müssen wir aber einsehen, dass auch wir streng genommen in Gleichnissen reden müssen."[186]

Wenn schon die uns noch zugängliche Wirklichkeit nur noch in Bildern zu beschreiben ist, wieviel mehr dann die Wirklichkeit Gottes?

Intuition statt Beobachtung

In der klassischen Physik hatten die Naturforscher ihre Hypothesen aus den Experimenten durch das Erkennen des Grundprinzips auf einem logischen Weg abgeleitet. Aber je unbeobachtbarer und für unsere Anschauung unfassbarer das Geschehen wurde, desto weniger war diese Methode noch anwendbar. Zwar ist auch hier am Ende das Experiment der „Richter" über die Hypothesen. Aber es hat nur noch die Funktion der Überprüfung, der Falsifikation, nicht mehr die einer Hinführung auf eine Hypothese. Schon Einstein musste bei

184 Weizsäcker, Physik, S. 550.
185 Horst W. Beck, Vom Geheimnis des Lichtes und der Zeit, 2005, S. 87.
186 Dürr, Geist, S. 44-45.

der Entwicklung der Relativitätstheorie feststellen, „dass jeder Versuch einer logischen Ableitung der Grundbegriffe und Grundgesetze der Mechanik aus elementaren Erfahrungen zum Scheitern verurteilt ist."[187] So war er gezwungen, eine neue Methode der Theoriebildung zu entwerfen: „Zu diesen elementaren Gesetzen führt kein logischer Weg, sondern nur die auf Einfühlung in die auf Erfahrung sich stützende Intuition."[188] Aber konnte man dann überhaupt noch die „richtige" Theorie finden? Einsteins Vorgehen hatte gezeigt, dass, analog zu Ockhams „Rasiermesser", von allen denkbaren Hypothesen sich eine einzige „als unbedingt überlegen allen anderen erwies."[189]

Auch Wolfgang Pauli zweifelte daran, dass die Naturgesetze allein aus dem Erfahrungsmaterial entnommen werden können, so Heisenberg. Er schloss sich Einstein an und denen, die „die Intuition zur Aufstellung eines Systems von Naturgesetzen … betonen".[190] Aber er suchte nach einer Brücke von dem zunächst ungeordneten Erfahrungsmaterial zu den Hypothesen. Die sieht Pauli nach Heisenberg in präexistenten Archetypen, wie wir sie von der modernen Psychologie kennen. Diese „Urbilder" werden „gleichsam ahnend geschaut. Die Beglückung beim Bewusstwerden einer neuen Erkenntnis entspricht dem Zur-Deckung-Kommen solcher präexistenter Urbilder mit dem Verhalten äußerer Objekte."[191]

*Eine plausible Erklärung für dieses Phänomen gibt der Mathematiker John Lennox (*1943): „Beide, die reale Welt und auch die Mathematik lassen sich auf den Verstand Gottes zurückführen, der sowohl das Universum als auch den*

187 Einstein, Weltbild, S. 128-130.
188 Einstein, Weltbild, S. 128-130.
189 Einstein, Weltbild, S. 129.
190 Heisenberg, Schritte, S. 44.
191 Heisenberg, Schritte, S. 45.

menschlichen Verstand geschaffen hat. Es überrascht deshalb nicht, dass die mathematischen Theorien, erdacht vom menschlichen Verstand, der selbst nach dem Bild des Verstandes Gottes geschaffen wurde, eine ihnen entsprechende Anwendung in einem Universum finden, dessen Architekt derselbe schöpferische Verstand war.[192]

Das Universum: Eine Projektion aus dem Hyperraum

Der Quantenphysiker David Bohm (1917-1992) stellte einen neuen Gedanken zur Entstehung von Materie zur Diskussion: „Wir können jedes der ein System bildenden „Teilchen" als eine Projektion einer höherdimensionalen Realität betrachten statt getrennte Teilchen in einem gemeinsamen Raum."[193]

Der Quantenphysiker Lothar Schaefer sieht die Projektion von Elementen aus dem Hyperraum als Ursprung der kreativen Schöpfung: „Die Aktualisierung von virtuellen Quantenzuständen beschreibt einen Mechanismus, durch den sich transzendente Ordnung auf natürliche Weise aus Informationsmustern und geistigen Elementen heraus in die Materie projizieren kann."[194] Der Nobelpreisträger Carlo Rubla fasst es kurz:

„Aus dem „Hyperraum" kann jederzeit Neues in unsere Welt hineinprojiziert werden."[195] Dies muss immer wieder neu geschehen, da wir in einem „Zeitscheiben-Universum"

192 Lennox, Wissenschaft, S. 89.
193 David Bohm, Die implizite Ordnung, 1987, S. 242.
194 Schaefer, Wirklichkeit, S. 16.
195 David Bohm in: Massey/Frazer, The Unturned Stone, 2007, S. 16.

leben: „Informationsfelder erstellen Dinge wo sie sind und erhalten sie dort."[196]

Das Bild einer Projektion unserer Welt aus dem Jenseits findet sich mit exakt diesem Begriff im Neuen Testament: Dort steht an allen Stellen, wo von „Grundlegung der Welt" die Rede ist, im griechischen Urtext καταβολη = „Projektion"[197]*. Die Bibel sagt weiter, dass Gott die Welt aus „nicht Wahrnehmbarem" (μη εκ φαινομενων) geschaffen hat.*[198] *Das könnte man als Quantenvakuum oder Higgs-Feld identifizieren. Bevor Gott sprach, war es unstrukturiert, Tohuwabohu. Durch sein Wort (ρημα) wurde es informiert, also in-Form-gebracht. Lothar Schaefer hat es biblisch ausgedrückt: „Auf der Ebene der Elementarteilchen werden gedankenähnliche Zustände zu Materie: Das Wort ist Fleisch geworden."*[199]

Diese Überlegungen liegen nahe: „Allen Naturwissenschaftlern, die mit dem Dialog zwischen Theologie und Wissenschaft ernst machen, ist gemeinsam, dass sie den Grund unserer Wirklichkeit als immateriell erkennen, als kreatives Potential, als ein geistiges Prinzip, das Materie erst hervorbringt."[200] Die moderne wissenschaftliche Theorie zwingt uns, uns den Schöpfer als außerhalb von Raum und Zeit tätig zu denken: „Genau wie sich der Künstler außerhalb seiner Leinwand befindet."[201]

196 Carlo Rubla, in: Massey/Frazer, Stone, S. 15.
197 Epheser 1, 4; Johannes 17, 24; Offenbarung 13, 8 und 17, 8.
198 Brief an die Hebräer, 11, 3.
199 Schaefer, Wirklichkeit, S. 64.
200 Gesco von Lüpke, Galileos Erben, in Hofmeister/Bauerochse (Hg.), Die Zukunft der Religion, 1999, S. 128.
201 Jeans , Gebiet, in: Dürr, 1986, S. 61.

AN DEN GRENZEN DER VERBORGENEN WIRKLICHKEIT

4. An den Grenzen der verborgenen Wirklichkeit

Was wir vielleicht noch wissen können

4.1 Was wissen wir nun über die Wirklichkeit?

Das Standardmodell der Teilchenphysik

Paul Dirac gelang die Quantelung der Elektrodynamik. Nachdem er die allgemeine Formulierung der Quantenmechanik abgeschlossen hatte, wurde Einstein bewusst, dass sie in Einklang mit der speziellen Relativitätstheorie gebracht werden konnte. Daraus entstand die „Quanten-Feldtheorie". Richard Feynman (1918-1988) entwickelte die Idee weiter zum Standardmodell der Teilchenphysik, „das alles, außer der Gravitation, im Rahmen der Quantenfeld-Theorie offenbar gut beschreibt."[202] Entgegen anfänglichen Befürchtungen bestätigten sich alle seine Vorhersagen. „So wurde das Higgs-Feld ursprünglich nur eingeführt, um die Funktionstüchtigkeit der Theorie zu verbessern, was aber etwas künstlich erschien. Da jedes Feld seine Teilchen hat, musste es folglich ein entsprechendes „Higgs-Teilchen" geben. Es wurde 2012 experimentell mit den vom Standardmodell vorhergesagten Eigenschaften nachgewiesen."[203]
Allerdings macht nach Schätzungen der führenden Astrophysiker die sichtbare Materie nur 4 % der gesamten im Universum vorhandenen Masse aus. Die „restlichen" 96 % „dunkle Materie" berücksichtigt das Standardmodell nicht. Es bringt Ordnung in den „Teilchenzoo", aus dem die uns bekannte Materie zusammengesetzt ist. Aber, so Thomas Görnitz, „ohne die Einbeziehung der Gravitation ist das Standardmodell eigentlich keine echte physikalische Theorie, sondern eher ein

202 Rovelli, Wirklichkeit, S. 144.
203 Rovelli, Wirklichkeit, S. 145.

Teppich von verschiedenen Formalismen, in denen derzeit 18 Parameter verwendet werden, die nur experimentell ermittelt werden können."[204] Da es von der speziellen Relativitätstheorie, also ohne Einbeziehung der Gravitation ausgeht, kann es keine Antwort auf die wichtigen Frage geben, welchen Einfluss die Masse eines Teilchens auf seine raumzeitliche Umgebung hat. Das Modell ist für praktische Anwendungen sehr nützlich, eignet sich aber nicht als Ausgangspunkt für eine umfassende Theorie.

Quanten-Gravitationstheorie

Um diesen Mangel zu beseitigen, ging eine Gruppe theoretischer Physiker daran, mit der „Quantengravitation" eine Theorie zu entwerfen, in der die Widersprüche zwischen der Quanten- und der allgemeinen Relativitätstheorie aufgelöst würden. Als erster versuchte Matwei Petrowitsch Bronstein (1906-1938) das elektrische Feld der Quantentheorie auf das Gravitationsfeld zu übertragen. Aber für den Physiker Michael König (*1957) zeigte sich gemäß Heisenbergs Unschärferelation, dass „je länger man den Ort eines Teilchens zu lokalisieren versucht, desto größer die Geschwindigkeit wird, mit der es entweicht."[205] Hohe Geschwindigkeit bedeutet aber große Energie (äquivalent mit Masse) und Masse krümmt den Raum. Ist nun zu viel Energie auf kleinstem Raum konzentriert, krümmt sie den Raum so stark, dass ein „schwarzes Loch"[206] entsteht.
Die Raummaße können also nicht beliebig klein gemacht werden, wie es die Relativitätstheorie voraussetzt, sonst verändern Raum und Zeit ihr Wesen. Bronstein erkannte dieses Problem und zeigte damit, dass Quantenmechanik mit der allgemei-

204 Görnitz, Evolution, S. 136.
205 Michael König, Das Urwort, 2010, S. 168.
206 Siehe Glossar Kap 4.1: Schwarzes Loch.

nen Relativitätstheorie und ihrer Vorstellung des eines unendlich teilbaren Kontinuums unvereinbar ist. Bronstein wurde tragischerweise 1938 unter Stalin exekutiert, und John Wheeler (1911-2008) führte die Arbeiten weiter. 1966 lieferte ihm Bryce DeWitt (1923-2004) eine Gleichung für die Wellenfunktion des Raumes. „Aber", so Carlo Rovelli, der selbst an dem Projekt beteiligt war, „die Gleichung steckte voller Probleme und führte rasch zu unendlichen und sinnlosen Ergebnissen."[207] Vor allem bleibt rätselhaft, was sie genau bedeutet. Ende der achtziger Jahre fand man einige Lösungen, die von geschlossenen Linien im Raum („Schleifen") abhingen. Daraus entstand die Theorie der „Schleifen-Quanten-Gravitation". Carlo Rovelli musste aber eingestehen: „Ein wirklicher Durchbruch gelang auch hier nicht: „Heute stehen wir noch immer am selben Punkt."[208]

String-Theorien

Die String-Hypothese in all ihren Varianten wird von der Mainstream-Physik favorisiert, um die Struktur von Teilchen geometrisch zu beschreiben. Dabei stellt man sich einen vibrierenden eindimensionalen String (Saite) vor, der unendlich dünn und extrem kurz ist, um die 10^{-34} m. Prof. Dr. Dr. Horst W. Beck (1933-2014) warnt: „Strings darf man sich nicht zu plastisch vorstellen. Sie sind im Grunde nur mathematische Modelle von elementaren Schwingungskonfigurationen, projiziert in die viel „größere" Atomwelt (10^{-10} m). Strings sind nicht nur geometrische Gebilde, sondern wie Violinsaiten mit ihren Schwingungen auch Informationsträger. Sie sollen in ihren Frequenzmoden die Teilcheneigenschaften wie Masse, Spin und Ladung codieren."[209] Aber anders als man erwartet hatte,

207 Rovelli, Wirklichkeit, S. 176.
208 Rovelli, Wirklichkeit, S. 157.
209 Beck, Geheimnis, S. 34.

so Thomas Görnitz, wird die Welt im Kleinsten nicht einfacher, sondern „die mathematischen Strukturen und physikalischen Theorien werden auf dem Weg ins „Kleine" immer komplizierter. „Die Stringtheorie hat sich als so komplex erwiesen, dass noch nicht einmal geklärt ist, welche der vielen Gleichungen zu untersuchen sind."[210]

Fazit

Die Elementarteilchenphysik erforscht die räumlich kleinsten Strukturen, die gegenwärtig experimentell zugänglich sind. Je kleiner der räumliche Bereich ist, der untersucht werden soll, desto größer muss die Energie der Mittel sein, mit denen untersucht wird. Energien, mit denen Strings experimentell untersucht werden könnten, sind nicht mehr darstellbar. Michael Königs Fazit: „Mit dem Standardmodell der Elementarteilchenphysik und der Stringtheorie haben wir zwei unvollständige Theorien, die keine befriedigenden Antworten auf den Ursprung der messbaren Eigenschaften von Teilchen, der Natur der dunklen Materie, der dunklen Energie und weiterer Paradoxa geben können."[211]

Zum logisch Einfachsten statt zum Kleinsten

Wenn Materie letztlich etwas Geistiges ist, müsste sie auch aus „geistigen Bausteinen" aufgebaut sein. C. F. v. Weizsäcker war der erste, der die Vorstellung des Aufbaus von Materie aus abstrakten quantisierten binären Alternativen, „Uren" entwickelt hatte. In einem ersten Gespräch C. F. v.

210 Görnitz, Evolution, S. 136-137.
211 König, Urwort, S. 73.

Weizsäckers mit Werner Heisenberg fragte der ihn: „Du möchtest also die Elementarteilchen und damit schließlich die Welt in der gleichen Weise aus „Alternativen" aufbauen, wie Plato seine regulären Körper und damit auch die Welt aus Dreiecken aufbauen wollte?"[212] Die mathematischen Formen, die die Elementarteilchen abbilden, sind sozusagen die „Ideen" der Elementarteilchen, denen dann schließlich das Objekt des Elementarteilchens entspricht. Heisenberg ermutigte C. F. v. Weizsäcker, diesen Gedanken weiter zu verfolgen: „Diese allgemeine Konstruktion ist mir durchaus verständlich. Auch ist die Alternative sicher eine sehr viel fundamentalere Struktur unseres Denkens als das [Plato-] Dreieck. Aber die exakte Durchführung deines Programms stelle ich mir doch außerordentlich schwierig vor, denn sie wird ein Denken von so hoher Abstraktheit erfordern, wie sie bisher, wenigstens in der Physik, nie vorgekommen ist"[213]

Dieses Projekt hat sein Schüler Thomas Görnitz weitergeführt: Er betrachtete die Quanteninformation als die Grundlage unserer Welt und sieht in der Quantenphysik Möglichkeiten, den Dualismus von Geist und Materie zu überwinden. In dieser Theorie basiert die gesamte Wirklichkeit auf binären Entscheidungen mit dem „Qbit" als kleinste logische Einheit. Aber wie jede Information, hat auch diese Ur-Alternative Bedeutung und ist daher nicht objektivierbar. Deshalb befreite Görnitz diese Information von jeder Bedeutung und nannte die nun „bedeutungslose" aber mit Bedeutung erfüllbare Information „Protyposis". Sie ist die denkbar abstrakteste und zugleich für alles grundlegende Enität. Sie ermöglicht nach Görnitz „eine Begründung der Struktur von Raum und Zeit,

212 Werner Heisenberg, Der Teil und das Ganze, 2010, S. 282.
213 Heisenberg, Teil, S. 282.

eine Herleitung der Allgemeinen Relativitätstheorie, sowie ein neues Verständnis der Materie … und damit auch eine naturwissenschaftliche Erklärung des Bewusstseins als Quanteninformation."[214] Aus diesem „Quanten-Vakuum" Protyposis kann man „Zustände mit elementaren Teilchen durch ein Umgruppieren von QBits erzeugen".[215] So enthalten Photonen mit der Ruhemasse Null und einer Energie, die der des sichtbaren Lichtes entspricht, etwa 10^{32} Qbits. Ein Elektron benötigt 10^{38} Qbits. Damit schlug Görnitz, wie Einstein für Masse und Energie, eine Äquivalenz von Masse und Information vor: „Materie wäre dann kondensierte Information."[216] Hier erscheinen die Elementarteilchen als Manifestation eines Quantenfeldes, in dem Energie und Materie „durch so etwas wie ein zugrundeliegendes Informationsfeld erzeugt werden."[217] Bei Lebewesen „erscheint Protyposis als sich selbst erlebende und selbst erkennende Quanteninformation,"[218] also als das, was wir Bewusstsein nennen könnten.

Fazit: Die Protyposis-Theorie, von C. F. v. Weizsäcker begründet, geht nicht den Weg ins immer Kleinere wie die Stringtheorie, sondern verfolgt den Weg vom logisch Einfachsten zu komplexen Strukturen der Materie. In ihrem Grundansatz verabschiedet sich auch die Protyposis-Theorie konsequent von der Vorstellung einer materiellen Substanz.

Sie ist insofern kompatibel mit den im Folgenden beschriebenen Theorien von Bohm, Heim und Charon, lässt allerdings die Frage nach dem Ursprung der Information offen. Sie wird aber, wie schon die ersten Ansätze v. Weizsäckers, von der naturalistisch geprägten Physikergemeinschaft weitgehend ignoriert.

---

214 https://de.wikipedia.org/wiki/Thomas_Görnitz.
215 Görnitz, Evolution, S.160.
216 Görnitz, Evolution, S. 143.
217 Guitton, Gott, S. 154.
218 Görnitz, Evolution, S.155ff.

Die Viele-Welten-Theorie

Es gibt aber auch Irrwege bei der Deutung der Quantenphysik: Bei einer Messung geht das Quantensystem von einem Zustand vieler Möglichkeiten in den einer einzigen über. 1957 hat Hugh Everett III (1930-1982) eine Interpretation der Quantentheorie ohne den Verlust der Möglichkeiten vorgeschlagen und die Schrödingersche Wellenfunktion als objektive Beschreibung der realen Welt aufgefasst: Wo immer eine Beobachtung nur ein Messresultat liefert, treten nach Everett in Wahrheit alle möglichen Messresultate gleichzeitig real auf. Die Welt spaltet sich bei der Messung in so viele nicht miteinander kommunizierende, aber koexistente „Welten" auf, wie es mögliche Messresultate gibt. C. F. v. Weizsäcker hält Everetts Theorie für eine vollständige, fehlerlose Quantentheorie. Sie hat, wie Schrödingers Katze, nur ein begriffliches Problem und „kann durch eine einzige verbale Änderung auf unsere Deutung abgebildet werden: Statt „mehrere Welten" muss man sagen „mehrere Möglichkeiten"."[219] Es ist kaum vorstellbar und auch niemals verifizierbar, dass Multi-Milliarden von Universen in jedem Augenblick neu entstehen sollten.

4.2 Hyperraum-Theorien

Der Gedanke, weitere Dimensionen in die Physik einzuführen, um alle beobachtbaren Teilcheneigenschaften zu beschreiben, „wird heute von der Mehrheit der Physiker als grundsätzlich richtig und zielführend betrachtet."[220]

Sir James Hopwood Jeans (1877-1946) interpretierte die „scheinbare" Unbestimmtheit als Konsequenz, „Geschehnisse, die sich in vielen Dimensionen ereignen, in eine kleinere Zahl von Dimensionen hineinzuzwängen. Wie die Schatten auf einer Mauer die Projektion einer dreidimensionalen Wirklichkeit in zwei Dimensionen bilden, so sind die Phänomene des

219 Weizsäcker, Physik, S. 563-565.
220 König, Urwort, S. 32.

Raumzeit-Kontinuums vierdimensionale Projektionen von Wirklichkeiten, die mehr als vier Dimensionen einnehmen."[221]

David Bohm

Implizite und explizite Ordnung

Für David Bohm liegt die strukturelle Ordnung allen Geschehens tiefer als das Messbare. Die für uns erkennbare „explizite Ordnung" entfaltet sich danach aus einer „tiefen Ordnung von unendlich höherem Grad".[222] Bohms Grundgedanke war: „Die Ordnung darf nicht ausschließlich als eine gleichmäßige Anordnung von Objekten oder Ereignissen verstanden werden."[223] Bohms Ziel war es, diese tiefe Ordnung zu erforschen, die seiner Ansicht nach dem kosmischen Gewebe von Zusammenhängen innewohnt. „Unser Vorschlag ist, dass das, was primär, unabhängig und universell ist, vom Standpunkt einer impliziten Ordnung ausgedrückt werden muss: Wir behaupten, dass es die implizite Ordnung ist, die autonom wirkt, während die explizite Ordnung sekundär, abgeleitet aus der Gesetzmäßigkeit der impliziten Ordnung resultiert.[224]

Das Universum: Ein Intelligenter Organismus

Eine Theorie darüber zu entwerfen, ist nach David Bohm aber nicht möglich, da die implizite Ordnung Gesetzen folgt, von denen die meisten nur vage bekannt und vielleicht sogar unerkennbar sind. Er hat aber einige Grundsätze dieser beiden Ordnungen herausgearbeitet: Das Universum ist eine „ungebrochene Ganzheit" (griech: ολον) ein durch Information geführter Gesamtprozess, ein „lebendiges Ganzes" eine Bewe-

221 Jeans, Gebiet, in: Dürr, 1986, S. 48.
222 Jean Guitton, Gott, S. 66.
223 Bohm, Ordnung, S. 197.
224 Bohm, Ordnung, S. 241.

gung (Movement), gegenüber der klassischen Sicht einer „toten Maschine". Das bedeutet, dass „das gesamte Universum mit Intelligenz gleichsam angefüllt ist: Angefangen von den winzigsten Elementarteilchen bis hin zu den Galaxien."[225] Horst W. Beck nannte die von David Bohm von 1952 bis 1992 entwickelte Sicht „die wohl feinsinnigste Quantenontologie."[226] Es ist keine Theorie im klassischen Sinne, setzte sich aber zum Ziel, Quantentheorie und Relativitätstheorie logisch zu vereinigen. Die Schwierigkeit dabei ist: „Die Relativitätstheorie verlangt Kontinuität, Kausalität und Lokalität. Die Quantentheorie verlangt Nichtkontinuität, Nichtkausalität und Nichtlokalität. So widersprechen die Grundbegriffe von Relativitätstheorie und Quantentheorie einander diametral. Vonnöten ist daher eine qualitativ neue Theorie mit den beiden Theorien als Grenzfällen oder Näherungen."[227]

Hyperraum

David Bohm setzt dabei eine über dem Bewusstsein und der Materie stehende Wirklichkeit voraus, aus der beide hervorgehen: Sie kann als ein Grund außerhalb der Zeit aufgefasst werden, aus der heraus jeder Augenblick, jede „Zeitscheibe" in die Raumzeit, die explizite Ordnung projiziert wird. Dabei liegen in den beiden Ordnungen unterschiedliche Strukturen vor. So kann ein System in der Raumzeit als getrennt erscheinen, in der impliziten Ordnung aber ungetrennt sein, was z. B. das Phänomen der verschränkten Photonen erklären könnte. „Wir sagen nicht, dass sich Körper und Bewusstsein kausal beeinflussen, sondern vielmehr, dass beide Bewegungen das Ergebnis verwandter Projektionen einer gemeinsamen höherdimensionalen Grundlage sind. Nach unserer These ist die

225 Jean Guitton, Gott, S. 105.
226 Beck, Licht, S. 50.
227 Bohm, Ordnung, S. 229.

umfassendere, tiefere und innerlichere Wirklichkeit weder Bewusstsein noch Körper, sondern eine noch höherdimensionale Wirklichkeit, die deren gemeinsame Grundlage darstellt und ihrer Art nach über beide hinausgeht."[228]

Es fällt schwer, eine solche „über dem Bewusstsein und der Materie stehende Wirklichkeit" im Universum zu finden, die unser Universum steuert, was Willen und Bewusstsein voraussetzt. Der persönliche Gott der Bibel entspricht am ehesten der Vorstellung von David Bohm.

Jean Émile Charon

Der Geist der Materie

Wenn sich auch aus der Allgemeinen Relativitätstheorie keine direkt quanten-kompatible „Theorie" ableiten ließ, so hat sie doch im Bereich der Elementarteilchen zu überraschenden Ergebnissen bei der Frage geführt, welche innere Struktur bestimmte Elementarteilchen haben. Nur so lassen sich die physikalisch messbaren Eigenschaften der Teilchen, wie ihre elektrische Ladung und ihre Masse berechnen, die bisher nur experimentell ermittelt werden konnten. Die Motivation des französischen Physikers Jean Émile Charon (1920-1998) zur Einführung weiterer Transdimensionen bestand hauptsächlich darin, „auch die geistigen Eigenschaften und Aspekte in die physikalische Betrachtung mit einzubeziehen."[229] In einem Plädoyer für eine ganzheitliche Sichtweise von Geist und Materie forderte er bereits 1977 in seinem Buch „Der Geist der Materie", dass die Physik sich nun endlich auch der Erforschung des Geistes widmen sollte.

228 Bohm, Ordnung, S. 270.
229 König, Urwort, S. 40.

Dieses Ansinnen führte allerdings dazu, dass sich die meisten seiner französischen Physiker-Kollegen von ihm distanzierten. Denn geistige Phänomene gelten in der naturalistischen Physik als Tabu. Aber „Charon setzte sich über dieses Dogma hinweg und entwickelte eine „komplexe Relativitätstheorie".

Die Schnittstelle zum Hyperraum?[230]

Charon schreckte nicht davor zurück, dass bei gegebenen geometrischen Randbedingungen selbst bei der sehr kleinen Masse eines Elektrons ein schwarzes Loch entsteht, sondern untersuchte dieses Phänomen: Es bildet sich hier ein von der äußeren Raumzeit unabhängiger innerer Raumzeit-Bereich. Zur Beschreibung dieser Raumzeit verwendet Charon vier weitere Dimensionen. Der Berührungspunkt der inneren Raumzeit eines Elektrons mit der äußeren Raumzeit ist, so der Quantenphysiker Michael König (*1957), „der Ort, an dem ein Elektron beobachtet werden kann.[231] Dies würde eine Schnittstelle zwischen unserer Raumzeit und dem Hyperraum darstellen.

Bewusstsein[232]

Aber Charon suchte ja nach einem physikalischen Ansatz des Bewusstseins. So zeigte er weiter, dass die innere Raumzeit der Elektronen mit Photonen angefüllt ist. Jedes Elektron verfügt über ein individuelles Teilchengedächtnis in Form des Photonengases in der inneren Raumzeit. „Damit wäre die Substa gefunden, aus denen die Bilder unseres Gedächtnis: bestehen."[233] Diese Erfahrung kann abgerufen werden, da

230 Siehe Glossar Kap. 4.3: Emile Charon.
231 König, Urwort, S. 39-41.
232 Siehe Glossar Kap. 4.3: Bewusstseinsteilchen.
233 König, Urwort, S. 42.

Zeit eines schwarzen Lochs[234] zyklisch rückwärts läuft, das Elektron diese Erfahrung also immer wieder „erinnern" kann. Nach Ansicht Königs ist es „absolut stringent und zielführend, wenn wir heute davon ausgehen, dass die Elektronen als die elementaren Träger des Bewusstseins bzw. als elementare Vermittler zwischen Materie und Geist fungieren."[235] Die Eigenschaften der Elektronen (und Positronen) entsprechen den elementaren Eigenschaften des Bewusstseins.

„Da Elektronen Bausteine jeder Form von Materie sind, würde das in logischer Konsequenz bedeuten" so König, „dass die gesamte Materie grundsätzlich bewusstseinstragend ist."[236]

Hier finden wir wieder die Parallele zur Bibel, in der „Bäume in die Hände klatschen können."

Qualität einer Theorie

Die Hyperraumtheorien könnten als rein spekulativ angesehen werden. Daher stellt sich die grundsätzliche Frage, welche Kriterien es zur Beurteilung einer Theorie gibt. Diese sind:

1. Treffen ihre Voraussagen ein? (Verifizierung)
2. Braucht sie Anpassungsvariable (wie die Hubble-Konstante der Allg. Relativitätstheorie)?
3. Können aus ihr neue Theorien abgeleitet werden?

Charons Theorie erfüllt zwei der Kriterien einer Qualitätstheorie:

1. Ihre Voraussagen betreffend die Ladungen der Elementarteilchen sind experimentell bestätigt und sie sagte Eigenschaften von Quarks voraus, die das Standardmodell nicht erklären konnte.
2. Sie braucht keine Anpassungsvariablen.

234 Siehe Glossar Kap. 4.1: Schwarzes Loch.
235 König, Urwort, S. 63.
236 König, Urwort, S. 52.

Burkhard Heim

Der fast vergessene Physiker[237] Burkhard Heim entwarf die bisher am weitesten reichende Quanten-Feldtheorie. Heim suchte nach einem theoretischen Ansatz, um die seit langem von Physikern ersehnte „Vereinheitlichung von Gravitation und Elektromagnetismus in einem mathematisch konsistenten Formalismus zu gewinnen".[238] Albert Einstein hatte bis zu seinem Tode im Jahr 1955 vergeblich an einer Lösung dieses Problems gearbeitet. Heims Theorie liefert den Ansatz für eine wissenschaftliche Erklärung des Geist-Materie-Phänomens, das John Eccles durch die Wirkung des Bewusstseins auf das Gehirn theoretisch und experimentell bestätigt hat.[239]

Dimensionen des Hyperraumes

Heims Theorie legt einen 12-dimensionalen Hyperraum zugrunde. Die Bedeutung der Dimensionen erklärte er wie folgt: Drei Koordinaten des reellen physikalischen Raumes (R3) und eindimensionale Zeit (T1) bilden unsere „Raumzeit". Hinzu kommen zwei „organisatorische" Koordinaten (S2). [240] Diese beiden zusätzlichen Dimensionen S2 deutete Heim als „Vollendungspotenzial" als Wirkmechanismus zur Erhöhung des Organisationsgrades von Materie. Damit ist die „innere Raumzeit" abgeschlossen. An sie schließt sich der „Informationsraum" (I2) an und vier weitere Dimensionen eines übergeordneten Hyperraums (G4).

237 Siehe Glossar Kap. 4.3: Burkhard Heim.

238 König, Urwort, S. 67.

239 Siehe Glossar Kap. 5.6: Dualismus.

240 Illobrand von Ludwiger, Das neue Weltbild des Physikers Burkhard Heim, 2006, S. 40.

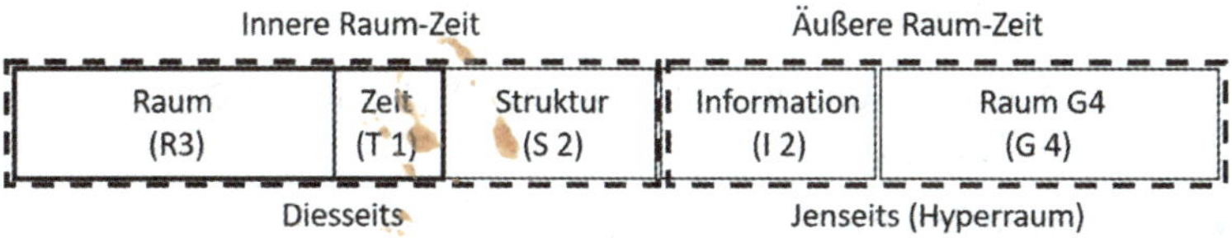

David Bohms Entwurf einer neuen physikalischen Ordnung ist mit Heims Theorie kompatibel: Die „explizite" Wirklichkeit finden wir in Heims Dimensionen 1-6, die geistige, implizite Wirklichkeit, die steuernd in die „explizite" Wirklichkeit eingreift, in den Dimensionen 7-12. Die letzten vier Koordinaten G4 sind rätselhaft: „Man kann sie auch nicht interpretieren. Das ist ein völlig unbekanntes Gebiet."[241] Aber sie sind das Entscheidende für das Naturbild. Demnach erscheinen die dynamischen Strukturänderungen des Hyperraums in der „Projektion in unseren Raum als die verschiedenen Felder und Teilchen."[242] Im Einzelnen ist es „eine Abbildungskette in die informatorische Unterstruktur I2. Das geht dann über in die organisatorische Struktur S2 und tritt in die materielle Welt R3+T1 ein. „Über die Zeit entstehen dann die Wahrscheinlichkeitsfelder des physischen Raumes."[243] Diese Felder steuern schließlich das materielle Geschehen.[244]

Eine Parallele, dass die Natur unmittelbar auf Information, das Wort Gottes aus der Dimension G4 reagiert, finden wir bei der „Stillung des Sturmes" als ein Machtwort mit physikalischer Resonanz: „Und er (Jesus) bedrohte den Wind und sprach zu dem Meer: Schweig und verstumme! Und der Wind legte sich, und es entstand eine große Stille."[245]

241 Ludwiger, Weltbild, S. 40.
242 Ludwiger, Weltbild, S. 151.
243 Ludwiger, Weltbild, S. 44.
244 Siehe Glossar Kap. 3.1: Zufall und Wahrscheinlichkeit.
245 Markus 4, 37-39.

Qualität der Theorie

Heims Theorie erfüllt auf das Vorzüglichste die Qualitätskriterien einer Theorie:

- Das Eintreffen ihrer Voraussagen
  Weder aus dem Standardmodell der Elementarteilchenphysik noch aus der Stringtheorie können die messbaren Eigenschaften von Teilchen abgeleitet werden. „Die aus Heims Theorie entwickelten Massenformel wurde in den 1980er Jahren beim Forschungszentrum DESY in Hamburg implementiert und lieferte das Massenspektrum aller bisher bekannten und weiterer Teilchen."[246]
- Anpassungsvariable
  Die Heimsche Theorie braucht keine Anpassungsvariable. Sie benötigt lediglich die drei Naturkonstanten Lichtgeschwindigkeit, Planckkonstante und Gravitationskonstante.
- Übergeordnete Theorie
  Aus Heims Theorie können Relativitätstheorie und Quantentheorie abgeleitet werden. Heim dazu: „Wenn man das jetzt formal durchzieht, kann man die gesamte Quantentheorie aus dieser Hyperraum-Dynamik herleiten, in all ihren Prämissen, sowohl der abstrakten als auch der theoretischen Quantentheorie." [247] Heims Theorie, so v. Ludwiger, ist keine Erweiterung der Allgemeinen Relativitätstheorie (ART) [wie dies bei Wikipedia vermutet wurde], sondern eine eigenständige Theorie, die allerdings die Aussagen der ART im Makrobereich ebenfalls enthält."[248]

Heims Theorie liefert also in allen drei Kategorien beeindruckende Ergebnisse. Sie bestätigt damit auch Einsteins Vermutung, dass die Kopenhagener Deutung der Quantenphysik weder fundamental noch vollständig sei. Heim dazu: „Wäre sie

246 König, Urwort, S. 70.
247 Ludwiger, Weltbild, S. 43-44.
248 Ludwiger, Email vom 01.03.2018.

nämlich wirklich fundamental, könnte man sie nicht aus einem ganz anderen Zusammenhang herleiten. Und sie ist auch nicht vollständig, denn die hergeleitete Quantentheorie enthält alle Aussagen der empirischen Quantentheorie, die heute praktiziert wird, geht aber weit über deren Aussageinhalt hinaus."[249] Demnach wäre aber auch die ART nicht fundamental, und Heims Theorie die von Bohm gesuchte übergeordnete Theorie, aus der sich Quanten- und Relativitätstheorie ableiten lassen.

Der Mensch – kein höheres Tier

In seinem ganzheitlichen Ansatz, so sein Freund und Biograf Illobrand von Ludwiger, entwickelte Burkhard Heim zur Beschreibung des Bewusstseins „eine mathematisch formulierte Theorie, mit der die unterschiedlichen Grade von bewusstseinsgesteuerten Organisationsprozessen abgebildet werden können."[250] Mit diesem Werkzeug gelingt Heim eine Beschreibung der unterschiedlichen Organisationsstufen von den elementaren Bausteinen der Materie bis zu biologischen Strukturen wie Einzellern, Pflanzen, Tieren und Menschen. Dabei findet Heim, dass der Mensch aufgrund seiner „sensorischen, emotionalen, mentalen und physischen Ausstattung ein Brückenwesen zwischen Diesseits und Jenseits"[251] ist. Heim widerlegt damit Darwins Sicht, dass der Mensch nur ein höheres Tier sei: „Es muss unterschieden werden zwischen transzendenzfähigen und nicht transzendenzfähigen vegetativen Lebensformen, je nach der zugehörigen organischen Struktur ... Dies scheint mir die notwendige und hinreichende Voraussetzung für die Existenz selbstbewussten und transzendenzfähigen Lebens zu sein."[252]

249 Ludwiger, Weltbild, S. 43-44.
250 König, Urwort, S. 73.
251 König, Urwort, S. 190.
252 Ludwiger, Weltbild, S. 71.

Auf die Frage, ob Heim damit nicht anzweifelte, was die Religionen sagen, antwortete er: „Haben die nicht die Sachverhalte nur in anderer Sprechweise ausgedrückt?"[253]

Die Bewusstseinsstufen höherer Lebewesen werden nach Heims Theorie „psychosomatisch" durch „Steuerkanäle", zwischen der „Persona", (der Seele) und dem „Soma" (dem Körper) definiert. „Deren Anzahl ist ein Maß für die verschiedenen Stufen des Bewusstseins."[254] Daraus folgt eine klare Abgrenzung zwischen Tier und Mensch: „Lebende Strukturen mit bis zu $2^3 = 8$ Steuerkanälen (Tiere), sind noch fest an den Seins-Hintergrund gebunden. Sie ... folgen einer vom Hintergrund vorgegebenen Maxime. Lebewesen mit $2^4 = 16$ Steuerkanälen bilden eine autonome, eigenständige Entität aus, ... Diese Lebewesen besitzen ... eine, im Gegensatz zum Tier, autonome Persona."[255]

Der transzendente Ursprung der Welt

Im Ur-Anfang, so Burkhard Heim, entscheidet die Grundstruktur alles weitere Geschehen: „Wenn ich die Lösungen der Gleichungen für die Zeit Null anwende, wird der Anfang ein Volumen gewesen sein. Wenn der Anfang eine Struktur hatte, dann muss ich die Frage stellen, welche prima causa, hat diese erste Struktur bewirkt? Die muss außerhalb dessen sein, was wir Zeit nennen! Hier ist bereits ein Kontakt zur übergeordneten Weltganzheit zu sehen. Jetzt können die Theologen nämlich lückenlos ihre prima causa durchziehen. Denn es hat einen Anfang gegeben und eine Struktur."[256] Auch für Werner

253 Ludwiger, Weltbild, S. 72.
254 Ludwiger, Weltbild, S. 67.
255 Ludwiger, Weltbild, S. 68.
256 Ludwiger, Weltbild, S. 72.

Heisenberg entscheidet sich an diesem Anfang alles Spätere: „Diese Entscheidungen legen Symmetrien fest, einmal und für immer; sie setzen Formen, die das spätere Geschehen weitgehend bestimmen. „Am Anfang war die Symmetrie", das ist sicher richtiger als die Demokritsche These „am Anfang war das Teilchen."[257]

Obwohl er Agnostiker war, überraschte es Heim, dass seine Theorie so viele biblische Bezüge aufwies, speziell für den Anfang und das Ende des Universums: „Es ist seltsam, wie sich hier Theologie mit Naturwissenschaft verknüpft. Es erscheint zur Zeit Null eine Sphären-Dreiheit der Kosmogonie, die in die Zeitlichkeit tritt. Und wenn das aus der Zeitlichkeit wieder rausläuft nach Ablauf des Weltzeitalters, des Äons, dann geht das praktisch zurück in eine eschatologische Dreiheit ... So schließt sich dann ein gigantischer äonischer Kreis unserer Welt."[258]

G4: Gott allein bekannt

Zu den höchsten vier Dimensionen des Hyperraumes kann Burkhard Heim nur feststellen: „Wir wissen nicht, was sich da abspielt. Der Raum ist für uns wohl auch verschlossen. Trotzdem haben wir begonnen, „mit dem Bohrer Löcher zu bohren", weil die Tür sich nicht öffnen will. Doch es war ein einziger Frust. Was man tatsächlich mitbekommt, sind hochsymmetrische aber zeitlose Strukturen, die über die informatorischen Koordinaten in jedem beliebigen Zeitschnitt des räumlichen Kosmos eingreifen und etwas ändern können, völlig gleichgültig, ob das, bezogen auf uns Menschen, gegenwärtig, vergangen oder zukünftig ist."[259]

257 Heisenberg, Teil, S. 280.
258 Ludwiger, Weltbild, S. 41.
259 Görnitz, Evolution, S. 40-41.

In diesen „himmlischen" Dimensionen gelten offenbar andere Gesetze, was wohl auch zu erwarten war: Dass wir „ein göttliches oder universales Bewusstsein in den Griff bekommen, scheint mir, naturwissenschaftlich betrachtet, abwegig zu sein," [260] gibt der Mathematiker und Physiker Günter Ewald zu bedenken. In der Bibel, Gottes Offenbarung an uns, beschreibt sich Gott explizit als „unausforschlich."[261] Um uns einen Begriff der Relation unseres Denkens zu Gottes Denken zu geben, heißt es: „So viel der Himmel höher ist als die Erde, so sind auch meine Gedanken höher als eure Gedanken." [262] Damit wird auch deutlich, dass Gottes Welt eine völlig andere ist:
Gottes Welt der Liebe lässt sich nicht mit Matrizen oder Differentialgleichungen beschreiben.
So ist sich nicht nur Burkhard Heim der theologischen Bedeutung dieser Dimensionen bewusst:
„Weil die Strukturen völlig unverständlich sind, nennen wir sie „Gott allein bekannt".
„Vielleicht", so David Bohm, „ist es der zeitliche Webstuhl der Welt, wo die Schicksalsfäden zusammengewoben werden, weil ja jeder Zeitschritt zugänglich ist."[263]

Wie weiter?

Gemeinsamkeiten

Anton Zeilinger schrieb: „Allein die Tatsache, dass die intelligentesten unter den Physikern seit über siebzig Jahren an der Vereinigung von Relativitätstheorie und Quantentheorie arbeiten und noch keine Lösung gefunden haben, zeigt mir, dass wir etwas fundamental anderes suchen müssen." [264]

260 Ewald, Jenseits, S. 99.
261 Psalm 145, 3.
262 Jesaja 55, 9.
263 Bohm, Ordnung, S. 40-41.
264 Zeilinger, Spuk, S. 89.

Weder das Standardmodell der Elementarteilchenphysik noch die Stringtheorie können Antworten auf die messbaren Eigenschaften von Teilchen, die Natur der dunklen Masse und der dunklen Energie und weiterer Paradoxa geben. Sie können daher nur vorläufige Theorien sein.
So ist es für Michael König verblüffend, „dass ausgerechnet zwei exzentrische Physiker wie Charon und Heim, die außerhalb des Mainstreams ihre Theorien auf dem Fundament der Relativitätstheorie und der Quantenphysik entwickelten, zu ganz ähnlichen Ergebnissen kamen, obwohl sie sich gar nicht kannten:

- Beide konnten die Teilcheneigenschaften wie Masse und Ladung berechnen, weil sie eine vollständige Geometrisierung der Teilchenstrukturen ... durchführten.
- Beide konnten aus ihren Theorien die Existenz transdimensionaler Bereiche folgern, aus deren Eigenschaften sich Modelle zur Beschreibung von Bewusstseinsprozessen herleiten lassen.
- Beide schlussfolgerten, dass es in diesen transdimensionalen Bereichen Eigenschaften wie Negentropie (inverse Entropie) gibt, wodurch Organisationsprozesse wie die Entstehung biologischer Strukturen verständlich werden.
- Beide fanden mit ihren Theorien auch Abbildungsprozesse für das Abspeichern von Erlebnisqualitäten in den transdimensionalen Bereichen: Charons negentropischer innerer Raumzeit entspricht Heims Struktur- und Informationsraum, und beide verstanden die Interaktion zwischen innen und außen, zwischen Geist und Materie.

Dennoch gelten Charon und Heim in der gegenwärtigen Mainstreamphysik als Außenseiter, als „umstritten", „die bei Kollegen keine Beachtung finden."[265] Auch Wikipedia ist

265 König, Urwort, S. 75.

hier keineswegs neutral, sondern einseitig naturalistisch festgelegt.[266]

Die verborgende Wirklichkeit

Für J. E. Charon, Burkhard Heim, David Bohm und C. F. v. Weizsäcker muss wahre Physik eine ganzheitliche Beschreibung der Natur zum Ziel haben, „sonst ist das Ganze im Grunde genommen Stümperei."[267] Natürlich stößt sie damit unweigerlich an die Grenze der Transzendenz. So führte die Suche nach dem Grund der Wirklichkeit auch den Quantenphysiker Lothar Schaefer an die Grenze zur Transzendenz: „Wir haben herausgefunden, dass wir im Rahmen der Wissenschaft und nicht im Widerspruch zu ihr, Fragen sinnvoll stellen und Antworten versuchen können, die traditionsgemäß ausschließlich Aufgabe der Religion waren. Die Antwort lautet, dass überall, wo wir die Grenzen der Wirklichkeit erproben, Kräfte der Transzendenz mit Macht in unser Bewusstsein dringen."[268]

Nach David Bohm wird die tiefere, implizite Ordnung getragen vom „Holomovement", einer ganzheitlichen Bewegung. „Das Holomovement ist undefinierbar und unermesslich."[269] Die tiefsten Ursachen der raumzeitlichen Phänomene bleiben uns also verschlossen. Auch nach der Hyperraumdynamik von Burkhard Heim „sind alle energetisch-materiellen Phänomene Projektionen aus dem Hyperraum, und können in ihrem räumlichen und zeitlichen Dasein nicht mit unserer Physik bestimmt werden."[270] Unter diesen Prämissen macht es nach Bohm keinen Sinn, von einer Fundamentaltheorie zu sprechen, die ja diese letzten Ursachen einschließen müsste.

266 Siehe Glossar Kap. 4.3: Burkhard Heim.
267 Ludwiger, Weltbild, S. 53.
268 Schaefer, Wirklichkeit, S. 150.
269 Bohm, Ordnung, S. 200.
270 Horst W. Beck, Marken dieses Äons, 2003, S. 18.

David Bohm arbeitete zwei Grundsätze heraus: Sowohl die implizite wie die explizite Ordnung sind Projektionen aus einem Hyperraum. Aus diesem Raum wird „Top-Down" über Information auf die implizite und parallel dazu auf die explizite Wirklichkeit zugegriffen. Diese Grundprinzipien finden wir in der Theorie Burkhard Heims wieder, wenn wir die Informations- und Strukturdimensionen als implizite Wirklichkeit auffassen. Auch in Burkhard Heims Informations-Übertragungs-Kette kann aus den Hyperraum-Dimensionen G4, für uns unerkennbar und ohne Zeitverzug, in unsere Raumzeit eingegriffen werden.

Das Neue an Heims beobachtungskonformer Theorie ist nach Horst W. Beck, „dass die Erstursachen von Willensinstanzen gesteuerte Informationsflüsse sind, auf die wir aus unserer Welt prinzipiell keinen Zugriff haben."[271] Setzt man statt G4, oder wie Heim es nennt, GAB (Gott allein bekannt), Gott selbst ein, so kann das Eingreifen Gottes in unsere Raumzeit physikalisch erklärt werden.

Heim leitete seine Schlussfolgerungen allein aus der physikalisch-mathematischen Beschreibung der Materie und durch die logischen Schlussfolgerungen aus den organisierend wirkenden Weltdimensionen her. Er nimmt keinerlei Bezug zu Glaubensinhalten der Religionen. „Die Konsequenz daraus wäre, dass man der Weltsicht des Materialismus ‚Auf Wiedersehen' sagen muss."[272] Genauer: Auf nimmer Wiedersehen. Horst W. Beck fasst die von Burkhard Heim in mehr als 50 Jahren (1948-2002) „abgerungene Existenztheorie" knapp in ein Bild:

271 Beck, Marken, S. 46.
272 Heim in Ludwiger, Weltbild, S. 51.

„Was konkret als das Hier und Da erscheint, Strahlen, Atome, Moleküle, Gase, Sterne als Gasbälle, Festkörper wie Steine und Insekten oder Menschen, eben Lebewesen, steht in der Abbildungskette aus den der Sichtbarkeit verhüllten aber schöpfungsrealen Dimensionen."[273]

4.3 Welche Theorie hatte der Schöpfer?

Die beste aller Welten?

„Und Gott sah an alles, was er gemacht hatte, und siehe, es war sehr gut."[274] Gott standen alle Welten zur Auswahl. Die beste wählte er aus. So sah es Gottfried Wilhelm Leibniz (1646-1716) und wagte es, als Mathematiker und Philosoph diese Welt als die „beste aller möglichen Welten" zu bezeichnen. Kannte er die Welt nicht? Seit der Antike denken Menschen über eine bessere Welt nach. Aber Leibniz, so C. F. v. Weizsäcker, „wusste vom Leiden und der Schuld. Er kannte die Anklage, zu der sich Menschen haben verführen lassen, seit sie an einen Schöpfer der Welt glauben: Warum hast du Gott, wenn du die Güte bist, keine bessere Welt geschaffen?" [275]

Extremalprinzipien

Leibniz belegte seine Behauptung mit den Mitteln der Vernunft. Wer sich mit den letzten Fragen der Physik beschäftigt, so v. Weizsäcker, „wird einsehen, dass diese Welt die beste ist".[276] Leibniz ging bei seinem Gedankengang von den Extre-

273 Beck, Licht, S. 56.
274 Genesis 1, 31.
275 C. F. v. Weizsäcker, Naturgesetz und Theodizee, in: Dürr, 1986, S. 251.
276 Weizsäcker, Naturgesetz, in: Dürr, 1986, S. 251.

malprinzipien der Physik aus. Sie führen mit den einfachsten Gesetzen zur größten Vielfalt und den besten Ergebnissen.
Ein Beispiel dafür ist das Prinzip des schnellsten Lichtweges. Die kürzeste Verbindung zwischen zwei Punkten ist die Gerade. Also läuft das Licht geradlinig, aber nur, wenn es auf allen möglichen Wegen gleich schnell läuft. In verschiedenen Substanzen ist aber die Lichtgeschwindigkeit unterschiedlich. Fällt ein Lichtstrahl zum Beispiel schräg auf eine Wasseroberfläche, so „wählt" er nicht den kürzesten, geraden Weg, sondern läuft im Wasser etwas steiler, um mit der höheren Geschwindigkeit in der Luft Zeit zu gewinnen. Die Photonen, welche den Lichtstrahl bilden, verhalten sich also wie vernünftige Wesen. Sie wählen unter allen möglichen Kurven, die sich ihnen darbieten, stets diejenige aus, die sie am schnellsten zum Ziel bringt.
Dieses Prinzip, so Max Planck, kann derart verallgemeinert werden, „dass unter allen denkbaren Vorgängen, welche ein Gebilde in einer bestimmten Zeit aus einem bestimmten Zustand in einen anderen bestimmten Zustand überführen, der wirkliche Vorgang derjenige ist, für welchen das über diese Zeit erstreckte Integral[277] … den kleinsten Wert besitzt."[278]
Mit den Extremal-Prinzipien wird ein Ziel formuliert. Um das zu erreichen, braucht man ein geeignetes mathematisches Gesetz, das Leibniz zeitgleich aber unabhängig von Newton fand: Die Differentialrechnung. Sie gibt die Zusammenhänge an, die im Kleinen herrschen müssen, damit im Großen der im Extremal-Prinzip geforderte Effekt erreicht werden kann. V. Weizsäcker: „Das Ziel gibt die Folge an, die nach dem Gesetz notwendig eintreten muss, und das Gesetz ist gerade so eingerichtet, dass die von ihm beherrschten Wirkungen das Ziel realisieren."[279]

277 Die Fläche aus dem Produkt der Zeitdauer und der „Wegstrecke" summiert über den gesamten Weg.
278 Tomiska, Physik, S. 165-166.
279 Weizsäcker, Naturgesetz, in: Dürr, 1986, S. 258.

Überlegungen solcher Art haben die Ansichten einiger berühmter Denker geändert: Der Kosmologe Allan Sandage (1926-2010) sagte in einem Gespräch über seinen Übertritt zum Christentum im Alter von 50 Jahren: „Die Welt in all ihren Bestandteilen und Wechselwirkungen ist zu kompliziert, um allein die Folge des Zufalls zu sein. Ich bin überzeugt, dass das Leben mit all seiner Ordnung in jedem seiner Organismen einfach zu gut aufeinander abgestimmt ist."[280] Der Philosoph Antony Flew (1923-2010) begründete seinen Übertritt zum Theismus nach über 50 Jahren Atheismus damit, dass die biologische Erforschung der DNS „durch die geradezu unglaubliche Komplexität der Strukturen, die notwendig sind, um Leben zu erzeugen, gezeigt hat, dass Intelligenz beteiligt gewesen sein muss".[281]

Eine Welt ohne Zweck

Die Konsequenz, dass es Ziel und Zweck im Universum gibt, fasst Rupert Sheldrake bündig zusammen: „Das Universum als Ganzes kann nur dann eine Ursache und einen Zweck haben, wenn es durch eine bewusste Kraft geschaffen wurde, die über es selbst hinausgeht."[282] Allerdings würde Leibniz hier noch weiter gehen:

> *„Die Zwecke Gottes sind höherer Art; Gott braucht nicht die Welt um eines Nutzens willen, sondern er will, dass sie vollkommen sei. Die Vollkommenheit einer Welt, in der Extremal-Prinzipien gelten, besteht aber darin,dass sie mit dem einfachsten, für den Geist durchsichtigen Gesetz den größten Reichtum an Erscheinungen zusammenfasst; sie besteht darin, dass eine solche Welt die größte geistige Schönheit besitzt."*[283]

280 Allan Sandage, A Scientist Reflects on Religious Belief, Truth, 1, 1985, S. 54.
281 Antony Flew, Associated Press Report, 9. Dezember 2004.
282 Rupert Sheldrake, Das schöpferische Universum, 1985, S. 201.
283 Weizsäcker, Naturgesetz, in: Dürr, 1986, S. 259.

Die beste aller Ethiken

Leibniz übertrug dieses Prinzip auch auf die göttliche Ethik. Er nahm an, dass seine Behauptung als Gottes Grundsatz nicht nur für physikalische, sondern auch für ethische Prinzipien gilt:

„Denn Wissen und Werte entstammen offenbar einer einzigen Quelle."[284] Leibniz leitete daraus ab, dass auch Gottes ethische Gesetze, unabhängig davon, ob sich die Menschen dann tatsächlich danach verhielten, optimal sein müssten. Und in der Tat: Gottes Gebote lassen sich zusammenfassen in dem Satz: Liebe Gott und deinen Nächsten wie dich selbst. Eine höhere Ethik als die der Liebe ist nicht denkbar.

Ist der Schöpfer des Universums Mathematiker?

Schon die Tatsache der Verstehbarkeit des Universums ist bemerkenswert. Aber, so der Mathematiker John Lennox, „noch mehr erstaunt die mathematische Natur dieser Verstehbarkeit."[285] Es ist offensichtlich, dass alle Bilder von der Natur, die die Wissenschaft jetzt entwirft, und die an der Realität verifiziert sind, mathematische Ausdrücke sind. Das Buch der Natur ist, wie Galilei erkannte, tatsächlich in mathematischer Sprache geschrieben.

Man könnte sich also mit Sir James Jeans das Weltall am besten als das Denken eines Wesens vorstellen, das wir, „weil uns ein umfassenderes Wort fehlt, als mathematischen Denker bezeichnen müssen."[286] Besonders beeindruckend ist, so Paul Davies, dass die so erfolgreich anwendbare Mathematik „von reinen Mathematikern als eine Art abstraktes Gedanken-

284 Schaefer, Wirklichkeit, S. 136.
285 Lennox, Wissenschaft, S. 86.
286 Jeans, Gebiet, in: Dürr, 1986, S. 55.

spiel erarbeitet [wurde], lange bevor sie auf die wirkliche Welt angewendet wurde. Die ursprüngliche [mathematische] Forschung hatte überhaupt nichts mit ihren Anwendungen zu tun".[287] Es fällt auf, „dass die abstrakten mathematischen Konzepte, die wie reine Erfindungen des menschlichen Geistes wirken, sich als lebenswichtig für manchen Zweig der Wissenschaft herausstellen, mit einem enormen Spektrum an praktischen Anwendungen."[288]

Davies stützte sich auf Gedanken aus dem berühmten Aufsatz des Nobelpreisträgers für Physik, Eugene Wigner, der schrieb: „Der ungeheure Nutzen der Mathematik in der Naturwissenschaft ist etwas, das ans Mysteriöse grenzt, und es gibt keine vernünftige Erklärung. Es ist ein Glaubensartikel."[289] Zufall scheint in der Tat ausgeschlossen. Sir Roger Penrose (*1931), Professor für Mathematik und Mitglied der Royal Society fällt es schwer zu glauben, dass solche großartigen Theorien bloß durch eine zufallsbedingte Selektion von Ideen entstanden sein könnten: „Gute Ideen sind einfach viel zu gut, um nur die Überlebenden von vielen zufällig entstandenen Ideen zu sein. In der Tat muss die Übereinstimmung zwischen Mathematik und Physik einen äußerst tief liegenden Grund haben."[290] Den gibt es offensichtlich, wie wir es in der Bibel finden:

Der HERR hat „den Erdkreis bereitet durch seine Weisheit und den Himmel ausgebreitet durch seinen Verstand."[291]
Der HERR hat „die Erde durch Weisheit gegründet und nach seiner Einsicht die Himmel (Hyperräume) bereitet."[292]

---

287 Paul Davies, Der Plan Gottes. Die Rätsel unserer Existenz und die Wissenschaft, 1995, S. 94
288 Lennox, Wissenschaft, S. 87.
289 E. P. Wigner, The unreasonable effectivness of mathematics, Schatz Communications in Pure and applied Mathematics, 13, 1960, S. 1-14.
290 Roger Penrose, Computerdenken. Die Debatte um künstliche Intelligenz, 2002, S. 420.
291 Sprüche 3, 19.
292 Jeremia 10, 12.

HERR, wie sind deine Werke so groß, Du hast sie alle weise geordnet ...[293] *„Deine Gedanken (wörtl.: Berechnungen) sind sehr tief.*[294]

Muss man also ein Mathematiker sein, um die Welt zu verstehen? Der Astrophysiker Sir Arthur S. Eddington (1882-1944) findet das nicht: „Ich bin keineswegs überzeugt, dass der Mathematiker diese unsere Welt besser begreift als der Dichter und der mystische Schwärmer. Vielleicht ist es nur das, dass er sie besser auszurechnen versteht."[295]

4.4 Der Naturalismus ist unhaltbar[296]

Die Grundthese des Naturalismus könnte man so definieren: Für ein einzelnes Atom kann es bezüglich der Naturgesetzlichkeit nichts ausmachen, ob es sich in anorganischer Umgebung oder in einem lebenden Menschen befindet. In jedem Fall unterliegt es einer lückenlosen Determinierung. Diese Überzeugung entstammt der alten Meinung von Demokrit: „Es ist die Überzeugung, dass es ein geschlossenes kausales Naturgeschehen gibt, das ... keine Eingriffe eines göttlichen Schöpfers und Weltregierers gestattet."[297] Aber diese Sicht, so Pasqual Jordan (1902 -1980) ist angesichts der Gewissheit, dass die tiefste Schicht der Wirklichkeit nicht materiell ist und zudem eine geistige Erhaltung und Steuerung erfordert, nicht länger haltbar. So kommt Jordan zu dem Schluss: „Das bedeutet, dass die materialistische Naturphilosophie nicht mehr, wie

293 Psalm 104.
294 Psalm 92, 6.
295 Arthur Stanley Eddington, Die Naturwissenschaft in neuen Bahnen, in: Dürr, 1986, S. 135.
296 Siehe Glossar Kap. 5.7: Ist der Materialismus noch zu retten?
297 Pasqual Jordan, Die weltanschauliche Bedeutung der modernen Physik, in: Dürr, 1985, S. 227.

ihre Anhänger gern in Anspruch nehmen, im Einklang mit naturwissenschaftlicher Erkenntnis ist. Sie ist vielmehr im Widerspruch zu heutiger wissenschaftlicher Erkenntnis."[298]
Dabei hat die Physik selbst die wichtigsten Argumente gegen den Materialismus geliefert: „Mit dem Programm, die Struktur der Materie zu erklären, war die Physik gezwungen, über den Materialismus hinauszugehen."[299] Materie, so stellte sich heraus, ist nicht „Ursubstanz", sie kann in Energie verwandelt und aus Energie erzeugt werden. Materie ist auch nichts, was man vor sich „hinlegen" und ausmessen könnte: Sie erweist sich als ein Prozess, und kann in andere Prozesse, wie Licht, Bewegung und Wärme umgewandelt werden. Schließlich musste die Materie als „Substanz" völlig aufgegeben werden. In Demokrits Materialismus, der sich gegen den Glauben richtete, steckte auch eine Glaubensannahme, wie es Paul Davies anschaulich kommentiert: „Dass die Sonne an jedem Tag unseres Lebens aufgegangen ist, garantiert noch keineswegs, dass sie auch morgen aufgehen wird. Die Überzeugung, dass sie auch morgen aufgehen wird, dass es wirklich zuverlässige Regelmäßigkeiten in der Natur gibt, ist letztlich auch eine Glaubenssache."
Sir James Jeans hatte schon in der Mitte des letzten Jahrhunderts erklärt: „Heute ist man sich … auf der physikalischen Seite der Wissenschaft fast ganz einig, dass der Wissensstrom auf eine nichtmechanische Wirklichkeit zufließt."[300] Wissenschaftlich gesehen, so Christian René de Duve (1917-2013), belgischer Biochemiker und Nobelpreisträger, ist die naturalistische Vorstellung, alle Erscheinungsformen im Universum ohne übernatürliches Eingreifen erklären zu können, kein Naturgesetz, sondern „ein Postulat, eine Arbeitshypothese, die wir bereit sein müssen aufzugeben, wenn wir mit Tatsachen

298 Jordan, Bedeutung, in: Dürr, 1985, S. 227.
299 Popper/Eccles, Ich, S. 26.
300 Jeans, Gebiet, in: Dürr, 1985, S. 65.

konfrontiert werden, die jedem rationalen Erklärungsversuch widerstehen."[301] So erinnert Burkhard Heim, der weltanschaulich offen die Naturgesetze erforschte, an die Prämissen der empirischen Wissenschaft: „Das Gebäude der Naturwissenschaften ist nach oben offen. Es hat nämlich kein Dach ... Man hat gar nicht daran gedacht, zu behaupten, es gäbe außer dem Wägbaren nichts weiter. ... Aber weil das Paradigma so gut funktioniert hat, hat man schlicht und einfach ein nicht vorhandenes Dach erfunden, hat damit das Gebäude abgeschlossen und fühlt sich darin wohl."[302] Ganz ähnlich sah es C. F. v. Weizsäcker: „Gerade die moderne Physik gibt uns keinen Anlass zu glauben, ... es gebe nichts anderes [als Materie]. Die Welt ist geistig."[303]

Norberto Bobbio (1909-2004), italienischer Rechtsphilosoph konstatierte: „Die Säkularisierung unseres Weltbildes beruht auf der Wissenschaftsentwicklung. Die unumkehrbare Aufklärung beginnt nicht mit Kant, sondern mit Galilei."[304] Aber Kant, so Schrödinger, hat entscheidend dazu beigetragen, die materialistische Physik „philosophisch zu untermauern."[305] So wurde auch die Philosophie vom naturalistischen Denken geprägt. Daraus entstand ein Dogma, das besagt: „Ein Problem, das nicht wissenschaftlich anzugehen ist, kann nur ein „Scheinproblem sein". Danach musste ein Satz, um Bedeutung zu haben, wenigstens im Prinzip dazu geeignet sein, empirisch verifiziert zu werden. Sonst galt er als eine sinnlose Kombination von Worten. Das Werk „Language, Truth and Logic"[306] des britischen Philosophen A. J. Ayer (1910-1989) war ein Manifest dieses „Verifikationsprinzips der Bedeutung". Peinlicherweise genügt es nicht einmal seinem eigenen Anspruch, denn der Satz: „Ein

301 Christian de Duve, Live Evolving, Oxford University Press 2002, S. 284.
302 Ludwiger, Weltbild, ebd., S. 73.
303 C. F. v. Weizsäcker, Bewusstseinswandel, 1988, S. 237.
304 Norberto Bobbio, Wir wissen immer weniger, Die Zeit 1/2000.
305 Schrödinger, Naturwissenschaft, in: Dürr, 1986, S. 177.
306 A. J. Ayer, Dover Publications, 1952, Kap VI.

bedeutsamer Satz muss im Prinzip geeignet sein, empirisch verifiziert zu werden" ist selbst empirisch nicht verifizierbar. Zudem wurde es mit der modernen Physik immer schwieriger, wissenschaftliche Erkenntnisse zu verbalisieren und empirisch zu beweisen. Damit wurde deutlich, dass das Verifikationsprinzip nicht nur dazu zwingen würde, theologische Aussagen als bedeutungslos abzutun, sondern auch wissenschaftliche Aussagen. Denn Konzepte wie die Trinität und die Seele verblassen neben der Unvorstellbarkeit von Hilbert- und Hyperräumen, von multidimensionalen Wirklichkeiten, Quantensprüngen oder Photonenverschränkungen. „Wenn also das Schiff des wissenschaftlichen Naturalismus nicht versenkt werden sollte, musste man sich vom Verifikationsprinzip trennen."[307]
Spätestens mit dem Einzug des Bewusstseins in das physikalische Weltbild stand die naturalistische Weltanschauung dann vor unlösbaren Problemen: So musste der bekannte amerikanische Philosoph Thomas Nagel (*1937) zugeben: „Das Bewusstsein ist das hervorstechende Hindernis für einen umfassenden Naturalismus, der einzig auf den Ressourcen der physikalischen Wissenschaften beruht.
Die Existenz des Bewusstseins impliziert offenbar, dass die [naturalistische] physikalische Beschreibung des Universums trotz ihres Detailreichtums und ihrer Erklärungskraft nur ein Teil der Wahrheit ist."[308] So suchte der Agnostiker Thomas Nagel eifrig, aber erfolglos nach einer Alternative zum transzendenten Gott: „Wenn wir dieses Problem ernst nehmen und seinen Implikationen weiter nachgehen, droht es das gesamte naturalistische Weltbild aufzulösen. Doch ist es sehr schwierig sich gangbare Alternativen vorzustellen."[309]

307 William Lane Craig: Die Revolution in der angloamerik. Philosophie, Newsletter-Professoren-Forum IV/2015.

308 Thomas Nagel, Geist und Kosmos – Warum die materialistische Konzeption der Natur falsch ist, 2013, S. 55.

309 Nagel, Geist., S. 55.

An der Grenze zur Metaphysik

Nach C. F. v. Weizsäcker sieht die rationale Physik nur die „Oberfläche der Wirklichkeit, die als geistig zu denken von der Physik her gerechtfertigt ist."[310] Die Wissenschaft hat wunderbare Theorien aufgestellt und unsere Technik zeigt, dass wir diese Oberfläche sehr gut verstanden haben. Aber der Anspruch ging ja viel tiefer: Wir wollten herausfinden, was die Welt „im Innersten zusammenhält". Nach Sir James Jeans ist die hervorstechendste Leistung der Physik des 20. Jahrhunderts „die allgemeine Erkenntnis, dass wir noch nicht in Berührung mit der letzten Wirklichkeit sind." Ist, wie Descartes noch glaubte, unser Verstand überhaupt dazu geschaffen, diese Welt zu verstehen? Der Sozialwissenschaftler und Nobelpreisträger Herbert Alexander Simon (1916-2001) ist skeptisch: „Nach meiner These ist menschliche Vernunft weniger ein Instrument, mit dem ... ein riesiges, allumfassendes Modell geschaffen werden kann ... Sie ist vielmehr ein Instrument, mit dem spezifische Teilprobleme untersucht werden können."[311] Wir stoßen mit der Quantenphysik also an die Meta-Physik, die hinter der Physik liegt und die uns offensichtlich verschlossen ist. Dieser Bereich, der aber im Tiefsten unser gesamtes Geschehen bestimmt, kann uns nur aus dieser Dimension offenbart werden.

Die Quintessenz der modernen Physik könnte man nach Tomiska zusammenfassen: „Das gesamte Weltall wurde durch die Logik, durch das physikalische Gesetz [geschaffen]. Alles ist durch die Logik geworden, und ohne Logik wurde nichts, was geworden ist." Das Johannesevangelium beginnt: „Alles ist durch den Logos geworden, und ohne den Logos wurde nichts, was geworden ist."

310 Weizsäcker, Bewußtseinswandel, S. 419.

311 Herbert A. Simon, Homo rationalis, 1993, S. 117.

Beide Aussagen gleichen sich frappierend, „der Unterschied liegt im Charakter des geglaubten Verursachers unseres Universums: Zum einen eine kalte, liebes- und seelenlose Logik, zum anderen ein liebender und gütiger Logos."[312]

312 Tomiska, Physik, S. 190.

EIN BLICK IN DIE VERBORGENE WIRKLICHKEIT DES LEBENS

5. Ein Blick in die verborgene Wirklichkeit des Lebens

5.1 Das anthropische Prinzip

Dass Leben nur unter bestimmten Bedingungen entstehen kann, ist offensichtlich. Eine Vielzahl von Untersuchungen zeigt, dass bereits kleinste Änderungen der Naturkonstanten Leben unmöglich machen würden. Könnte es also sein, dass unser Universum „absichtlich" so geschaffen wurde, dass menschliches Leben entstehen konnte? Selbst Sir Francis Harry Compton Crick (1916-2004), Physiker und Molekularbiologe, der 1962 den Nobelpreis für die Entdeckung der Molekularstruktur der Desoxyribonukleinsäure (DNS) erhielt und der dafür bekannt war, dass er Wundern nicht gerade wohlwollend gegenübersteht, schrieb: „Die Entstehung von Leben (erscheint) gegenwärtig fast wie ein Wunder… angesichts der zahlreichen Bedingungen, die erfüllt gewesen sein müssen, damit es in Gang kam."[313] Mit dieser Frage beschäftigt sich das „Anthropische Prinzip".
Es wurde u.a. von Barrow[314] und Tipler[315] folgendermaßen definiert:„Die beobachteten Werte aller physikalischen und kosmologischen Größen sind nicht beliebig. Sie nehmen vielmehr Werte an, die eingeschränkt sind durch die Forderung, dass es Regionen gibt, wo sich Leben auf Kohlenstoff-Basis entwickeln kann und durch die Forderung, dass das Universum alt genug ist, dass das bereits passiert ist." [316] Dieses „schwache anthropische Prinzip" scheint wenig auszusagen, aber es wirkt als ein fast undurchlässiger„Filter" für mögliche Theorien."[317] Schon die

313 Francis Crick, Das Leben selbst, Sein Ursprung, seine Natur, 1983, S. 99.
314 John David Barrow (*1952) ist theoretischer Physiker und Professor an der Universität Cambridge.
315 J. D. Barrow, F. J. Tipler: The Anthropic Cosmological Principle. Oxford: Clarendon Press 1986.
316 Frank Jennings Tipler III (*1947) ist ein US-amerikanischer Physiker.
317 E. Beckers, P. C. Hägele, H.-J. Hahn, R: Ortner (Hg.): Pluralismus und Ethos der Wissenschaft, 1999, S. 11.

Feinabstimmung der Naturkonstanten in unserem Universum ist so präzise, dass man sagen könnte: Unser Universum ist ausbalanciert wie ein Bleistift, der seit Milliarden Jahren auf der Spitze steht. Ein Beispiel: Der Wert des 1964 von Peter Higgs (Nobelpreis 2013) postulierten und von CERN 2012 nachgewiesenen „Higgsfeldes" ist auf 17 Stellen nach dem Komma genau abgestimmt. Wäre er nur minimal kleiner, gäbe es im Universum keinen Wasserstoff, wäre er um eine Winzigkeit größer, könnte Kohlenstoff nicht existieren.

Die Bibel[318] lässt keinen Zweifel daran, wozu Gott das Universum geschaffen hat: „So spricht der HERR, ... der die Erde bereitet und gemacht hat – er hat sie gegründet; er hat sie nicht geschaffen, dass sie leer sein soll, sondern sie bereitet, dass man auf ihr wohnen solle.[319]

5.2 Ohne Information kein Leben

Natürlich stellt ein so dramatischer Paradigmenwechsel wie die Quantenphysik auch unsere Vorstellungen vom Leben auf eine neue Basis. Hier soll insbesondere die durch die Quantenphysik zum „Urstoff" gewordene Information betrachtet werden. Für die naturalistische Biologie spielt Information allenfalls eine Nebenrolle, aber sie ist offensichtlich der Schlüssel zum Entstehen und Bestehen von Leben. Denn, so der Biologe Prof. Wolfgang Kuhn (1928-2001): „Bereits der Zellkern einer Amöbe, also des primitivsten einzelligen Tieres, hat mehr Information gespeichert als eintausend Bände des Lexikonwerkes Encyklopaedia Britannica."[320]

318 Siehe Glossar Kap. 7.4: Woher stammt die Information der Bibel?
319 Jesaja 45, 18.
320 Wolfgang Kuhn, Heute noch an die Schöpfung glauben?, in: Eberhard Beckers et al. (Hg.) Pluralismus und Ethos der Wissenschaft, Professorenforum, 1999, S. 164.

Bei der Fertigstellung des „Human Gen Projektes" gestand Stephen Meyer (*1958), der als Informatiker an der Genkartierung mitgearbeitet hatte: „Was mich wirklich verblüfft: Das System ist äußerst komplex, es ist, als wäre es geplant ... Es steckt eine enorme Intelligenz dahinter[321]. Ich sehe das nicht als unwissenschaftlich an. Andere vielleicht, aber ich nicht".[322] Und weiter: „Selbstorganisationstheoretiker erklären genau das, was keiner Erklärung bedarf. Was einer Erklärung bedarf, ist nicht der Ursprung der Struktur, sondern der Ursprung der Information."[323]

Woher stammt die Information?

Information entsteht nicht von selbst oder aus Materie. So fasste Klaus Dose, Biochemiker und Professor an der Universität Mainz, im Bericht eines ISSOL-Kongresses von Origin of life Forschern zusammen: „Über 30 Jahre des Experimentierens zum Ursprung des Lebens auf den Gebieten der chemischen molekularen Evolution haben zwar zu einem verbesserten Verständnis von der Unermesslichkeit des Problems des Ursprung des Lebens auf der Erde geführt, aber zu keiner Lösung."[324]
Es gibt also keine natürliche Erklärung für den Ursprung der in der DNS enthaltenen genetische Information. Auch kann die ungeheure Menge von Information nicht erklärt werden, die zur Aufrechterhaltung des Lebens benötigt wird. Sir Karl Popper (1902–1994), Professor für Logik und wissenschaftliche Methodenlehre, zeigte das sehr anschaulich: „Selbst wenn wir Leben im Reagenzglas erzeugt hätten, wäre es unglaublich unwahrscheinlich, dass dieses von uns erzeugte Leben weiter-

321 Siehe Glossar Kap. 5.2: Genetische Codierung.
322 Zitiert in: Lennox, Wissenschaft, S. 248.
323 Stephen Meyer, Return of the God Hypothesis, 1998, S. 37.
324 Klaus Dose, The Origin of Live: More Questions than Answers, Interdisciplinary Szience Rev. 1988, 13, S. 348.

leben würde. Wir müssten das Leben füttern und die Abwässer des Lebens fortschaffen. Wir müssten die Geburtenregelung organisieren, damit das Leben nicht unter seiner Nachkommenschaft erstickt. Und wenn sich die Umgebung ändert, findet die Katastrophe statt und das ganze müsste von vorne anfangen. Das Leben muss also von Anfang an so viel über die Umwelt „wissen", dass es (unter sich wandelnden Umweltbedingungen) fortbestehen kann."[325]

Aufgrund seiner Forschung ist der Biologie-Professor D. H. Kenyon (*1939) zu dem Schluss gekommen, „dass die in der DNS[326] verschlüsselte Botschaft von einer intelligenten Ursache herrühren muss. Die Frage nach dem intelligenten Urheber kann die Wissenschaft allein nicht beantworten, dies bleibt der Religion und der Philosophie überlassen. Dies sollte die Wissenschaft aber nicht daran hindern, Belege für einen intelligenten Ursprung anzuerkennen, wo auch immer sie bestehen."[327]

Systemische Information

Schon eine Zelle ist eine hochkomplexe „Chemiefabrik". Aber welch ein gewaltiges „Softwarepaket" ist für eine Spinne nötig, ganz abgesehen von ihren körperlichen Funktionen, um zu wissen: Wie baut man ein Spinnennetz, ohne es von einer anderen Spinne „gelernt" zu haben? Wohin baut man es? Wie bewegt man sich darin, ohne selbst gefangen zu werden? Wie verhält man sich als Spinne, wenn eine Mücke oder eine Wespe sich dort verfängt usw.? Noch gewaltigere Informationsmengen werden benötigt, um die Metamorphose einer Raupe zu einem Schmetterling „automatisch" ablaufen zu lassen! Im Kokon muss die „Hardware" der Raupe völlig aufgelöst und in ein total

325 Karl R. Popper, Leben ist Problemlösen, 1994, S. 131-134 (gekürzt).

326 Siehe Glossar Kap. 5.2: Genetische Codierung.

327 Paul Davies und D. H. Kenyon: The Central Question of Biological Origins, Haughton Publishing C., 1989, S. 7.

anderes Tier, den Schmetterling, umgebaut werden, ohne dass das Lebewesen dabei stirbt. Dazu muss das gesamte biologische Operationssystem und das Verhaltenskonzept samt Flugnavigation für den Schmetterling neu „installiert" werden. Dass es neben der genetischen zusätzliche Information geben muss, fand Stefan Bleeken (1926-2008), nach dem Mathematik- und Physikstudium Mitarbeiter des Jenaer Zentralintituts für Mikrobiologie der Akademie der Wissenschaften der DDR: „Dem „Mehr", das die lebende Zelle von der Summe ihrer Teile unterscheidet, muss die Qualität einer systemischen Information zugesprochen werden. Diese systemische Information zusammen mit der genetischen und der physikalischen Materie bilden die notwendige Grundlage des Lebens."[328] F. David Peat macht dies am Beispiel einer lebenden und einer toten Katze deutlich. Die tote Katze hat noch ihre vollständige genetische Information, mag sogar körperlich intakt sein, aber es fehlt ihr das Entscheidende: „Wenn die [systemische] Information ihre aktive Rolle verliert, dann gerät der Organismus in einen Zustand des Zerfalls und verwandelt sich in eine bloße Ansammlung unbelebter Teilelemente."[329]

Die tote Katze unterliegt dem Gesetz der Entropie, die in unserer Raumzeit nur zunehmen kann. Da sie ein Maß für die Unordnung eines geschlossenen Systems ist, kann es keine „natürliche Höherentwicklung" geben. Deshalb ist Leben als eine aus Unordnung entstehende Ordnung thermodynamisch nicht möglich. In Vorträgen naturalistischer Biologen wird oft die „Ausnahme von der Regel" damit belegt, dass man Karten so sortiert, dass nichts Ähnliches nebeneinander liegt. Dann werden die Karten gemischt und siehe da: Es finden sich „Inseln der Ordnung" wenn dann rote neben roten oder schwarze

328 Stefan Bleeken, Die existenziellen Grundlagen lebender Systeme? Naturwissenschaften 77, 1990, 277–282.

329 Peat, Stein, S. 148.

neben schwarzen Karten liegen. Das beweist allerdings gar nichts, denn die „Ordnung" wird hineininterpretiert. Sie ist gegenüber der Ausgangsordnung kleiner geworden, die ja nicht zufällig war: Nichts Ähnliches lag nebeneinander. Die neue „Ordnung" ist schlicht Zufall.
Die physikalisch korrekte Lösung liegt wohl in der Negentropie (negativer Entropie) also einem „Streben nach höherer Ordnung" wie sie in schwarzen Löchern zu finden ist und in den Theorien von Charon und Heim beschrieben wird. Durch „aktive" Information muss diese Negentropie ständig aktiviert werden, denn ohne sie verwandelt sich das Lebewesen in ein „natürliches" System, und seine Ordnung löst sich entropisch korrekt wieder auf. Wie Horst W. Beck zeigte, wurde inzwischen „ein grundlegendes Äquivalenzprinzip zwischen Entropie-Reduktion (Negentropie) und Informationszufluss in materiellen Systemen entdeckt."[330]

Die Bibel sagt: „Du [Gott] nimmst weg ihren Odem, so vergehen sie und werden wieder Staub."[331] Gottes „Odem" (Geist, Information) ist als diese aktive, systemische Information zu verstehen, ohne die das Lebewesen trotz genetischer Information, und selbst wenn körperlich alles intakt ist, sich chemisch zu „Staub" zersetzt. Weil in Jesus „das Leben war"[332] hatte er die göttliche Fähigkeit, die systemische Information in einen toten Körper zu senden: Ein Mädchen war gestorben, „er aber nahm es bei der Hand und rief: Kind, steh auf! Und ihr Geist kam wieder und sie stand sogleich auf."[333]

330 Horst W. Beck: Biblische Universalität und Wissenschaft, 1994, Teil III, 1. Kapitel „Realität und Materie".
331 Psalm 104, 29+30.
332 Johannes 1, 4.
333 Lukas 8, 54-55.

Auch über sein eigenes Leben ist Jesus Herr: Darum liebt mich mein Vater, weil ich mein Leben lasse, dass ich's wieder nehme. Niemand nimmt es von mir, sondern ich selber lasse es. Ich habe Macht, es zu lassen, und habe Macht, es wieder zu nehmen.[334]

Stefan Bleeken erkannte auch, dass jede Art ihre eigene systemische Information haben muss: „In diesem Sinne stellt jeder Organismus einen eigenen biologischen Kosmos mit der ihm eigenen systemischen Information dar." Das ist unmittelbar einsichtig, wenn man sich vor Augen führt, dass die „Betriebssoftware" einer Spinne nicht auf einen Fisch oder Vogel übertragen werden kann.

Die Bibel macht im Schöpfungsbericht in auffallender Wiederholung deutlich, dass Gott die Lebewesen nicht „alle aus einer Art", sondern „ein jedes nach seiner Art" samt passender artspezifischer „Betriebssoftware" geschaffen hat.

5.3 Das Wundermolekül DNS[335]

DNS – mehr als eine Chemikalie

Die DNS (Desoxyribo-Nuklein-Säure; englisch DNA: Desoxyribo-Nucleic-Acid), der „Zellkern", ist bei allen Lebewesen und bei vielen Viren der Träger der Erbinformation. 1831 wurde von dem schottischen Botaniker Robert Brown (1773-1858) zum ersten Mal der Zellkern beschrieben. Seine mögliche Bedeutung erwähnte er nicht. Erst 1838 vermutete Matthias Jacob Schleiden (1804-1881), dass er eine Rolle bei der Bildung der Zelle spielt. Robert Remak (1815-1865) und Rudolf Virchow (1821-1902) erkannten 1852 bzw. 1855 zwar, dass sich Zellen

334 Johannes 10, 17.

335 Desoxyribonukleinsäure, kurz DNS, englisch DNA.

aus Zellen bildeten, aber die Funktion des Zellkerns blieb weiter ungeklärt.[336] Als Charles Darwins Buch „Die Entstehung der Arten" erschien, wusste man also nichts über die DNS und ihre Funktionen. Darwin musste demnach annehmen, dass die Entstehung und Anpassung der Arten völlig abgekoppelt von der Umwelt durch zufällige Mutationen einer „Chemikalie" über lange Zeiträume geschah.

So blieb, wie Thomas Görnitz anmerkt, ein wichtiges Faktum bei der biochemischen Erklärung des Lebens unberücksichtigt, nämlich „dass die beteiligten Moleküle als Träger von Information zu betrachten sind."[337] Das noch Erstaunlichere, so Erwin Schrödinger, war, dass eine, nur in einem einzigen Exemplar vorhandene Atomgruppe der Ausgangspunkt von geordneten Vorgängen ist, „die in wunderbarer Weise und nach höchst subtilen Gesetzen aufeinander und auf die Umwelt abgestimmt sind."[338] Erstaunlich deshalb, weil aus der Sicht der Atomphysik eine solche Funktionalität nicht auf gewöhnliche physikalische Gesetze reduziert werden kann, „denn die generationsübergreifende Stabilität und Elastizität eines einzelnen Moleküls, das sämtliche genetischen Informationen für die Fortpflanzung des Lebens enthält, ist aus der Sicht physikalischer Gesetze so unwahrscheinlich, dass es an ein Wunder grenzt."[339] So ist die DNS nach Erwin Chargaff, einem ihrer profundesten Kenner, selbst in ihrer einfachsten Form viel mehr als eine „Chemikalie": „Das sogenannte Bakterienchromosom als ein Molekül zu bezeichnen, widerspricht der Definition eines Chromosoms ebenso wie der eines Moleküls. So ist es eigentlich keine chemische, sondern „eine operationelle Einheit."[340]

336 https://de.wikipedia.org/wiki/Zellkern#Forschungsgeschichte.
337 Görnitz, Evolution, S. 202.
338 Chargaff, Unbegreifliches Geheimnis, 1986, S. 160-161.
339 Hans Ulrich, Zur Aktualität von Erwin Schrödinger, 2008, S. 23.
340 Chargaff, Geheimnis, S. 160-161.

Der Mensch – ein „Lichtwesen"

Es spricht alles dafür, so der Physiker Michael König, dass „von der DNS alle Steuerimpulse für den Ablauf sämtlicher biochemischer Stoffwechselprozesse ausgehen."[341] Dabei müssen Tausende von chemischen Reaktionen, die parallel in jeder einzelnen Zelle ablaufen, extrem schnell gesteuert und synchronisiert werden. Darüber hinaus koordiniert die DNS offenbar auch alle Informationen, die für das optimale Funktionieren unseres Körpers notwendig sind. Für derart schnelle Steuerfunktionen kommen nur elektromagnetische Strahlungsfelder infrage.

In den 1920er Jahren entdeckte Alexander Gurwitsch (1874-1954), dass die Strahlung des UV-Lichts bei der Zellteilung eine wesentliche Rolle spielt.[342] Seit 1972 weiß man von der Freisetzung von Photonen in lebenden Organismen („biologische Luminiszenz"). Fritz Albert Popp (*1938) fand bei der Untersuchung krebserregender Stoffe starke Indizien dafür, dass deren krebserregende Wirkung darauf zurückzuführen ist, dass diese Stoffe die Kommunikation innerhalb der Zelle oder zwischen benachbarten Zellen verhindern, „indem sie bestimmte Frequenzen aus dem elektromagnetischen Strahlungsfeld der Zellen durch Absorption dämpfen und damit die Kohärenz des Steuerfeldes zerstören."[343]

Mitte der Siebziger Jahre konnte Popp auch experimentell nachweisen, dass jede organische Zelle Licht abstrahlt, das „etwa hundert Millionen mal schwächer ist als Tageslicht."[344] Diese „Biophotonen"[345] können die inneren Strukturen der

341 König, Urwort, S. 138.

342 https://en.wikipedia.org/wiki/Alexander_Gurwitsch.

343 König, Urwort, S. 151.

344 Natalie Knapp, Anders denken lernen, 2008, S. 55.

345 Siehe Glossar 5.3: Biophotonen.

.Zelle durchdringen und tragen „globale, aktive Information, die sich über die Zellen, ja über den ganzen Organismus erstreckt und deren Aktivitäten koordiniert."[346] Das Informationssystem des Körpers ist also auf Bio-Photonen aufgebaut. „Wir schwimmen in einem Ozean voller Licht,"[347] fasste es die Genetikerin Mae-Wan Ho (1941–2016) zusammen. Und als Prof. Popp entdeckte, dass die DNS Licht aussendet rief er aus:

„Von heute an wissen wir, dass der Mensch ein Lichtwesen ist!"[348]

Fritz Albert Popp wurde für diese grundlegende Entdeckung nicht etwa ausgezeichnet. Er ist ein Beispiel dafür, wie man mit Wissenschaftlern verfährt, deren Forschungsergebnisse nicht in das naturalistische Weltbild passen: Er wurde von der Universität Marburg als „Spinner" dargestellt und verlor seine Professur. „Glücklicherweise hatte er zu diesem Zeitpunkt bereits genügend Beweise für seine Theorie gesammelt und fand private Geldgeber, die ihm ermöglichten, weiter zu forschen. Inzwischen ist die Biophotonen-Strahlung weltweit anerkannt."[349]

Interface zum Hyperraum

Aber die DNS kann noch mehr: Die Erkenntnisse der Mikrobiologie deuten darauf hin, dass die DNS nicht nur die genetische Bibliothek biologischer Moleküle ist. Bereits 1944 hatte Erwin Schrödinger vermutet, dass sie „eine Empfangs-Möglichkeit zur Aufnahme und zur Dekodierung von Informationen aus dem nichtlokalen Raum besitzt."[350] Heute wissen

346 Peat, Stein, S. 125.
347 Dr. Mae-Wan Ho, The real Bioinformatics Revolution, ISIS, 2. Februar 2007.
348 Dan Eden, Lichtstrahlen aus der DNS? www.nexus-magazin.de/
349 Knapp, Anders, S. 56.
350 Schrödinger 1944, zitiert in: Lommel, Bewusstsein, S. 308.

wir, so Joachim Bauer, „dass Lebewesen in ständigem Informationsaustausch mit ihrer Umwelt stehen und dabei ihr eigenes Genom verändern können bzw. müssen."[351] Die daraus entwickelte Hypothese besagt, dass die DNS nicht selbst Träger des Erbmaterials ist, dass sie aber die Fähigkeit besitzt, morphogenetische (gestaltbildende) Informationen nichtlokal zu empfangen. Schon Erwin Schödinger sah die physikalischen Voraussetzungen für gegeben an. So können wir davon ausgehen, dass alle Informationen zur Entwicklung und Ausformung des Körpers nichtlokal gespeichert sind und ein ständiger, schneller Informationsaustausch zwischen DNS und dem nichtlokalen Speicher stattfindet.

Ohne diese Möglichkeit, mit der Umwelt zu kommunizieren um die Struktur des Lebewesens schon zu Lebzeiten immer wieder zu modifizieren, wäre nach Joachim Bauer „das Projekt Leben wohl schon vor langem gescheitert."[352] Bauer weiter: „Dass Gene Kommunikatoren und Kooperatoren sind und Genome sich unter dem Einfluss äußerer Faktoren punktuell verändern können, widerspricht gleich mehreren modernen darwinistischen Dogmen. Dies war der Grund, warum die ersten Beobachtungen zur Mobilität von Genen … jahrzehntelang als „crazy" angesehen wurden."[353]

Durch die nichtlokale Kommunikation besteht die Möglichkeit, die Unmenge an „Betriebssoftware" der Lebewesen extern zu speichern und bei Bedarf abzurufen. Dabei wird diese Software offensichtlich innerhalb der Arten auf dem neuesten Stand gehalten. So hatten Meisen in England eine Technik entwickelt, Milchtüten aufzuhacken. Diese Technik „übernahmen" die Meisen in Skandinavien, ohne dass die Populationen Verbindung zueinander hatten.[354] Auch die stau-

351 Bauer, Gen, S. 13.

352 Bauer, Gen, S. 13.

353 Bauer, Gen, S. 28-29.

354 Rupert Sheldrake, Das Gedächtnis der Natur, 1990, S. 223.

nenswerte „Intelligenz" der Immunsysteme lässt sich nur durch eine nichtlokale Verbindung erklären. Pim van Lommel (*1943) konnte zeigen: Von der DNS gesteuert, muss das Immunsystem eigene und nichteigene Antigene unterscheiden, aus einer riesigen Zahl an Möglichkeiten die Produktion spezieller Antikörper koordinieren und schließlich für eine Speicherung im immunologischen Gedächtnis sorgen, das lebenslang unmittelbar verfügbar und aktuell bleibt."[355] Man könnte das Immunsystem mit einem „Virenscanner" im Computer vergleichen, der neben einer eigenen Lernfunktion ständig spezifische „Updates" für seinen Organismus benötigt.[356] Dies wird durch die Resistenzentwicklung von Bakterienstämmen gegen bestimmte Antibiotika bei wilden Tieren in völlig abgelegenen Gebieten bestätigt, die unmöglich mit Antibiotika in Berührung gekommen sein konnten.

Jede Zelle, so Pim van Lommel „muss über die DNS im Zellkern mit dem „morphogenetischen Bewusstsein" in Verbindung stehen."[357] Mit nichtlokaler Information lässt sich dann auch erklären, woher eine Zelle „weiß", ob sie ein Ohr oder Auge ist und wie sie sich zu differenzieren hat, obwohl die DNS aller Zellen identisch ist. Auch die Differenzierung der Zellfunktion in der embryonalen Phase lässt sich aus dem genetischen Code allein nicht erklären. Pim van Lommel geht sogar davon aus, dass „alle Informationen zur Entwicklung und Ausformung des Körpers nichtlokal gespeichert sind".[358] Da fortwährend Moleküle und Zellen ab- und aufgebaut werden, ist diese Information unverzichtbar, um eine Kontinuität aller Körperfunktionen zu bewahren.

355 Lommel, Bewusstsein, S. 311.
356 Lommel, Bewusstsein, S. 311.
357 Lommel, Bewusstsein, S. 302.
358 Lommel, Bewusstsein, S. 302.

Immer mehr weist darauf hin, dass der Teil, der als „funktionslose Junk-DNS" bezeichnet wird, eine wichtige Rolle für die Kommunikation spielt, die nach van Lommel für „einem Austausch sowohl mit den Erbinformationen als auch mit dem nichtlokalen Bewusstsein"[359] zuständig ist. Erwin Chargaff (1905 -2002), der mit Francis Crick und James Watson die Doppelhelix der DNS entdeckt hatte, sah sehr klar, dass die DNS nicht der Informationsspeicher sein konnte: „Die innere und äußere Mannigfaltigkeit der lebenden Natur ist so riesengroß, dass ein recht primitiver Text, wie ihn ein bestimmtes DNS-Molekül vorstellt, nicht für den unermesslichen, sich immer wieder erneuernden Formenreichtum der Organe in ein und demselben Organismus, nicht zu reden von der Unzahl verschiedener Lebewesen, verantwortlich sein kann."[360] Dazu kommt, dass es auch kein anderes biologisches Medium im Organismus gibt, das solche Informationsmengen aufnehmen könnte.

Da nach Thomas und Brigitte Görnitz zudem in Lebewesen „auf allen Organisationsstufen von der Zelle über die Organe bis zum Gesamtorganismus ständig instabile Situationen vorliegen, so muss auf allen diesen Stufen auch Quanteninformation steuernd eingreifen."[361] Auch hier ist eine extrem schnelle Kommunikation mit einem intelligenten System notwendig, das auf alle Funktionen des Lebewesens in der richtigen Weise zugreifen kann.

Schließlich liegt hier auch die quantenphysikalische Erklärung der offenen Frage von Stefan Bleeken, „ob und wie der Inhalt der systemischen Information ermittelt werden kann:"[362] Wir können diese Information nicht erfassen oder decodieren, wir können nur ihre Wirkung beobachten.

---

359 Lommel, Bewusssein, S. 320.
360 Chargaff, .Geheimnis, S. 42.
361 Görnitz, Evolution, S. 178.
362 Bleeken, Grundlagen.

Dies bestätigt die Bibel am Beispiel des göttlichen Odems als der systemischen Information: „Der Geist weht, wo er will, und du hörst sein Sausen wohl; aber du weißt nicht, woher er kommt und wohin er fährt."[363]

5.4 Das Missing Link in Darwins Theorie

Virtuelle und manifeste Lebensformen

Fossile Funde zeigen, dass es bis zum Kambrium fast nur Einzeller gab. Im Kambrium vor etwa 530 Millionen Jahren sind dann alle Tierstämme, die wir heute vorfinden, fast gleichzeitig aufgetaucht. Der Paläontologe James Brough (1904-1988) weist darauf hin, „dass es seit dem Kambrium vor 500 Millionen Jahren keinen neuen Tierstamm mehr gegeben hat. Zudem hat die Entstehung neuer Klassen innerhalb eines Stammes seit dem späten Paläozoikum vor ungefähr 400 Millionen Jahren aufgehört. Neue Ordnungen ... sind seit ungefähr 60 Millionen Jahren nicht mehr aufgetaucht, dem Ende des Mesozoikums."[364] Dies ist mit Darwins Theorie nicht zu erklären, wohl aber mit den Erkenntnissen der Quantenphysik. Denn das Geheimnisvolle am Schöpferischen ist, dass neue Muster erscheinen, die es nie vorher gegeben hat. Das neue Organisationsmuster muss also in gewisser Weise schon latent vorhanden gewesen sein.

Schon bei der Entstehung unserer virtuellen DNS sah Gott zu, wenn wir den Text aus quantentheoretischer Sicht interpretieren: „Es war dir mein Gebein [wörtl.: Zusammengerolltes = Doppelhelix] nicht verborgen, ... als ich gebildet wurde im

363 Johannes 3, 8.

364 James Brough, zitiert in: Goswami, Evolution, S. 254.

Verborgenen [im Hyperraum] ... Deine Augen sahen mich, als ich noch nicht bereitet [im virtuellen Zustand] war".[365]

Der Kerngedanke einer Erklärung ist nach Amit Goswami, dass neue Arten durch das schöpferische Wirken des kosmischen Bewusstseins entstehen: „Ich beschreibe diese Kreativität als die schwer fassbare Ursache der sich in schnellem Tempo vollziehenden Evolution, nach der die Biologen seit Jahrzehnten suchen."[366] Aus der geologisch sehr kurzen Zeit der Artenentstehung folgerte der Wissenschaftsjournalist Rolf Froböse (*1949): „Ich bin davon überzeugt, dass die Evolution kein Zufall, sondern vielmehr die Folge eines kosmischen Quantenphänomens war, das in seiner religiösen Bedeutung auch als Schöpfungsakt bezeichnet werden darf." [367]

Auch für Goswami sind Lebewesen Projektionen aus dem Hyperraum. Sie „manifestieren gleichzeitig den vitalen Körperbauplan ... und die physische Abbildung."[368] Nach seiner Ansicht und der anderer Quantenphysiker wurde das neue Muster also gar nicht „geschaffen", sondern hat nur seinen nicht-manifesten Zustand verlassen."[369] Oder, wie Lothar Schaefer es ausdrückt: „Lebensformen sind die Aktualisierung von Quantenzuständen aus einer virtuellen kosmischen Ordnung, die bereits etabliert war, bevor sie sich in der empirischen Welt manifestiert hat."[370]

So heißt es bei der Berufung des Propheten Jeremia: „Ich kannte dich, ehe ich dich im Mutterleibe bereitete, und sonderte

365 Psalm 139, 15-16.
366 Goswami, Evolution, S. 221.
367 Rolf Froböse, Der Lebenscode des Universums, 2009, S. 40.
368 Goswami, Evolution, S. 163.
369 Sheldrake, Gedächtnis, S. 373.
370 Schaefer in Froböse, Lebenscode, S. 124.

dich aus, ehe du von der Mutter geboren wurdest."[371] *Wann war das? Wir müssen noch vor die Erschaffung des Universums zurückgehen: „In ihm [Christus] hat er [Gott] uns erwählt, ehe der Welt Grund gelegt war"*[372]

Chargaff schreibt dazu: „Die gläubigen Christen müssen gewusst haben, dass es eine Kraft gibt, die größer ist als die aller Wunder. Diese Kraft will ich jedenfalls nicht Zufall nennen, denn Zufall ist nur die Gottesfurcht der Gottlosen."[373] B. Heim, der ohne Vorfestlegung an dieses Problem heranging, staunte: „Nun mündet das Ganze in eine sehr eigenartige Form eines Deismus. Man kann praktisch wieder ein gläubiger Mensch werden, wenn man sich nur tief genug mit der Natur befasst."

Quanten-Genetik

Die Quantenphysik revolutioniert also erwartungsgemäß auch unsere Vorstellungen von der Vererbung[374]: In lebenden Zellen ist die chemische Synthese von Genen ein Quantenprozess. Schon Wolfgang Pauli vermutete damals unbekannte Zusammenhänge, „die weder in das allgemeine Begriffsschema kausaler Strukturen eingeordnet noch durch den Begriff Zufall richtig beschrieben werden können." Werner Heisenberg fragte sich, was an die Stelle des Darwinschen Zufalls treten müsste: „Denn die Wellenfunktion der Quantentheorie stellt das Mögliche und nicht das Faktische dar. Mit anderen Worten: Vielleicht ist der Zufall, der in der Darwinschen Theorie eine so wichtige Rolle spielt, etwas viel Subtileres, als wir uns zunächst vorstellen?"[375] Exakt so ist es nach dem heutigen Stand der Wissenschaft: Man kann, so Lothar Schaefer „diese

371 Jeremia, 1, 5.
372 Epheser 1, 4.
373 Chargaff, Geheimnis, S. 13.
374 Siehe Glossar Kap. 5.5: Quantengenetik.
375 Heisenberg, Teil, S. 282.

Auslese treffend Quantenauslese nennen. Diese Überlegungen weisen auf einen Auslesemechanismus hin, der zusätzlich zur natürlichen Auslese wirkt, bisher aber in der Abstammungstheorie vernachlässigt wurde."[376] Lothar Schaefer fasst diese neue Sicht der Genetik und der Theorie Darwins zusammen:

Identische Gene sind nicht als Kopien voneinander zu verstehen, sondern einfach als wiederholte Aktualisierungen des gleichen Quantenzustands."[377] Damit erklärt sich auch die extreme Stabilität der DNS.

„Zufall erschafft nicht, was er offenlegt: Erschaffen wird es durch die Logik des Universums. Die Aktualisierung von virtuellen Zuständen ist ein einfaches Modell dafür, wie eine unsichtbare und virtuelle, aber vorher bestimmte kosmische Ordnung sich spontan in der materiellen Welt ausdrücken kann. Aus dieser Sicht hat Darwin die Bedeutung seiner Entdeckung missverstanden: Er hat einen Mechanismus nicht für die Entwicklung des Lebens, sondern für die Entwicklung von Körpern gefunden."[378]

Die Quantenauslese [Makroevolution] wählt einen Zustand zur Verwirklichung aus und macht damit eine phänotypische Änderung möglich. Die natürliche Auslese [Mikroevolution] dagegen bewertet lediglich den relativen Wert der Lebensformen, die durch die Quantenauslese verwirklicht wurden … Die Quantenauslese ist also die Antriebskraft der Evolution. In der Folge kann [Darwins] natürliche Auslese das bewerten, was ihr zuerst von der Quantenauslese angeboten wird."[379]

376 Schaefer, Wirklichkeit, S. 106.
377 Schaefer, Wirklichkeit, S. 98.
378 Schaefer, Wirklichkeit, S. 103.
379 Schaefer, Wirklichkeit, S. 98.

Henne und Ei

Jaques Monod vermutete, „dass das Leben aus unbelebter Materie durch eine äußerst unwahrscheinliche Kombination von Zufallsumständen entstand und dass dies ein Ereignis mit der Wahrscheinlichkeit Null, ein einzigartiges Ereignis gewesen sein dürfte."[380] Man hatte nun erwartet, dass die Molekularbiologie dieses Problem lösen könnte. Aber, so Karl Popper, wir müssen sagen, „dass der völlig unerwartete Durchbruch der Molekularbiologie das Problem des Ursprungs des Lebens zu einem weitaus größeren Rätsel hat werden lassen, als zuvor gewesen war."[381] Erwin Chargaff schildert dieses Rätsel: „Die Schwierigkeit ist, dass ein kompliziertes Molekül wie eine Nukleinsäure nicht reproduziert werden kann ohne zumindest ein anderes sehr kompliziertes Molekül, das die spezifische Eigenschaft hat, die Nukleinsäure aufzubauen. Durch welchen Prozess konnten zwei voneinander unabhängige Stoffe, von denen keiner ohne den anderen entstehen kann, so entstehen, dass sie von Anfang an aufeinander wirkten oder miteinander arbeiteten? [382] Selbst diese „Unmöglichkeit" macht ein Phänomen der Quantenphysik möglich: Amit Goswami nennt es „hierarchische Verschränkung". Dadurch kann ein Vorgang, der normalerweise nur in zwei nacheinander folgenden Schritten möglich ist, gleichzeitig ablaufen: „Alle Komponenten der Zelle verbleiben so lange in Möglichkeit, bis das Bewusstsein sich entscheidet, sie Wirklichkeit werden zu lassen. Dies kann niemals in eine schrittweise kontinuierliche Evolution aufgegliedert werden."[383]

380 Popper, Ich, S. 66.
381 Popper, Ich, S. 69.
382 Erwin Chargaff in Alfred Locker (Hg.), Evolution kritisch gesehen, 1983, S. 71.
383 Goswami, Evolution, S. 164.

Irreduzible Komplexität

Dies trifft auch auf viele Systeme zu, die der Biologe Michael Behe (*1952) mit dem Begriff „irreduzible Komplexität" beschreibt. Das anschauliche Beispiel dafür ist die Mausefalle, bei der alle Teile gleichzeitig vorhanden sein müssen, wenn sie funktionieren soll. Als unvollständige Zwischenstufe wäre sie zu nichts nütze. Daraus entstand die Vorstellung eines „Intelligent Design" das zwar Intelligenz hinter dem Leben annimmt, aber den Bezug auf Gott vermeidet: „Für denjenigen, der sich nicht verpflichtet fühlt, seine Forschungen auf intelligenzlose Ursachen zu beschränken, besteht der naheliegende Schluss darin, dass viele biochemische Systeme nicht durch die Naturgesetze, nicht durch Zufall und Notwendigkeit geformt, sondern vielmehr geplant wurden. Der Planer wusste, wie die Systeme nach ihrer Fertigstellung aussehen würden und dementsprechend ergriff er Maßnahmen, um sie ins Dasein zu rufen. Das Leben auf Erden geht schon auf seiner elementarsten Ebene in seinen entscheidenden Bestandteilen auf intelligentes Handeln zurück."[384] Dies deckt sich mit der Sicht von Amit Goswami, der das unbedingte Festhalten der Biologen an Darwins Evolutionslehre trotz der Erkenntnisse der Quantenphysik überhaupt nicht nachvollziehen kann. Er kommt zu dem Fazit: „Seit nun mehr als zehn Jahrzehnten nach der Entdeckung der Quantenphysik wird die Biologie, die Wissenschaft vom Leben, von einer Philosophie beherrscht, die nur (und auch nur annähernd) für die unbelebte Welt gilt. Ist es nicht Zeit, dass der Materialismus in der Biologie das Feld räumt?"[385]

Die totale Ablehnung des „Intelligent Design" durch die darwinistische Biologie ist nachvollziehbar, weil die irreduzible Komplexität exakt das Falsifizierungskriterium erfüllt, das Charles

384 Michael J. Behe, Darwins Black Box, 2007, S.193.

385 Goswami, Evolution, S. 202.

Darwin für seine Theorie formuliert hat: „Ließe sich irgendein zusammengesetztes Organ nachweisen, dessen Vollendung nicht möglicherweise durch zahlreiche kleine aufeinanderfolgende Modifikationen hätte erfolgen können, so müsste meine Theorie unbedingt zusammenbrechen".[386] Zu seiner Ehrenrettung darf man sagen, dass dies zwar auf die Makroevolution, aber nicht auf die Mikroevolution zutrifft.

5.5 Der Mensch – nur ein höheres Tier?

Was den Menschen vom Tier unterscheidet

Was unterscheidet den Menschen vom Tier? Darwin sah keinen qualitativen, sondern nur einen graduellen Unterschied. Auch bei höheren Tieren finden wir Emotionen und die Fähigkeit zu kreativen Reaktionen. Beim Menschen kommen aber neben kulturellen, sozialen und geistigen Fähigkeiten insbesondere Selbstbewusstsein und damit Wahlfreiheit und Verantwortung hinzu. Der Mensch ist das einzige Lebewesen, das um seine Endlichkeit weiß. Er ist zu erdgebunden, um himmlisch zu sein, aber er hat zu viel Himmel in sich, um sich auf der Erde ganz zu Hause zu fühlen. Auch das Bedürfnis des Menschen nach dem Wahren, Schönen und Guten, nach Gerechtigkeit und Sinn, nach einer Antwort auf das Woher und Wohin unterscheidet ihn als Ebenbild Gottes qualitativ von allen anderen Lebewesen. Der Mensch besitzt ganz offenbar eine andere Qualität des Bewusstseins. Doch es gab keinen wissenschaftlichen Beleg für diese neue Qualität als Leberwesen.
Wie in Kap. 4.2 berichtet, entwickelte Burkhard Heim zur Beschreibung des Bewusstseins eine „Theorie, mit der die unterschiedlichen Grade von bewusstseinsgesteuerten Organisationsprozessen abgebildet werden können."[387] Die Bewusstseinsstufen höherer Tiere, werden nach Heims Theorie

386 Darwin, Entstehung, S. 224.
387 König, Urwort, S. 73.

„psychosomatisch" durch die Zahl der „Steuerkanäle" zwischen der Seele und dem Körper definiert. „Deren Anzahl ist ein Maß für die verschiedenen Stufen des Bewusstseins."[388] Es gibt auch Berichte,[389] wonach der KZ-Arzt Josef Mengele eine Struktur von wenigen Hundert Zellen gefunden hat, bei deren Abtrennung die Menschen zu Tieren wurden. Offenbar existiert solch ein psychosomatisches Interface. Auch die Bibel berichtet, dass der babylonische König Nebukadnezar zeitweise zu einem Tier wurde.[390]

„Da machte Gott der HERR den Menschen aus Erde vom Acker und blies ihm den Odem des Lebens in seine Nase. Und so ward der Mensch ein lebendiges Wesen."[391]

Arno Benz, Astrophysiker an der ETH Zürich, verbindet diesen Bericht aus der Schöpfungsgeschichte mit dem Wesen des Menschen: „Auch gemäß der modernen Biologie enthält ein menschlicher Körper Atome des Erdbodens. Die Erde liefert allerdings nur das Material. Zum Menschen wird dieses erst, wenn Gott ihm Odem [Geist] gibt. Das bedeutet, der Mensch ist eigentlich nicht aus Erde, sondern aus einer Idee geschaffen."[392] Das Entstehen einer jeden einzigartigen Person ist nach Lothar Schaefer „jenseits des Bereiches der wissenschaftlichen Forschung. Meine These ist, dass wir das einzigartige Ich als das Resultat einer übernatürlichen Schöpfung dessen anerkennen müssen, was im religiösen Sinne Seele genannt wird."[393]

388 Ludwiger, Weltbild, S. 67.
389 Amanda Buys, DID-Trauma-Seminar, Leipzig, 24.-30. 08. 2013.
390 Daniel 4,30.
391 1. Mose 2, 7.
392 Arnold Benz, Astrophysik und Schöpfung, 2009, S. 133
393 Schaefer, Wirklichkeit, S. 81.

Die Entwicklung einer Persönlichkeit aus einer einzigen, sich selbst nicht bewussten Zelle ist durch die Gesetze der Biochemie nicht erklärbar.

Sie ist, was John Eccles „das menschliche Geheimnis" nennt: „Da materialistische Lösungen darin versagen, unsere erfahrene Einzigartigkeit zu erklären, bin ich gezwungen, die Einzigartigkeit des Selbst oder der Seele auf eine übernatürliche, spirituelle Schöpfung zurückzuführen. Es ist die Gewissheit des inneren Kerns einer einzigartigen Individualität, die keine andere Lösung als eine „göttliche Schöpfung" zulässt.[394]

Ein Blick aus der Quanten-Wirklichkeit auf den Menschen[395]

- Wenn die Wirklichkeit die Natur eines Bewusstseins hat, können wir davon ausgehen, dass sie eine geistige Ordnung ebenso wie eine physikalische Ordnung hat. Dies ist die Grundlage der Metaphysik.
- Wenn die Natur der Wirklichkeit bewusstseinsartig ist, dann ist es wahrscheinlich, dass wir mit dem kosmischen Bewusstsein verbunden sind.
- Wir haben spirituelle Bedürfnisse nicht deshalb, weil wir uns abartig entwickelt haben, sondern weil unser Bewusstsein die Berührung mit dem sucht, das in der Natur mit uns verwandt ist: Dem bewusstseinsartigen Hintergrund des Universums.

Gehirn und Geist

Der Naturalismus und auch Einsteins Pantheismus[396] gehen davon aus, dass der Mensch auch in seinem Handeln nicht verantwortlich ist, weil er „nach äußerer und innerer gesetzlicher Notwendigkeit handelt"[397], also vollständig determiniert

394 John Eccles, Wie das Selbst sein Gehirn steuert, 2000, S. 261.
395 Schaefer, Wirklichkeit, S. 150.
396 Einstein, Weltbild, S. 191.
397 Einstein, Weltbild, S. 20.

ist. Gibt es ein unabhängiges Bewusstsein, das das Gehirn und damit den Körper steuert, oder steuert der Körper, das Gehirn, sein Bewusstsein? Seit Descartes dauert die Diskussion um diese Frage an. Das Hauptargument gegen den Dualismus[398], eine qualitative Unterscheidung von Körper und Seele bzw. von Materie und Information ist, dass in der klassischen Physik kein Mechanismus denkbar war, wie nichtmaterieller und energieloser Geist auf die Materie wirken sollte: Das Bewusstsein kann von sich aus nicht Klavier spielen – es kann von sich aus nicht einmal die Finger einer Hand bewegen. Oder doch?

Mens agitat molem[399]

Der Hirnforscher und Nobelpreisträger John Eccles (1903-1997) hatte die sehr starke Intuition, dass das Bewusstsein, das „Selbst" nicht determiniert ist, sondern die Gehirnprozesse aktiv bestimmt, dass also das Selbst das Gehirn kontinuierlich steuert. Dies im Einklang mit der Physik zu belegen war das Ziel seiner gesamten wissenschaftlichen Arbeit. Aber es war eine lange, frustrierende Suche, die Eccles in seinem Buch „Wie das Selbst sein Gehirn steuert"[400] schildert. Er ahnte zwar, dass die Lösung des Problems in einer quantenphysikalischen Antwort liegen musste und es gab auch erste Ansätze für eine Lösung,[401] aber „was fehlte, war eine strenge mathematische Behandlung, durch die sich die Einwirkung mentaler auf neuronale Ereignisse präzisieren ließ".[402] Eccles Kritiker machten geltend, dass eine solche Einwirkung nicht mit dem Grundsatz der Erhaltung der Energie zu vereinbaren sei, denn

398 Siehe Glossar Kap. 5.6: Dualismus.
399 Lat.: Der Geist bestimmt über den Körper.
400 Eccles, Selbst.
401 H. Margenau, The Miracle of Existance, 1984, S. 22.97.
402 Eccles, Selbst, S. 213.

jedes Eingreifen sei in der naturalistischen Physik mit dem Einsatz von Energie verbunden. Absichten aber hätten keine Energie.
Der Durchbruch kam unerwartet: 1991 nahm Eccles an einem Sommerkurs der „Studienstiftung des deutschen Volkes" teil, den auch Friedrich Beck besuchte, Quantenphysiker und Direktor am Institut für Kernphysik der technischen Universität Darmstadt. „Beck erkannte sofort, dass das Kernproblem darin bestand, die Exozytose[403]-Wahrscheinlichkeit mittels der Quantenphysik zu erklären. Ende 1992 präsentierte Eccles gemeinsam mit Beck[404] die Hypothese, dass eine mentale Absicht des Selbst neuronal wirksam wird, indem sie vorübergehend die Wahrscheinlichkeiten für die Exozytose in einem ganzen Nerven-Dendron[405] erhöht und auf diese Weise eine große Zahl von Wahrscheinlichkeitsamplituden koppelt, die dann eine physische Wirkung erzielen.
Untersuchungen von John Eccles zeigten, dass die Wahrscheinlichkeit für die Aktivierung einer Synapse ohne Stimulierung bei etwa 25 % liegt. Durch thermische Energie werden zwar immer einige Synapsen auf 100 % gehoben und somit aktiviert, aber auf dieses „Grundrauschen" reagiert das Neuron nicht. Um bestimmte Dinge wahrnehmen („Input") oder tun (Output") zu können, müssen die jeweils dafür repräsentativen Netzwerke von Neuronen als Ganzes „sensibilisiert" werden. Das geschieht durch „Aufmerksamkeit" (bei Sinneswahrnehmung) oder „Absicht" (bei motorischen Handlungen). In diesem Zustand wird das beteiligte „Neuronen-Orchester" zunächst auf etwa 50 % Exozystose-Wahrscheinlichkeit angehoben. Wenn dann die z. B. optische Wahrnehmung aus den

403 Exozytose ist der Vorgang, bei dem die Entladung der Transmitter-Moleküle in den synaptischen Spalt und damit die Aktivierung der Synapse erfolgt. Das Neuron wird „eingeschaltet", gibt die Information weiter.

404 Beck und Eccles, Proceedings of the National Academy of Sciences, 1992.

405 Siehe Glossar Kap. 5.6: Nerven und Synapsen.

sensibilisierten Netzwerken mit dem „Schablonen"-Netzwerk der Erinnerung übereinstimmt, schaltet eine sehr große Anzahl der betroffenen Synapsen „durch" und es kommt zu einer Sinneswahrnehmung. Zwei Beispiele: Normalerweise fällt uns auf einer Wiese kein vierblättriger Klee auf. Wenn unser Selbst, das Bewusstsein aber ein solches Kleeblatt sucht, also die Aufmerksamkeit auf diese spezielle Blatt-Form richtet, nimmt es sie plötzlich viel leichter wahr. Ebenso ist die „Schrecksekunde" beim Abbremsen eines Autos viel kürzer, wenn man sich im Zustand der Aufmerksamkeit und Absicht, also der Erwartung eines Hindernisses und der Reaktion darauf befindet. So lässt sich das alltägliche Wunder erklären, bei dem das „Selbst" beim Sprechen Tausende von Hirnzellen über die Synapsen so bündeln kann, dass die beteiligten Sprechmuskeln Schallwellen mit ihrer Information codieren.

„Dieses Kapitel", so Eccles, „stellt den Höhepunkt meiner lebenslangen Suche nach der wissenschaftlichen Erklärung des Dualismus dar."[406] Das Fazit von John Eccles lautet: „Uns liegen heute überzeugende Beweise dafür vor, dass das Selbst durch pure Vorstellung ausgewählte Bereiche der Hirnrinde aktiviert. Diese mentale Kontrolle der zerebralen Tätigkeit ist so umfassend, dass wir eine vollständige Herrschaft des Selbst über das Gehirn annehmen können. Nun wurde zum ersten Mal die Hypothese vorgestellt, wie diese mentalen Einflüsse Gehirntätigkeiten kontrollieren können, ohne die Erhaltungsgesetze zu verletzen."[407] Für John Eccles hat das Gehirn also keinerlei geistige Fähigkeiten. Es ist, im Bild der Prozesssteuerung, ein „intelligentes Interface" zur sensorischen „Input"- und aktorischen „Output"–Peripherie des Körpers. „Jeder von uns hat im Lauf seines ganzen Lebens gelernt, sein Gehirn samt Körper klug und geschickt zu nutzen."[408] Diese Sicht erhärtet

406 Eccles, Selbst, S. 216.
407 Eccles, Selbst, S. 244.
408 Eccles, Selbst, S. 253.

Amit Goswami: „Was wir aus alldem lernen können, ist, dass der „Verstand" obwohl ohne Frage mit dem Gehirn verknüpft, doch nicht zum Gehirn gehört; er ist vielmehr eine vom Gehirn unabhängige Instanz."[409]

Das Selbst steuert sein Gehirn

Das Gehirn hat die Fähigkeit zur autonomen Informationsverarbeitung, um bestimmte Bewegungsabläufe zu speichern und „unbewusst" auszuführen. Diese „Unterprogramme" im Gehirn entstehen durch aktives Lernen. Im frühesten Stadium lernt das Baby, seine Hand zu bewegen und diese Bewegung durch Sehen und Tasten zu kontrollieren. Durch ständige Übung wird es immer sicherer beim Greifen von Gegenständen. Der bewusste Geist des Kindes kann so beabsichtigte Bewegungen mit immer größerer Komplexität ausführen. Durch das „Üben" eines Musikstückes auf dem Instrument bekommt der Musiker das Stück „in die Finger" und sein bewusster Geist kann sich auf Phrasen oder ganze Sätze konzentrieren. Allerdings hält dieses unbewusste, „funktionale Gedächtnis" unterschiedlich lange. Während man Fahrradfahren nicht mehr „verlernt", muss ein professioneller Musiker jeden Tag üben. Für Situationen, die keine Zeit für „Überlegungen" lassen, reagiert der Körper mit abgelegten „Notprogrammen", wie z. B. mit Flucht oder Angriff.

Dass es sich bei Bewusstsein und Gehirn um zwei eigenständige, aber doch verbundene Funktionsbereiche handelt, zeigt die tägliche Erfahrung: Man geht in den Keller, um eine Flasche Wein zu holen. Auf dem Weg wird man von einem anderen Gedanken abgelenkt und wenn man dann vor der Kellertür steht, hat man vergessen, was man dort wollte. Die Erfahrung zeigt aber, dass das funktionale Gedächtnis[410] des Gehirns

409 Goswami, Evolution, S. 308.

410 Siehe Glossar Kap. 5.6: Gedächtnis.

sehr zuverlässig ist: Man weiß, dass man hier „richtig" ist und rekapituliert im Bewusstsein, womit man sich vorher beschäftigt hatte. Meistens weiß man dann wieder, was man im Keller wollte. Andererseits kann man sich oft nicht mehr erinnern, wohin man den Schlüssel gelegt hat, wenn man es „unbewusst" getan hat. Wir haben es also mit einem Zusammenspiel von bewussten und unbewussten Abläufen zu tun. Ein weiteres, leicht nachprüfbares Beispiel dafür, dass in uns zwei Bereiche wirken, ist das Vorlesen: Man kann, während man ein Wort „automatisch" vorliest, im Bewusstsein bereits die nächsten Worte „speichern". Dadurch wird das Vorlesen viel flüssiger. Die beiden Bereiche können sich auch ins Gehege kommen: In dieser Arbeitsteilung kann bei gelernten Abläufen das Bewusstsein den unbewussten Ablauf jederzeit „übersteuern." Macht ein Musiker im „automatischen" Ablauf seines Spiels einen Fehler, folgt kurz darauf oft ein zweiter: Das Bewusstsein hat den Fehler registriert und übernimmt kurzzeitig die Steuerung, was den automatischen Ablauf „aus dem Takt bringt" und zu dem zweiten Fehler führt. Wenn man im „Ein-Finger-Suchsystem" am Computer schreibt, findet man die Tasten „automatisch". Macht man es bewusst, muss man sie regelrecht suchen. Genauso schreibt man komplizierte Worte „intuitiv" richtig. Fängt man an, darüber nachzudenken, wird man meist umso unsicherer, je länger man darüber nachdenkt.
John Eccles erhielt 1966 den Nobelpreis. „Wir glauben, dass diese Hypothese der Wirkung über die Geist-Hirn-Grenze hinweg gerecht wird."[411] Die Hypothese zeigt einen generellen Mechanismus auf, wie Bewusstsein auf Materie wirken kann. Damit war das „missing link" nicht nur von Descartes Dualismus zumindest im Grundsatz gefunden. Es bestätigt auch die Theorie von Burkhard Heim, dass am Ende der Steuerkette

411 Eccles, Selbst, S. 215-216.

vom Vorsatz des Bewusstseins zur Ausführung des Körpers Wahrscheinlichkeitsfelder stehen.

Damit lösen sich zugleich zwei Grundsatzprobleme des Menschseins:
Erstens: Das der Willensfreiheit.Im naturalistischen Weltbild ist alles, auch der Wille letztlich determiniert. Mit John Eccles können wir uns unserer „wiedergefundenen Freiheit" erfreuen.
Zweitens: Die uralte Erkenntnis mens agitat molem (der Geist bewegt die Materie) ist nun physikalisch belegt. Die vielen „übernatürlichen" Beobachtungen, wie Telekinese und die in der Bibel beschriebenen Wunder, die eine naturalistische Theologie meinte, „entmythologisieren" zu müssen, erweisen sich durch die Quantenphysik als Realität.

Trotzdem findet Eccles bei den Physikern wenig Zustimmung. Thomas Görnitz versucht es zu erklären: „Sehr viel leichter zu verstehen wäre dieses Modell, wenn diese Zweiteilung [Geist und Materie] nicht als prinzipiell, sondern eher als pragmatisch zu verstehen wäre. Dann hätten wir damit ein nützliches und gut anwendbares Konzept. Diese Interpretation trüge der Erkenntnis der Quantenphysik Rechnung, dass auch Materie letztlich eine geistige Größe ist."[412]

412 Görnitz, Quanten, S. 270.

DIE VERBOGENE WIRKLICHKEIT

6. Die verbogene Wirklichkeit

Zurück hinter Galilei

6.1 Vom Weltbild zur Weltanschauung

Newtons Theorie und Darwins Evolutionslehre zeigen exemplarisch, dass wissenschaftliche Weltbilder in einer säkularen Welt eine starke Tendenz haben, zu Weltanschauungen, zu Ersatzreligionen zu mutieren. So wurde die Theorie Newtons, der überzeugter Christ war, zum atheistischen Materialismus und die Evolutionslehre Darwins, der kein Atheist war, zum naturalistischen Darwinismus. Das Statement des Harvard-Biologen Richard Lewontin (*1928), eines führenden Vertreters des Wissenschafts-Establishments zeigt, wie die materialistische Weltsicht die heutige Wissenschaft bestimmt:

„Unsere Bereitschaft, wissenschaftliche Behauptungen anzunehmen, die gegen den gesunden Menschenverstand sind, ist der Schlüssel zum Verständnis des Kampfes zwischen Wissenschaft und Religion. Wir ergreifen Partei für die Wissenschaft trotz der offenkundigen Absurdität mancher ihrer Konstruktionen; trotz des Versagens vieler ihrer wilden Verheißungen in Bezug auf Gesundheit und Leben; trotz der Toleranz der wissenschaftlichen Gesellschaft gegenüber unbestätigten, gehaltlosen Geschichten, weil wir eine Vorverpflichtung haben, eine Bindung an den Materialismus."[413]
Dabei scheut sich der Harvard-Professor nicht einmal, öffentlich zu verkünden, mit welch unwissenschaftlichen Methoden man vorgeht: „Es ist nicht der Fall, dass die Methoden und Institutionen der Wissenschaft uns irgendwie zwängen, eine materialistische Erklärung der Welt der Phänomene anzunehmen, sondern wir werden durch unsere a priori-Bindung an materialistische Ursachen gezwungen,

413 Richard Lewontin, The New York Review of Books, 9. Januar 1977.

Methoden der Forschung und Begriffe zu erfinden, die materialistische Erklärungen liefern, ohne darauf Rücksicht zu nehmen, ob diese Erklärungen schon der Intuition widersprechen oder für die Uneingeweihten mysteriös sind. Außerdem ist dieser Materialismus absolut, weil wir keinen göttlichen Fuß in der Tür gestatten können".[414]

Das ist kein wissenschaftliches Statement, sondern ein Glaubensbekenntnis. Es ist Lewontin offenbar gleichgültig, dass er damit die manipulierten Ergebnisse dieser „Wissenschaft" disqualifiziert. Richard Lewontin sah, typisch für den Wahrheitsanspruch einer Religion, den Auftrag der Wissenschaft darin, den Glauben zu bekämpfen: „Das primäre Problem ist nicht, die Öffentlichkeit wissen zu lassen, wie weit der nächste Stern von uns entfernt ist oder woraus ein Gen besteht ... Das Problem ist vielmehr, sie zu überzeugen, irrationale und übernatürliche Erklärungen der Welt abzulehnen."[415]
Mit dem Materialismus mutierte Galileis methodischer Atheismus, die Natur ohne weltanschauliche Vorgaben auszumessen und Gesetzmäßigkeiten zu finden, zu einem metaphysischen Atheismus, der die Existenz Gottes und aller geistigen Phänomene grundsätzlich verwarf. Mit diesem unbeweisbaren Dogma überschritt die materialistische Wissenschaft die Grenzen ihrer Zuständigkeit und wurde zu einer säkularen Religion. Der Informatiker Joseph Weizenbaum bringt es auf den Punkt: „Wir gründeten eine neue, moderne Religion und die dazugehörigen Kathedralen. Meine eigene Universität, das MIT[416] ist eine solche Kathedrale – ich meine hier die moderne Wissenschaft, die wir zur Religion, ja zum Götzen erhoben haben."[417] Es liegt in dieser Logik, dass die weltanschaulichen

414 Lewontin, New York Review.
415 Lewontin, New York Review.
416 Massachusetts Institute of Technology (MIT).
417 Joseph Weizenbaum, Vortrag an der FH Friedberg, Juni 2003.

Konsequenzen der Quantenphysik von der naturalistischen Wissenschaft ignoriert werden. Das illustriert eine Unterhaltung der beiden Nobelpreisträger Isidore Rabi (Physik) und Gerald Edelmann (Medizin): Rabi: „Die Quantenmechanik ist nur ein Algorithmus. Benutze ihn. Er funktioniert, mach dir keine Gedanken". Edelmann: „Rabi, sage nicht, du wirst wie Einstein und fängst an zu zweifeln!" Rabi: „Hör mal, ich hab' Schwierigkeiten mit Gott, warum sollte ich nicht auch Schwierigkeiten mit der Quantenmechanik haben?"[418]

Die Deutungshoheit des Naturalismus

Mit Charles Darwin trat für viele Bildungsbürger ein, was Friedrich Nietzsche (1844-1900) den „Tod Gottes" nannte – dass der christliche Glaube unglaubwürdig geworden war. Von da an wurde der atheistische Materialismus mehr und mehr zur Norm in Schulen und Universitäten. Das war für viele Wissenschaftler plausibel, wie es der Biologe Ulrich Kutschera (*1955), prominenter Vertreter des Darwinismus auf den Punkt brachte: „Wir haben auf der einen Seite wissenschaftliche Tatsachen, auf der anderen Seite einen 2000 Jahre alten Mythos."[419] Aber je unhaltbarer er wird, desto rigoroser verteidigt der zur Zivilreligion mutierte Naturalismus seine Deutungshoheit. Es ist offensichtlich, dass unter dieser Bedingung eine sachliche Auseinandersetzung kaum möglich ist: Der Andersdenkende wird zur Bedrohung der eigenen Denkvoraussetzungen, die Auseinandersetzung bekommt einen emotionalen und persönlichen Charakter. Dies geht dann, wie bei Richard Dawkins (*1941), em. Professor in Oxford und militantem Vertreter des Darwinismus, bis zur Diffamierung seiner Kritiker: „Man kann mit absolu-

418 Edelmann zitiert in: Görnitz, Evolution, S. 229.
419 Ulrich Kutschera, Die Welt, 21.10.2006.

ter Gewissheit sagen, dass, wenn man jemanden trifft, der behauptet, nicht an die Evolution zu glauben, derselbe unwissend ist, verrückt (oder böse, aber daran würde ich lieber nicht denken)."[420]

Diese zutiefst unwissenschaftliche Haltung verwundert besonders Forscher aus dem nichtwestlichen Ausland. Der führende chinesische Paläontologe Jun-Yuan Chen wurde 1999 nach einem Vortrag in den USA, in dem er aufgrund seiner Forschungen die Abstammungslehre Darwins infrage stellte, mit der Erfahrung konfrontiert, dass Wissenschaftler in den USA Evolutionskritik nicht hören möchten. Sein Kommentar dazu: „In China können wir Darwin kritisieren, aber nicht die Regierung; in Amerika kann man die Regierung kritisieren, aber nicht Darwin."

Der Physik-Nobelpreisträger Robert Laughlin (*1950) äußerte sich sarkastisch zum Darwinismus: „Ein großer Teil des heutigen biologischen Wissens ist ideologischer Natur. ... Beispielsweise fungiert Darwins ursprünglich als großartige Theorie entworfene Lehre ... in jüngster Zeit eher als Antitheorie. Man zieht sie heran, um peinliche experimentelle Mängel zu verbergen und Befunde zu legitimieren, die bestenfalls fragwürdig und schlimmstenfalls ‚noch nicht einmal falsch' sind."[421]

Der Umgang mit modernen „Ketzern"

Es liegt in der Natur der zur Zivilreligion mutierten naturalistischen Weltsicht, dass Abweichler von der vom wissenschaftlichen Establishment vorgegebenen Denkweise sanktioniert werden. Die Sanktionen reichen von der Ablehnung wissenschaftlicher Publikationen über die Ignorierung bis zu Diffa-

420 Richard Dawkins, Put your Money on Evolution, The New York Times Review, 9. April 1989, S. 34ff.

421 Robert Laughlin, Abschied der Weltformel, 2007, S. 248.

mierung z. B. durch Wikipedia oder gar zur Zerstörung der wirtschaftlichen Existenz.
So musste Prof. Joachim Bauer, obwohl Bewunderer Darwins, erfahren: „Wissenschaftliche Daten werden von zahlreichen Gutachtern maßgeblicher internationaler Zeitschriften nur dann zur Veröffentlichung angenommen, wenn sie von den Autoren im Sinne der darwinistischen Lehren interpretiert werden."[422]
Bei berühmten Personen werden nicht genehme Erkenntnisse ignoriert. So wurde C. F. v. Weizsäcker, wie sein Schüler Thomas Görnitz zusammenfasst „zeitlebens in dem wichtigsten Bereich seiner wissenschaftlichen Forschung (der Ur-Theorie) von der Physikergemeinschaft ziemlich weitgehend ignoriert."[423] Auch die Hypothesen von David Bohm oder Rupert Sheldrake werden öffentlich kaum zur Kenntnis genommen. Von Max Plancks letzten Gedanken über die Materie hört man an der Universität nichts. Der renommierte Physiker Hans-Peter Dürr musste wegen seiner spirituellen Deutung der Quantenphysik erfahren: „Einem Physiker, der sich mehr als 50 Jahre intensiv mit Materie befasst hat, wird diese Weltsicht besonders übelgenommen."[424]
Forscher mit wenig Reputation wie Burkhard Heim oder Émile Charon werden ignoriert und gelten bestenfalls als „umstritten". Über die wissenschaftlichen Leistungen Heims verliert Wikipedia[425] kein Wort. Im Gegenteil werden die veröffentlichten Teile seiner Theorie „als unvollständig und widersprüchlich" bzw. von dem Mathematiker Gerhard W. Bruhn als „unbrauchbar für eine Erweiterung der allgemeinen Relativitätstheorie beurteilt, da sie von einer flachen statt gekrümmten Raumzeit ausgehe". Auf die diesbezügliche Anfrage das Autors stellte v. Ludwiger am 09.11.2017 klar: „Bruhn hat etwas Grundsätz-

422 Bauer, Gen, S. 127-128.
423 Görnitz, Evolution, S. 143.
424 Hans-Peter Dürr, Raimund Panikkar: Liebe – Urquelle des Kosmos, 2008, S. 85.
425 https://de.wikipedia.org/wiki/Burkhard_Heim (9.11.2017).

liches nicht verstanden. Heim ging tatsächlich zunächst von einem ungekrümmten Minkowski-Raum aus, um eine phänomenologische Vereinigung von Elektromagnetismus und Gravitation vorzunehmen, was Einstein und anderen nicht gelungen ist. Erst danach hat er versucht, sämtliche Felder zu geometrisieren. ... Heim hat Einsteins Gravitationstheorie auch nicht „erweitert". Die Einsteinschen Feldgleichungen fallen nebenbei mit ab." Wikipedia weigerte sich dennoch, den Beitrag über Burkhard Heim entsprechend zu korrigieren.
John Eccles ist ein Paradebeispiel für die Ausgrenzung eines Forschers: „Wissen Sie, das wissenschaftliche Establishment ist doch total wider mich. Selbst mit Nobelpreis und 17 Ehrendoktoraten bin ich ausgegrenzt, einsam."[426] Er zeigt auch den Konflikt auf, in dem ein Forscher stehen kann. So vertrat Eccles formal die Evolution des Gehirns, obwohl er sie nicht für belegt hielt. Aber: „Ich scheue mich doch vor der letzten Konsequenz. Würde ich noch die Entwicklungsgeschichte des Gehirns infrage stellen, fiele ich dem Spott über die sogenannten Kreationisten anheim."[427]
Prof. Bruno Vollmert, Kapazität auf dem Gebiet der Makromolekularchemie war bei der Neuauflage seines Standardwerkes gebeten worden, auch das Makromolekül DNS in sein Lehrbuch aufzunehmen. Als unvoreingenommener Chemiker untersuchte er die „Ursuppen"- Hypothesen und fand, dass in diesem Milieu keine Makromoleküle entstanden sein konnten. Sein Fazit: „Die Entstehung des Lebens und der Arten ist ein im Rahmen der exakten Naturwissenschaften unlösbares Problem"[428] Er wagte es auch, die weltanschauliche Konsequenz zu ziehen: „Je strenger sich meine Argumentation im exakt naturwissenschaftlichen Rahmen hält, ... desto weniger

426 Horst W. Beck, Naturwissenschaftliches Ringen um die Erhaltung des Schöpfungsgedankens, Diakrisis Archiv, 1998, S. 196.
427 Beck, Ringen, S. 196.
428 Bruno Vollmert, Das Molekül und das Leben, 1985, S. 84.

Scheu habe ich, als Alternative zum Darwinismus die Erschaffung der Arten durch einen allmächtigen Schöpfergott in Betracht zu ziehen."[429] Wegen dieser „Ketzerei" übte das naturalistische Wissenschafts-Establishment Druck auf seinen Verleger aus und verhinderte eine Neuauflage des in Fachkreisen hochgeschätzten Lehrbuchs über Polymerchemie.[430]
Der Verstoß gegen die Vorgaben der naturalistischen Zivilreligion kann auch die wirtschaftliche Existenz vernichten. Der ehemalige Darwinist Dr. Günter Bechly, wissenschaftlicher Mitarbeiter am Naturkunde-Museum in Stuttgart,[431] hatte den „Fehler" gemacht, Darwinismus-kritische Bücher zu lesen und auf seiner privaten Webseite Zweifel an der Evolutionslehre zu äußern. Daraufhin teilte ihm sein Arbeitgeber die Erwartung mit, dass die Mitarbeiter „uneingeschränkt Darwins Evolutionstheorie vertreten", und dass seine Kritik „praktisch eine Rufschädigung für das Haus bedeute und die Glaubwürdigkeit des Hauses untergrabe." Kollegen verweigerten die weitere Zusammenarbeit, und sämtliche Hinweise auf seine Forschungsprojekte verschwanden von der Website des Museums. Obwohl er eine unkündbare Stelle im öffentlichen Dienst bekleidete, legte man ihm nahe: „Sie sind hier nicht länger erwünscht, möchten Sie nicht gehen?" Bechly verlor nicht nur seine Stelle, er war im wissenschaftlichen, zumal öffentlichen Dienst nicht mehr vermittelbar.

6.2 Die große Ent-Täuschung

Als Europa im ausgehenden Mittelalter in einer Weltanschauungskrise steckte, versprach der „große Sprung" nach vorn durch die Naturwissenschaft die Rettung. Die klassische Physik vermittelte den Eindruck einer Welt, die vollständig und in anschaulicher Form zu beschreiben ist. Mit Einsteins „Weltfor-

429 Vollmert, Molekül, S. 84.
430 Beck, Ringen„ S. 196.
431 Factum 1/18, S 32-35.

mel" schien man kurz vor einer letzten, universalen Erklärung der Welt zu stehen. Das hatte für den Wissenschaftshistoriker Prof. Ernst Peter Fischer (*1947) „fast magische Qualität und wäre, wie der Stein der Weisen, die endgültige Antwort."[432] Aus diesem Paradigma, so Fischer weiter, leiteten die säkularen westlichen Gesellschaften die Erwartung ab, „alle Probleme mit Hilfe von Analyse, Logik, Vorhersage und technischer Kontrolle lösen zu können".[433] So war das Paradies auf Erden nicht länger vom göttlichen Willen abhängig, sondern, wie es Jan Fleischhauer formulierte, „lag auf einmal in Menschenhand."[434]

Erich Fromm lässt uns diese gewaltige Erwartung nachfühlen: „Die große Verheißung unbegrenzten Fortschritts, die Aussicht auf Unterwerfung der Natur und auf materiellen Überfluss, auf das größtmögliche Glück und auf uneingeschränkte persönliche Freiheit, das war es, was die Hoffnung und den Glauben von Generationen seit Beginn des Industriezeitalters aufrecht erhielt. ... Diese Trias von unbegrenzter Produktion, absoluter Freiheit und uneingeschränktem Glück bildeten den Kern der neuen Fortschrittsreligion, und eine irdische Stadt des Fortschritts ersetzte die „Stadt Gottes". Ist es verwunderlich, dass dieser neue Glaube so viele Anhänger mit Energie, Vitalität, Hoffnung erfüllte?"[435]

Aber das erwartete Paradies wollte sich partout nicht einstellen, und jede Utopie einer besseren Welt zeigte sich als das, was sie im Wortsinn ist: Das Land Nirgendwo. Man muss sich, so Fromm weiter, „die Tragweite dieser Verheißung und die phantastischen materiellen Leistungen des Industriezeitalters vor Augen halten, um das Trauma zu verstehen, das die beginnende Einsicht in das Ausbleiben ihrer Erfüllung heute auslöst."[436]

432 Fischer, Sowohl, S. 50.
433 Fischer, Sowohl, S. 43-45.
434 Jan Fleischhauer, Unter Linken, 2010, S. 90.
435 Fromm, Haben, S. 11+12.
436 Fromm, Haben, S. 12.

Die Postmoderne: Wunsch statt Wirklichkeit

Eine Konsequenz dieser Desillusionierung war, wie William Lane Craig (*1949), US-amerikanischer Religionsphilosoph und Theologe folgert, die Postmoderne: „Wenn nicht einmal die Wissenschaft als die größte intellektuelle Leistung des Menschen fähig ist, objektive Wahrheit und Erkenntnis zu finden, welche Hoffnung gibt es dann?"[437] So neigen Postmodernisten dazu, zu leugnen, dass es überhaupt eine Wirklichkeit, universale Wahrheit, Maßstäbe der Logik und der Rationalität gibt. Unter dem Begriff des „Konstruktivismus" entstanden daraus mehrere philosophische Strömungen, von denen die meisten davon ausgehen, dass ein Gegenstand nie objektiv erkannt, sondern letztlich in unserem Bewusstsein „konstruiert" wird. Für Jacques Derrida (1930-2004), französischer Philosoph und Begründer der Dekonstruktion ist Wirklichkeit Sprache: „Alles ist Text. Alles hat Semantik".[438] Sprache bildet für Derrida Wirklichkeit nicht ab, sondern schafft sie. Derrida fand Gleichgesinnte im Neomarxismus, dem seine zwei höchsten Autoritäten verloren gegangen waren: Das Proletariat und die Wissenschaft. So rief Herbert Marcuse (1898-1979) dazu auf, „die Wissenschaft durch die Utopie zu ersetzen, die Rolle der Vernunft an die Phantasie abzutreten."[439]

6.3 Der postfaktische Mensch

Gender und der neue Mensch

Nach Rod Dreher findet „das romantische Ideal des sich selbst erschaffenen Menschen seine Erfüllung in der neuesten Avantgarde der sexuellen Revolution: dem Phänomen Transgender. Personen, die sich als Transgender verstehen, lehnen es ab, sich durch biologische Fakten definieren zu lassen, und

437 Craig, Revolution.

438 Jaques Derrida, zitiert in: Paula-Irene Villa, Judith Butler, 2003, S. 158.

439 Herbert Marcuse, zitiert in: Igor R. Schafarewitsch, Der Todestrieb in der Geschichte, 1980, S. 359.

haben dabei eine elitäre Bewegung hinter sich, die die neue Generationen lehrt, Gender sei einzig das, was das Individuum sein zu wollen entscheidet."[440] Der Feminismus erklärte unter dem Einfluss des Dekonstruktivismus die Unterschiedlichkeit von Mann und Frau zu einem sozialen Konstrukt. Damit ist nach Jan Fleischhauer „wahre Gleichberechtigung erst erreicht, wenn sich auch äußerlich nicht mehr unterscheiden lässt, wer Mann und wer Frau ist".[441] Bekannt wurde die Gender-Idee in der Öffentlichkeit durch Simone Beauvoirs (1908-1986) Hauptwerk „Das andere Geschlecht". Es war in den 70er Jahren die Aufforderung an die Frauen, die Fesseln der patriarchalischen Unterdrückung zu zerreißen, weil man „nicht als Frau geboren, sondern zur Frau (gemacht) wird."

Für Judith Butler (*1956), Professorin für Rhetorik und Komparatistik und Vordenkerin der Gender-Ideologie, ist, ganz im Sinne von Derrida, Geschlecht semantisch konstruiert. Es gibt für sie überhaupt keinen „natürlichen" Körper als solchen, der „vor" der Sprache und Deutung der Kulturen liegt. Radikalisiert bedeutet das nach der Philosophin Hanna-Barbara Gerl-Falkovitz (*1945): „Auch Biologie ist Kultur."[442] So ist das biologische Geschlecht irrelevant für den postmodernen Menschen. Diese Sicht hat mittlerweile Einzug bis in deutsche Ministerien gehalten: „Ein kluger Kopf hat mal gesagt: Die Biologie ist das, was man dafür hält." [443]

Das Ziel der „Gender Perspective", so Volker Zastrow (*1958), greift hoch hinaus: „Es will nicht weniger als den neuen Menschen schaffen, und zwar durch die Zerstörung der „traditio-

440 Dreher, Benedikt-Option, S. 78.

441 Fleischhauer, Linken, S. 50.

442 Hanna-Barbara Gerl-Falkovitz: Fließende Identität?, www.kath.net/news/ 26.8.2014.

443 Gunter Neubauer, Ministerium für Arbeit und Sozialordnung, Familie und Senioren BW, November 2010.

nellen" Geschlechterrollen."[444] Um diesen radikalen Ansatz nicht so krass zu offenbaren, wird als Ziel der Gender-Perspective die Chancengleichheit von Mann und Frau genannt. Aber die ist bereits durch das Grundgesetz garantiert. Es geht hier nicht um Chancen, sondern um Gleichheit im Ergebnis. Dies ist allerdings in der Praxis nicht zu finden, wenn Genderprofessuren fast ausnahmslos mit Feministinnen besetzt werden und als „Gleichstellungsbeauftragte" de facto nur Frauen infrage kommen. Es spricht viel mehr für feministische Klientelpolitik und dafür, „die Kontrolle über die gesellschaftlichen Institutionen zu erlangen."[445] Mehr noch: Schon der Begriff „Gender Mainstreaming" zeigt, dass Gender zum Mainstream, zu einer nicht mehr hinterfragbaren „Zivilreligion"[446] werden soll. Dieses Ziel ist bereits erreicht; ohne Einbeziehung der Parlamente und ohne Aufklärung der Bevölkerung Top-Down von oben verordnet.

Dekonstruktion der Naturwissenschaft

Dass dieses Vorhaben im krassen Widerspruch zur den Erkenntnissen der Human-Wissenschaften steht, führte keineswegs zu einem Überdenken der konstruktivistischen Vorstellungen. Im Gegenteil hat sich die kanadische Biologin Donna Haraway (* 1944) aufgemacht, nun auch die widerspenstige Wissenschaft zu dekonstruieren. Ihr Diktum: „Der Wissenschaftler sieht die Welt durch die Brille seiner politischen Einstellung. Damit ist jede Wissenschaft Ideologie."[447] Wie wir am Beispiel Einsteins gesehen haben, enthält diese Sicht durchaus Wahrheit. Aber das betrifft nur die Deutung der

444 Volker Zastrow: Gender – Politische Geschlechtsumwandlung, 2010, S. 19.

445 David Lee Mundy, 13. Bulletin des Deutschen Instituts für Jugend und Gesellschaft, Frühjahr 2007.

446 Siehe Glossar 2.1: Zivilreligion.

447 Christian Fuchs: Der Feminismus Donna Haraways, http://fuchs.uti.at/wp.

Fakten. Es ändert nichts daran, dass sich jede wissenschaftliche Hypothese an der Wirklichkeit, dem Experiment messen muss.

Haraways Problem war nun, den Objektivitätsanspruch der Wissenschaft zu dekonstruieren, aber den feministischen Objektivitätsanspruch aufrechtzuerhalten. Deshalb suchte sie nach einem neuen Objektivitätsbegriff: „Unterworfene Standpunkte werden bevorzugt, weil sie angemessenere, nachhaltigere, objektivere, transformierendere Darstellungen der Welt zu versprechen scheinen."[448] Also nicht mehr das Experiment, die Natur, entscheidet über die Richtigkeit einer Theorie, auch nicht die Logik, sondern der „richtige" politische Standpunkt. Allerdings verrät das Verb „scheinen" am Ende des Dogmas, dass Haraway sich ihrer Sache doch nicht sicher ist. Weiter zeigt der Begriff „transformierend", dass sie nicht die naturwissenschaftliche Definition einer Theorie als Beschreibung der Wirklichkeit, die es ja für den Konstruktivismus nicht gibt, verwendet, sondern die marxistische Definition als Handlungsanweisung zur Veränderung der Gesellschaft. Schließlich haben „unterworfene Standpunkte" noch nie in der Geschichte über die Wahrheit entschieden, allenfalls Politiker oder Ideologen, die sich, meist zu Unrecht, zu deren Anwälten erklärten.

Zurück hinter Galilei

Die Wissenschaftsgeschichte der letzten 400 Jahre lässt sich am Wappen der damals noch christlichen Harvard University ablesen: Dort sind drei Bücher abgebildet, die zur Erkenntnis der Wahrheit führen: Die Offenbarung der Bibel, das Buch der Natur und das Buch der Logik (Mathematik). Im 19. Jhd. legte der Materialismus die

448 Donna Haraway, Monströse Versprechen, erweiterte Neuausgabe 2017, S. 83-84.

Bibel beiseite. Mit dem Darwinismus dann auch die Logik und 400 Jahre nach Galilei mit dem Konstruktivismus schließlich auch noch das Buch der Natur. Ein Beispiel dafür, zu welchen Absurditäten die neue „Wissenschaft" in letzter Konsequenz führt, lieferte der französische Wissenschafts- und Technikso-ziologe Bruno Latour (*1947): Als Wissenschaftler nach der Untersuchung der Mumie von Ramses II herausfanden, dass er wahrscheinlich an Tuberkulose gestorben war, bestritt Latour, dass das möglich sei, weil Robert Koch das Virus erst 1882 entdeckt hatte. „Vor Koch hatte das Virus keine wirkliche Existenz."[449] Mit der Dekonstruktion der empirischen Wissenschaft gibt der postmoderne Mensch die einzige ideologiefreie Methode aus der Hand, die Wirklichkeit korrekt zu beschreiben.

6.4 Postfaktische Wissenschaft

Emotionen überlagern rationale Entscheidungen

In der heutigen emotionalisierten Atmosphäre werden rationale Entscheidungen durch weltanschauliche und moralische Aspekte überlagert. So musste der Journalist Wienand von Petersdorff feststellen: „Ob bei Gentechnik, bei Tierversuchen oder bei der Kerntechnik, stets war die Mehrheit auf der Seite von Zwischenrufern, die aufsprangen und sagten: „Was interessieren mich Zahlen und Statistiken? Wie kann man so kalt über ein so wichtiges Thema reden!" Experten finden keine Gesprächsebene, sich rational mit den Bedenken der Laien auseinander zu setzen."[450] Auch Renate Köcher, Leiterin des Allensbacher Instituts für Demoskopie stellte fest: „Wir haben eine erkennbar höhere Neigung und Begabung, Sachdiskussionen in Weltanschauungskriege zu überführen, bei denen nicht zwischen nützlich und schädlich, zwischen Chance und

449 Cord Riechelmann, Und sie existiert doch!, FAS 43/2014.
450 Winand von Petersdorff: Die deutsche Angst, Die Welt, 28/2007.

Risiko, sondern in den Kategorien Gut und Böse, Heil und Apokalypse diskutiert wird."[451] So wurde das Volk der „Dichter und Denker" systematisch auf irrationale Entscheidungen programmiert: Komplexe sachliche Probleme werden zu moralischen Fragen. So wurde eine Ethikkommission berufen, um über den Atomausstieg zu entscheiden.

Dabei spielen gerade die öffentlich-rechtlichen Medien eine unrühmliche Rolle. Die Berichterstattung wird beherrscht von Klischees, die selbst den öffentlich zugänglichen Fakten widersprechen. Andreas von Tiedemann (*1956), Professor für Pflanzenschutz an der Universität Göttingen, schrieb nach einem solchen Beitrag, der Pflanzenschutzmittel verteufelte, an die ARD[452]: „Wenn Greenpeace von der Angst der Menschen vor vergiftetem Essen lebt, ... ist das nachvollziehbar, aber welches Interesse kann die ARD an einer derartigen Desinformation haben? – Fühlen Sie sich denn überhaupt nicht mehr zur verantwortungsvollen Aufklärung verpflichtet? ... Nichts davon enthielt Ihr Bericht, der ausschließlich aus blanken Spekulationen, wilden Assoziationen und Falschinformationen bestand. Warum stellen Sie gar nicht die Frage, warum Pflanzenschutzmittel eingesetzt werden?" V. Tiedemanns Antwort: „Die für unser Überleben wichtigsten Organismen, nämlich Nutzpflanzen benötigen genauso den Schutz vor Krankheiten und Schädlingen, so wie wir ihn als Menschen durch Medikamente sicherstellen. ...Wir haben die besten, gesündesten und vielfältigsten Nahrungsmittel, die es je in der Geschichte der Menschheit gegeben hat."[453] Davon allerdings kein Wort in dem Bericht.

Schon der frühere Bundeskanzler Helmut Schmidt meinte: „Manche in Deutschland grassierenden Ängste sind in Wahr-

451 Renate Köcher, zitiert in: Petersdorff, Die deutsche Angst.

452 Andreas von Tiedemann, Offener Brief an das ARD-Wirtschaftsmagazin „plusminus": Pestizide in unseren Nahrungsmitteln, 14.10.2015.

453 Tiedemann, Brief.

heit paranoide Massenpsychosen, die uns von einseitig fixierten, geltungssüchtigen „Experten" eingeredet werden."[454] Aber: Sie entfalten die gewünschte politische Wirkung und bestimmen damit letztlich unsere Politik und Wirtschaft.

Beispiel Kernkraft

Sind Kernkraftwerke unsicher?

Deutschland ist die einzige große Industrienation, die völlig aus der Kerntechnik ausgestiegen ist, mit katastrophalen Folgen für eine sichere und CO2-freie Stromerzeugung. Und dies nicht aufgrund einer Risikoanalyse, sondern der Angst-Kampagne einer kleinen Minderheit.

Ihr diente der Tschernobyl-Unfall als Beleg der Unsicherheit von Kernkraftwerken (KKW). Der Reaktortyp wurde von der Militärverwaltung gebaut, obwohl die Akademie der Wissenschaften der UDSSR ihn als unsicher einstufte. Trotzdem gab es in keinem anderen KKW mit gleichem Reaktortyp einen ernsten Unfall. Der Tschernobyl-Unfall ist sehr genau dokumentiert: Bei einer Sicherheitsüberprüfung wurde er bewusst in einen kritischen Betriebszustand gebracht. Zuvor hatte man alle Sicherheitseinrichtungen ausgeschaltet. Wegen der Inkompetenz der Bediener, den Reaktor in dieser Situation richtig zu steuern, kam es zu einer Kernschmelze mit 56 Strahlentoten. Es war menschliches Versagen, Folge des unverantwortlichen Verhaltens der Militärverwaltung und der „Sicherheitsüberprüfer". Bei keinem der westlichen Kernkraftwerke gab es je einen GAU. Mit bisher keinem einzigen Strahlentoten ist die Kerntechnik bei all ihrer Komplexität und zum Teil veralteten Reaktoren de facto eine der sichersten Technologien.

454 Helmut Schmidt: Auf der Suche nach einer öffentlichen Moral, 1998, S. 23..

Atomkraft? Nein Danke!

Mit ihrer Kampagne hat eine kleine Minderheit von Aktivisten vorgeführt, wie man unter Mithilfe von Gleichgesinnten in den Medien das Vertrauen der Bevölkerung in eine Technologie zerstören kann, wie auch bei der Gentechnik, bei Pflanzenschutzmitteln oder beim Fracking. „Im Gefolge dieser Berichterstattung wurde die ursprünglich positive Einstellung der Bevölkerung zur Kernenergie negativ."[455] So wurde auch exemplarisch gezeigt, wie durch kontinuierliche Desinformation „demokratische" Mehrheiten" erzeugt werden können. Wolfgang Clement, damals Ministerpräsident von NRW brachte es als einer der wenigen mutigen Politiker auf den Punkt: „Mit Kampfbegriffen wie „Gefährdungsreaktoren" und dem populistischen Ausschlachten schlichtester „Pannen" betreibt die Bundesregierung eine beispiellose Verteufelungskampagne gegen die Nutzung der Kernenergie."[456]

Zur einheitlichen Klassifizierung von Störfällen in Kernkraftwerken wurde die „International Nuclear and Radiological Event Scale" (INES) geschaffen:

0 = Wartung; 1 = Störung; 2 = Störfall; 3 = Ernster Störfall; 4 = Unfall; 5 = Ernster Unfall; 6 = Schwerer Unfall; 7 = Katastrophaler Unfall.

Anders als bei Kohle- oder Gaskraftwerken mussten bei KKW alle Störfälle gemeldet werden, auch wenn sie mit Kernkraft oder Gefahr nichts zu tun hatten. So wurde das (Unter-) Bewusstsein der Bevölkerung systematisch konditioniert auf die logische Kette: Kernkraft = Störfall = Abschalten!

Dies, obwohl 95 % der wenigen nuklearen „Störfälle" in der Stufe 0 (Wartung) lagen, der Rest in Stufe 1 (kein Sicherheitsrisiko). Aber das absurde politisch-ideologische Ziel wurde

455 Prof. Matthias Kepplinger, Phantomangst – Atomangst, FAZ 9. April 2011.

456 Wolfgang Clement, Stoppt die Kreuzzügler! Cicero 9/2007.

erreicht: Die Stillegung der weltweit sichersten KKW. Dass es schon damals mit dem in Deutschland entwickelten „Kugelhaufenreaktor" einen eigensicheren Reaktortyp gab, bei dem eine Kernschmelze ausgeschlossen ist, wird bis heute ignoriert. Mehr noch: Der erste bereits erfolgreich getestete Reaktor in Hamm-Uentrop wurde abgeschaltet, weil das Ökoinstitut Darmstadt in seiner Umgebung erhöhte Strahlung feststellte. Dass die vom Reaktorunglück in Tschernobyl stammte, wurde geflissentlich „übersehen".

Unlösbares Endlagerproblem?

Das Endlagerungsproblem sei nicht lösbar, war ein anderes Argument. Aber offenbar nur in Deutschland. Der Atomphysiker Bernhard Philbert hatte bereits in den 60er Jahren in international beachteten Kongressen vorgeschlagen, langlebige Abfälle in künstliches Gestein einzubinden und in Bohrlöcher zu versenken.[457] Das Gleiche schlug 2011 der Umweltaktivist Steward Brand vor: „Die Öl- und Gasindustrie ist fähig, Löcher bis in drei Meilen Tiefe zu graben. Beton oben drüber und das Ganze darf vergessen werden."[458]
Es gibt auch eine intelligentere Lösung: Deutsche Physiker hatten die Transmutations-Methode[459] entwickelt, bei der große Teile des anfallenden Mülls durch Bestrahlung mit Neutronen „künstlich gealtert", also in weniger problematische Stoffe umgewandelt und auf das Strahlungsniveau der natürlichen Radioaktivität abgesenkt werden können. Das Konzept sollte schon in den 70er Jahren am Brutreaktor bei Kalkar erprobt werden, der aber auf Betreiben der Anti-Atom-Lobby wegen möglicher Erdbeben nie in Betrieb genommen wurde.

457 Philberth, Wissenschaftler, S. 24.
458 FAZ, 9. April 2011.
459 Wikipedia.org/wiki/Transmutation#Kerntechnik.

Einen „Transmutationsreaktor" entwickelte auch der Nobelpreisträger und ehemalige Leiter des CERN Forschungs-Zentrums, Carlo Rubbia.[460]

Fukushima: Höhepunkt der Anti-Atom-Kampagne

Fukushima war kein Beleg für die Unsicherheit von KKW. Im Gegenteil: Obwohl Erdbeben mit größerer Stärke zu erwarten waren, wurden die KKW nur für eine Stärke 8.2 (Richter-Skala) ausgelegt. Trotzdem haben alle 52 japanischen KKW das Erdbeben der Stärke 9 schadlos überstanden und sind vorschriftsmäßig heruntergefahren[461] (Stärke 9 entwickelt 30 mal mehr Energie als Stärke 8!). Tsunamis können in Fukushima eine Höhe von mehr als 10 Metern erreichen. Trotzdem hatte man die Tsunami-Schutzmauer nur 10 Meter hoch gebaut. Als durch den Tsunami das Kühlsystem (für die Restwärme nach dem Abschalten) ausgefallen war, zögerte der Betreiber wegen der möglichen Beschädigung, den Reaktor mit Meerwasser zu kühlen. Hätte man nur vier Stunden früher mit der Kühlung begonnen, wären die Brennstäbe nicht geschmolzen.[462] Hier wird deutlich, dass der eigentliche Grund des Fukushima-Unfalls nicht in der Kerntechnik lag, sondern in einer Reihe von Fehlentscheidungen, angefangen damit, den Reaktor in einem erdbeben- und tsunamigefährdeten Gebiet zu errichten. In Deutschland wäre das niemals möglich gewesen.

Die Krone der Desinformation war die Berichterstattung über Fukushima in den öffentlich rechtlichen Medien. Ihr offensichtliches Ziel war es, diesen Störfall als endgültigen Beweis für die Unbeherrschbarkeit der Kernenergie zu instrumentalisieren. So schienen die über 15.000 Tsunami-Toten gegenüber

460 Alchimisten des Atomzeitalters, Focus 17/2002.

461 FAZ 16.1.2008

462 Untersuchungsbericht der japanischen Atombehörde, Juli 2012.

dem Reaktorunfall fast keine Rolle zu spielen. Aber – worüber so gut wie nie berichtet wurde – der Reaktorunfall in Fukushima hat keinen einzigen Strahlentoten gefordert und wird auch in Zukunft keinen fordern, wie der offizielle Abschlussbericht der UN-Untersuchungskommission UNSCEAR vom Mai 2012 zeigt: „Die Krebsquote der japanischen Bevölkerung wird sich nicht erhöhen. Was die Strahlung an Risiko zugefügt hat, wird wissenschaftlich nicht erkennbar sein." Prof. Joachim Breckow, Mitglied der UN-Strahlenschutzkommission war erschüttert: „Die Bewertung des Reaktorunfalls kann man teilweise nur als schäbig empfinden. Wer sich solcher Berichterstattung bedienen muss, um den Atomausstieg zu rechtfertigen, handelt einfach unanständig."[463] „Dass diese Fakten ignoriert werden", so Wienand v. Petersdorff, „ist das eigentliche Phänomen an der Debatte über die Atomkraft."[464] Der Beschluss zum Ausstieg aus der Kernenergie nach dem Reaktorunfall in Fukushima basierte nicht auf risikorelevanten Fakten, sondern „auf medial geschürten Ängsten."[465]

6.5 Ideologisierte und instrumentalisierte Wissenschaft

Verhängnisvoller noch als die Ignorierung von Fakten durch Politiker und Medien ist die Instrumentalisierung der Wissenschaft. Konrad Lorenz sah dies schon vor Jahren voraus: „Die gefährliche Indoktrinierbarkeit der Wissenschaft droht der Menschheit die letzte Stütze zu rauben."[466] Dabei ist, so Lorenz weiter: „der heutige gesellschaftliche Druck auf die Wissenschaftler unmenschlich im bösesten Sinne des Wortes."[467] Wer heute den Darwinismus oder den menschengemachten Klimawandel in Zweifel zieht, dessen akademische Karriere

463 Joachim Breckow, Vortrag an der Technischen Hochschule Mittelhessen, Friedeberg, 2011
464 Wienand v. Petersdorff, FAS, Februar 2012.
465 Hans Mathias Kepplinger, www. professorenforum.de, 9.1.2017.
466 Konrad Lorenz: Die acht Todsünden der zivilisierten Menschheit, 1982, S. 105.
467 Lorenz, Todsünden, S. 105.

geht gegen Null. Kein Wunder, dass „Klimaskeptiker" meist emeritierte Professoren sind, die nun frei reden können. Denn das Wissenschaftsverständnis, das heute Politik und Medien bestimmt, mit hat dem eines Galilei oder Newton wenig gemein:

1. Wissenschaft wurde zu einer „demokratischen" Veranstaltung, bei der die Theorie wahr sein muss, die von der Mehrheit der Forscher akzeptiert wird. Albert Einsteins Kommentar zu der Schrift „Hundert Autoren gegen Einstein" (1931), die seine Relativitätstheorie widerlegen sollte, war: „Eine einzige Publikation, die meine Theorie falsifiziert, hätte genügt."
2. In der postfaktischen, emotionalisierten Wissenschaft entscheidet nicht der Inhalt der Argumente, sondern von wem sie kommen. Was Donald Trump vertritt, kann nur falsch sein. Kreationisten oder „Klimaleugner" sind grundsätzlich dumm oder böse. Persönliche Diffamierung ersetzt somit die lästige sachliche Auseinandersetzung.
3. Fakten, die nicht zur politisch gewünschten „Wirklichkeit" passen, werden von den Leitmedien ignoriert.

Beispiel Klima

Heute werden weite Teile der politischen Diskussion und der Gesetzgebung von der UNO über die EU bis zur nationalen Politik vom „Klimaschutz" bestimmt. Dies wird gewaltige Auswirkungen auf die wirtschaftliche und gesellschaftliche Zukunft besonders der Industrienationen haben. Deshalb soll auf dieses Thema in seinen Grundrissen hier näher eingegangen werden.

„Klima" ist der mindestens 30-jährige, besser 60 oder gar 90 jährige Durchschnittswert von Wetterdaten. Die Klimata unterschiedlicher Erdregionen ändern sich stetig, aber nicht gleichsinnig. Die Antarktis wird aktuell kälter: Mit fast -100 °C meldete

die Tagesschau am 1. Juli 2018 die niedrigste, jemals auf der Erde gemessene Temperatur. Die Arktis dagegen wird wärmer. Dieser gegenläufige Vorgang, genannt „Klimaschaukel" kehrt sich zyklisch etwa alle 60 Jahre um. Prof. Heinrich Miller (*1944), Polarforscher und ehemaliger Vize-Direktor des Alfred-Wegener Instituts in Bremerhaven schrieb 2007 in der ZEIT: „Wir konnten die Klimaschaukel äußerst präzise nachweisen und das Klima über 860.000 Jahre rekonstruieren". In diesem Zeitraum schwankte es heftig. »Es gab acht Kalt-Warmzeit-Zyklen«, „dabei reagierte der Nordpol (mit Temperaturänderungen bis zu 15 Grad in 20 Jahren) viel sprunghafter als der stabile Kälteklotz in der Antarktis, der 90 Prozent allen Eises birgt."
Der Verlauf der Erdtemperatur ist also gut belegt. Zwei kürzere Klimaoptima, das starke römische und das etwas schwächere mittelalterliche, entsprachen etwa den heutigen Temperaturen.[468] Auf die mittelalterliche Warmzeit folgte die „kleine Eiszeit" von etwa 1400 bis Mitte des 19. Jahrhunderts.
Das Jahr 1850 wird als Beginn des Industriezeitalters gesehen und die damalige Temperatur als Referenz für die menschenge-

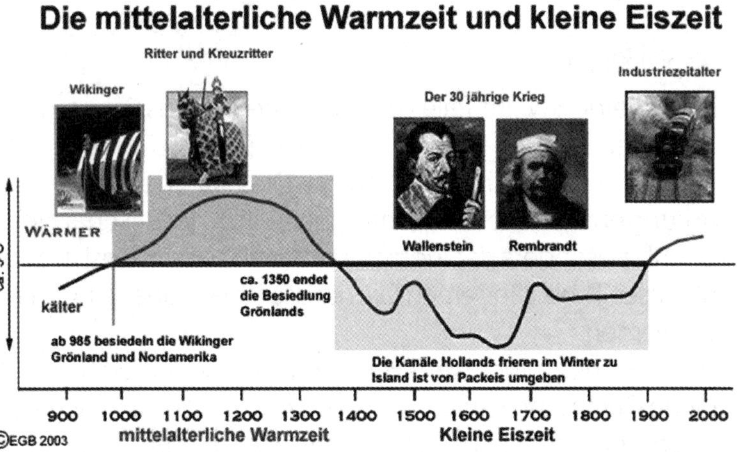

468 H. Kehl, Vegetationsökologie Tropischer & Subtropischer Klimate/LV-TWK (B.8) TU Berlin.

machte Erderwärmung angesetzt. Aber 1850 lag am Ende der „Kleinen Eiszeit", von der aus ohnehin ein natürlicher Temperaturanstieg zu „Normalwerten" zu erwarten war.
Warmzeiten waren immer kulturelle Blütezeiten. Kaltzeiten bedeuteten dagegen Völkerwanderungen, Hunger und Seuchen. Die Not der Menschen in der „kleinen Eiszeit" werden in den berühmten Winterbildern der zeitgenössischen holländischen Meister wieder lebendig. Im 20. Jahrhundert erwärmte sich die Erde bereits um 1935er Jahre bis auf die heutigen Temperaturen, um sich danach, bis etwa 1975, wieder abzukühlen. Das hatte den US Science Report von 1972 dazu bewogen, vor einer neuen Eiszeit zu warnen.[469]

Klima und CO_2

Die globale mittlere Temperatur seit 1850 (15 °C) ist fast identisch mit dem Mittelwert der letzten 8000 Jahre. Der Temperaturanstieg von 1975 bis 1998 gab Anlass zur Hypothese einer menschengemachten Erwärmung, weil er parallel lief mit dem Anstieg des CO2-Gehalts in der Atmosphäre.
Die Konzentration des CO2 stieg ab dem Beginn der Industrialisierung um 1850 bis heute (2018) von 280 ppm auf ca. 400 ppm an. Messungen des US Wissenschaftszentrums CDIAC weisen nach, dass dieser Anstieg menschgemacht ist.[470] Daraus schloss man, dass die CO2 Emissionen reduziert, ja bis auf Null („Decarbonisierung") gesenkt werden müssten, um einen weiteren Temperaturanstieg und so eine „Klimakatastrophe" zu verhindern. Allerdings wusste man damals relativ wenig über die Ursachen der Erwärmung, und eine Korrelation von CO2 und Erdtemperatur begründet ebenso wenig eine Kausalität, wie die Abnahme der Störche und die Abnahme der Geburten. Sie kann zunächst allenfalls auf eine gemeinsame Ursache hindeuten.

469 Als uns vor 30 Jahren eine neue Eiszeit drohte, DIE WELT vom 10.12.2009.
470 http://cdiac.ess-dive.lbl.gov/.

Da sich der Erkenntnisstand der Klimaforscher ständig verändert, wäre zu erwarten gewesen, dass die politischen Konzepte, die sich auf Wissenschaft berufen, entsprechend flexibel auf neue Erkenntnisse reagieren sollten. Peter Heller, (*1966), promovierter Astrophysiker und Analyst technologischer Trends würde unter diesen Voraussetzungen „kaum zu erzwungenen Energie-, Verkehrs-, Wärme- und Agrarwenden aufrufen. Man würde stattdessen Forscher und Ingenieure technologie-offen mit der Suche nach Lösungen beauftragen."[471]

Kann man das Klima voraussagen?

Das IPCC[472] (Weltklimarat) ist eine politische UN-Organisation, die selbst nicht forscht, sondern die Klimaforschungsberichte sichtet und zusammenfasst. Aus diesen umfangreichen Sachstandsberichten werden Kurzfassungen zusammengestellt und der Öffentlichkeit präsentiert, die aber nach politischen Kriterien ausgewählt werden. Sie enthalten „Szenarien", grundsätzlich denkbare Zukünfte, von denen niemand sagen kann, ob sie jemals eintreten werden. Von Politik und Medien werden sie oft mit „Prognosen" gleichgesetzt, und als Voraussagen gewertet. Die zukünftige Entwicklung eines so komplexen, chaotischen und mehrfach rückgekoppelten Systems, wie das Klima, das von zahlreichen inneren und teilweise unbekannten äußeren Faktoren beeinflusst wird, ist schlicht nicht vorhersagbar. „Nur etwa 15 % der Deutschen Klima-Forscher halten daher eine Berechnung des Klimas überhaupt für möglich."[473] Dem stimmte selbst das IPPC zu: „Längerfristige Vorhersagen über die Klimaentwicklung sind nicht möglich."[474]

471 Peter Heller, Unwissenschaftliche Klimapolitik, Tichys Einblick, 01/19, S. 54.

472 Intergovernmental Panel on Climatic Change.

473 Hans M. Kepplinger; Senja Post, Die Klimaforscher sind sich längst nicht sicher, Welt Print 25.09.2007.

474 IPPC, Third Assessment Report, 2001, S. 774.

Für die Voraussage werden mathematische Klimamodelle eingesetzt, die aber letztlich in Programme gegossene Hypothesen sind und sich erst an den Messwerten verifizieren müssen.

Wetter und Klima

Es gibt eine Reihe von Wetter-Phänomenen, die als plausible Begründungen für einen Klimawandel erscheinen und auch in den Medien regelmäßig als Beweise suggeriert werden:

Extremwetter

Wetterphänomene können in der Tat sehr extrem sein, finden sich aber nicht in Klimaveränderungen wieder. Besonders schöne Beispiele von Wetterkapriolen hatte bereits vor 200 Jahren Johann Peter Hebel in seinem „Rheinischen Hausfreund" veröffentlicht.[475] Er berichtete: „Man habe Anno 1806, als der Franzos in Polen war, zwischen Weihnacht und Neujahr Erdbeeren gegessen und Veielein gebrochen. Solche Zeiten sind selten, ... und man zählt in den alten Chroniken seit 700 Jahren 28 dergleichen Jahrgänge." Ein krasses Beispiel ist das Jahr 1540. Damals gab es in Europa eine elfmonatige Dürre: Man konnte zu Fuß durch den Rhein laufen und die Bodensee-Insel Lindau war nur noch eine Halbinsel.[476] Das Bemerkenswerte: Diese Hitzeperiode ereignete sich fast im Tiefpunkt der „kleinen Eiszeit." Wetterkapriolen sagen also wenig bis nichts über Klimaveränderungen aus. Dennoch werden sie in den Medien regelmäßig und publikumswirksam als Bestätigung des Klimawandels gewertet. Über Extremwetterzunahmen in Klimazeiträumen seit 1950 gibt sogar das unverdächtige IPCC im Sachstandsbericht von 2013 detailliert in diesem

475 hausen.pcom.de/jphebel/geschichten/kalendergesch_verzw.htm.

476 The year-long unprecended European heat and drought 0f 1540 – a worst case. Link.springer.com.

Sinne Auskunft.[477] Behandelt werden Stürme, Tornados, Hagel und Starkregen bis hin zu Dürren und Überschwemmungen. Als Ergebnis findet das IPCC bis heute keine Zunahme solcher Ereignisse, weder an Anzahl, noch an Stärke. Damit bestätigt es nur die meteorologische Fachliteratur, die Gleiches aussagt. Alle heutigen Extremwetter gab es auch schon in der Vergangenheit ohne menschengemachtes CO2 und damals oft sogar stärker.[478]

Hochwasser

Wie der Schein trügen kann, zeigte das Elbe-Hochwasser 2006, als Gerhard Schröder in Gummistiefeln und mit todernster Miene verkündete: „Der Klimawandel ist keine prognostische Vermutung, er ist eine bittere Realität."[479] Der Geologe und Physiker Dr. Manfred Mudelsee, Universtät Leipzig, wertete für Elbe und Oder zurück bis ins 11. Jahrhundert die Daten von 500 Überschwemmungs-Ereignissen aus und veröffentlichte die Ergebnisse in der renommierten Fachzeitschrift „Nature": „In den letzten 150 Jahren sind die beiden großen Ströme milder geworden. Wenn überhaupt, wirkt sich die globale Erwärmung eher positiv auf die Hochwasserlage in der Region aus."[480] Was größer geworden ist, sind die Hochwasserschäden „infolge von Flussbegradigungen und der Besiedelung früherer Überschwemmungsgebiete, die als natürliche Auffangbecken fungierten."[481] Die stärksten Überschwemmungen finden wir demzufolge auch in der „kleinen Eiszeit", also im 17. bis 19. Jahrhundert.

477 http://www.ipcc.ch/report/ar5/wg1/.

478 Georg v. Petersdorff, Extremwetter in den letzten tausend Jahren, 6. März 2018, http://diekaltesonne.de/extremwetter-in-den-letzten-tausend-jahren/.

479 Dirk Maxeiner, Hurra, wir retten die Welt, 2007, S. 129.

480 Manfred Mudelsee, zitiert in Maxeiner, Welt, S. 129.

481 Georg v. Petersdorff, Extremwetter in den letzten tausend Jahren, 6. März 2018, http://diekaltesonne.de/extremwetter-in-den-letzten-tausend-jahren/.

Gletscher

Wir leben seit ca. 9.000 Jahren in einer Warmzeit. In Fachpublikationen schreiben die Gletscherwissenschaftler Hanspeter Holzhauser[482] und Gernot Patzelt[483], dass die Alpengletscher in der weit überwiegenden Zeit kleiner waren als gegenwärtig. Schmelzende Gletscherzungen geben regelmäßig uralte Baumstümpfe frei, welche die früher höheren Baumgrenzen und somit wärmere Zeiten anschaulich demonstrieren. Weder in den Alpen noch in den USA hat sich das Abschmelzen der Gletscher seit der Industrialisierung beschleunigt. Dies gilt nach dem Polarforscher Heinrich Miller auch für die Gletscher in Grönland: „Bis das Grönland-Eis schmilzt, vergehen mehr als tausend Jahre"

Meerespegel

Das IPPC[484] 2018 warnte in einem Sonderbericht vor einem globalen Meeresspiegelanstieg von 26 – 87 Zentimetern, was „kleine Inseln, tiefliegende Küstenregionen und Flussmündungen" bedrohen würde. Die Wahrheit ist: Durch das Schmelzen der Eismassen nach der letzten Eiszeit hat sich der globale Meeresspiegel um 120 Meter erhöht. Die Nordsee war damals trocken und wurde von steinzeitlichen Jägern und Sammlern bis noch vor 10.000 Jahren besiedelt.[485] Der aktuell nur noch unbedeutende Restanstieg wird seit vielen Jahrzehnten von tausenden weltweit verteilten Pegelmessstationen akribisch überwacht und dokumentiert. Eine gemeinsame Fachstudie[486] hat einen gemittelten Meeresspiegelan-

482 Hanspeter Holzhauser, Mitteilungen der Naturforschenden Gesellschaft in Bern, Bd. 66, 2009.

483 https://de.wikipedia.org/wiki/Gernot_Patzelt.

484 IPPC-Report „Global Warming of 1,5 °C", report.ippc.ch/sr15/pdf/sr15_spm_final.pdf, Kap. B2.1.

485 https://de.wikipedia.org/wiki/Doggerland.

486 Environ Ecol Stat, 22 (2015).

stieg von 0,4 bis 1 mm/Jahr ermittelt. Eine Beschleunigung des Anstiegs zeigen weder die Pegel- noch die Satellitenmessungen. Der in den Medien und von der Regierung theatralisch dargestellte Untergang der der Fidschi-Inseln hat einen ganz anderen Grund, wie der SPIEGEL berichtete: „Die australische Kontinental-Platte sinkt unter die pazifische. Dabei verhakt sie sich und zieht die pazifische Platte mit in die Tiefe. Diese Plattenabsenkung täuscht eine Meeresspiegelerhöhung vor."[487]

CO_2 und Erdtemperatur

Eisbohrkerne, Baumringe, Tropfsteine, Pollen und Sedimente bergen genügend Informationen über die Klimavergangenheit. Sie belegen, dass die Erde schon wesentlich wärmere und kältere Zeiten als heute erlebte. Insbesondere gab es 25fach höhere CO2-Konzentrationen in der Luft.[488] Es gibt in der Tat eine Korrelation zwischen CO2 und Erdtemperatur. Betrachtet man diese Korrelation über die Erdgeschichte, dann folgte das CO2 der Temperatur im Abstand von 600-1300 Jahren."[489] Es handelt sich dabei um die Ausgasung von CO2 bei höheren Meereswassertemperaturen bzw. die Bindung von CO2 bei tieferen Wassertemperaturen. Temperaturänderungen sind also die Ursache der CO2-Konzentrationsänderungen. Dazu kommen außergewöhnliche CO2-Quellen wie insbesondere Vulkane. Flora und Fauna der Erde und im Meer kamen auch bei höchsten CO2-Konzentrationen der Klimavergangenheit niemals zu Schaden – ganz im Gegenteil: Bei hohen CO2-Werten boomte das Leben und es entstanden dabei die riesigen Kohlevorkommen. Von „Meeresversauerung" in solchen Zeiten ist nichts bekannt, auch Korallen gedeihen schon seit über 400 Millionen Jahren.

487 Spiegel 24/2012, Rätsel der sinkenden Inseln.
488 Rosemarie Came et al., Nature, 449, Sept. 2007.
489 Prof. Dr. Werner Kirstein, Klimatologe und Physiker, Uni Leipzig, Vortrag am 06.07.2018 an der TU Dresden.

Kaum Erwärmung durch zusätzliches CO2

Tatsächlich hat das CO2 einen erwärmenden Einfluss. Die Wirkung der Infrarot-Wärmestrahlung absorbierenden Komponenten der Atmosphäre ist physikalisch belegt. An erster Stelle steht Wasserdampf, der fast im gesamten Spektrum absorbiert, an zweiter Stelle CO2, das allerdings nur in einem kleinen spektralen „Fenster" um 15 µm Infrarotstrahlung in Wärme umsetzen kann. Nach dem IPCC-Bericht von 2007 ergibt sich bei einer Verdopplung des CO2 (also nach Verbrennung aller bekannten fossilen Brennstoffe) auf 800 ppm eine Erderwärmung von 1,2-1,5 °C,[490] genannt „Klimasensivität. Dieses Erwärmungs-Potential war schon bei 280 ppm, also vor der Industrialisierung fast ausgeschöpft. So zeigte H. Hinzpeter vom Max-Planck-Institut in Hamburg, dass die Verdoppelung des CO2-Gehaltes von 400 auf 800 ppm nur eine Erwärmung „um wenige Zehntelgrade"[491] bewirken würde. Sie hätte also ebenso wenig Effekt, wie wenn man ein Zimmer mit einem Vorhang abdunkeln würde (der also das Licht absorbiert) und würde nun noch einen zweiten Vorhang vor das Fenster hängen: Es würde praktisch nicht dunkler werden.

Wechselwirkungen?

Nun könnte es eine Wechselwirkung des CO2 mit dem Wassergehalt der Luft (Wolken) geben, der zu einem Verstärkungseffekt führen und eine Temperaturerhöhung von 4.5 – 6 °C bewirken könnte, wie es das PIK vermutete.[492] Dies müsste allerdings einen Anstieg des Wassergehaltes in der Luft zur Folge haben. Die Auswertung der Radiosonden (Wetterballons) in der Troposphäre von 1973-2007 ergab „negative Trends im Wassergehalt der Luft. Diese Daten belegen, dass der Langzeit-Rückkoppelungseffekt von Wasserdampf negativ

490 IPCC Report 2007, Chapt. 8.6.2.3.
491 H. Hinzpeter, MPI HH, promet, 15, Heft 2/3, 1985, S. 49.
492 IPCC, Climatic Change, 2001, Ch. 7.2.1.1.

ist,"[493] also eine Abschwächung des CO2-Effekts bewirkt. Dies ist aus Sicht der Systemdynamik evident, denn die Temperaturstabilität der Erde innerhalb weniger Grade, trotz schwankender CO2-Gehalte und vieler anderer Einflüsse wie Vulkanausbrüche mit Verdunkelung der Atmosphäre in der Erdeschichte kann nur mit einer Selbststabilisierung der Temperatur erklärt werden. Wie eine sehr exakte Untersuchung von Prof. Dr. Hermann Harde von der Universität Hamburg zeigte, sind in den Klimamodellen weitere wichtige negative Rückkoppelungen gar nicht berücksichtigt.[494] Bei deren Berücksichtigung beträgt die Klimasensivität des CO2 nur noch 0,43 °C. Selbst der IPCC-Bericht 2013/2014 hat in einer Fußnote (!) eingestanden, dass „es keine Übereinstimmung zwischen den Messwerten und der Theorie der Klimamodelle gibt."[495] Zu deutsch: Die in Klimamodelle gegossene CO2-Hypothese ist falsifiziert.

Hinzu kommt: Nach dem Ende der „kleinen Eiszeit" um 1850 stieg die Erdtemperatur erwartungsgemäß um 0,6 °C an, seit 1998 ist aber kein Anstieg der globalen Erdtemperatur mehr zu erkennen. Prof. Hans v. Storch, Meteorologe an der Universität Hamburg und selbst an der Entwicklung von Klimamodellen beteiligt, schrieb daher 2013: „Wir stehen vor einem Rätsel – seit 15 Jahren steigen die Temperaturen nicht mehr an. Sollte die globale Erwärmung weitere 5 Jahre pausieren, steckt in den [Klima-] Modellen ein fundamentaler Fehler – und die Vorhersagen müssten korrigiert werden."[496] Heute, fünf Jahre später, deuten die Daten eher auf eine Abkühlung

493 Paltridge, Arking & Pook, Trends in middle and upper level tropospheric humidity from NCEP reanalys data, Theor. Appl. Climatol, DOI 10.1007/s 00704-009-0117-x Springer, 2009.

494 Prof. Hermann Harde, Wieviel tragen CO2 und die Sonne zur globalen Erwärmung bei? Vortrag an der 12. Int. Klima-und Energiekonferenz, München, am 23. November 2018.

495 Climatic Change: 2013; Contribution of the fifth Assessment Report of the IPCC; S. 14, Fußnote 16.

496 Prof. Dr. Hans v. Storch, Spiegel 17.06. 2013.

als auf eine weitere Erwärmung hin.[497] Damit ist die CO2-Hypothese definitiv unhaltbar. Aber nicht nur das: Mittlerweile gibt es eine Theorie, die sehr gut mit den Messdaten übereinstimmt.

Sonnenaktivität, Wolken und Erdtemperatur

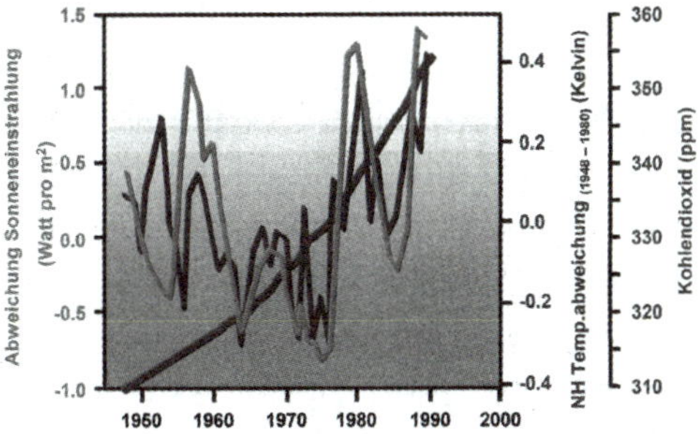

Wasser in Form von Wolken hat den weitaus größten Einfluss auf die Erdtemperatur. Während das CO2 (glatte Kurve) mit der Erdtemperatur (helle Kurve) kaum korreliert, gibt es eine starke Korrelation der Erdtemperatur mit der kosmischen Strahlung.[498] (gezackte Kurven). Die Erde ist einer sehr energieintensiven kosmischen Strahlung ausgesetzt. Diese Strahlung wird abgeschwächt durch Sonnenwinde (Sonnenaktivitäten), was eine Verminderung der Bewölkung zur Folge hat. Eine Forschergrupp um Mai Lam[499] fand: „Die Korrelation ist innerhalb der Troposphäre höchst signifikant." Auch M. Knacirova und K. Kudela fanden eine „stabile Korrelation zwischen Wolkenbedeckung und kosmischer Strahlung".[500] Eine Studie von L. Z. Biktash[501] zeigte, dass im Zeitraum 1965-2010 „kosmische Strahlen eine wesentliche Rolle beim Klimawandel spielten und Teile der Klimavariationen erklären können."

497 US Blog WUWT hat zum „Hiatus": https://wattsupwiththat.com/?s=Hiatus.
498 U. Berner, H. Streif (Hg.), Klimafakten, Abb. 11.9, 2004, S. 218.
499 Mai Lam, Geophysical Research Letters, September 2014.
500 M. Kanirova und K. Kudela, Atmospheric Research, November 2014.
501 L. Z. Biktash, Advances in Space Research, Dezember 2014.

In den Psalmen heißt es: „Über Israel ist ... sein Schutz in der Region der „Abgetrennten" (Ein Elektron wird abgetrennt: Ionosphäre)." [502] *Das Buch Hiob zeigt, dass hier auch der Schlüssel für die Wolkenbildung zu finden ist: Die „Abgetrennten" [Ionen] lassen sanften Regen herunterströmen."* [503]

Badruddin und Aslam[504] untersuchten den Einfluss der kosmischen Strahlung auf den indischen Sommer-Monsun und konnten zeigen, dass Dürrephasen überwiegend auftraten, wenn die kosmische Strahlung (Ionenbildung) abnahm, während feuchte Phasen mit zunehmender kosmischer Strahlung korrelierten. Also genau, wie es vom Grundsatz her im Buch Hiob beschrieben ist.

Wolken entstehen, wenn das verdunstete Wassergas in die hohe Atmosphäre aufsteigt und dabei „unterkühlt", also kondensieren (d.h. Wolken bilden) würde, wenn es denn Kondensationskeime gäbe. Das zeigen die „Kondensstreifen" von Flugzeugen, die eine Folge der Kondensation des unterkühlten Wassergases an den Partikeln der Turbinenabgase sind.

Allerdings war der Zusammenhang zwischen kosmischer Strahlung und Wolkenbildung rätselhaft. Erste grundlegende Zusammenhänge für dieses „Missing Link" wurden 2007 von einer Forschungsgruppe um Prof. Henrik Svensmark, Direktor des Zentrums für Sonnen- und Klimaforschung am dänischen Weltraumzentrum (DTU Space) gefunden.[505] Seine Hypothese ging davon aus, dass Nanopartikel [Aerosole] in der Luft, die für sich allein zu klein sind, um Kondensationskeime zu bilden, sich über durch die kosmische Strahlung erzeugte Ionen zu Partikeln zusammenschließen, die dann als Kondensationskei-

502 Psalm 68, 34.

503 Hiob 36, 28 oder Sprüche 3, 20.

504 Aslam Badruddin, Journal of Atmospheric and Solar-Terrestial Physics, Januar 2015.

505 Technical University of Denmark, Kopenhagen und Hebrew University of Jerusalem.

me wirken.[506] Dies wurde 2009 im Forschungsprojekt „Cloud" am CERN in Genf untersucht, konnte aber die Hypothese nicht verifizieren.[507] Da es aber zu viele empirische Beweise für die Korrelation von Ionen und Wolkenbildung gab, forschte H. Svensmark weiter und fand, dass das Wachstum der Nanopartikel von 1-2 µm auf die zur Kondensation nötigen 100 µm nicht spontan geschieht, wie im Cloud-Projekt angenommen, sondern etwa 5 Tage dauert. Damit besteht heute eine lückenlose physikalische Erklärung für die Korrelation von kosmischer Strahlung bzw. Sonnenaktivität mit der Bewölkung und damit der mittleren Erdtemperatur.

Der vom Solarphysiker Dr. Leif Svalgaard ermittelte Verlauf der Sonnenaktivität (glatte Linie) korreliert gut mit den Wetterdaten (gezackte Linie). Die mittlere Sonnenaktivität einschließlich ozeanischen Oszillationen erklärt 95 % des Klimawandels der letzten 400 Jahre.[508] Ein komplettes Modell zur klimatischen Wirkungsweise kosmischer Strahlung lieferte N. A. Kilifarska.[509]

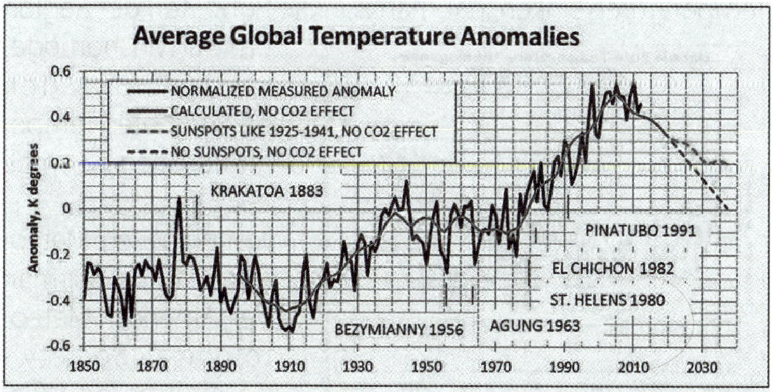

506 H. Svensmark, M. B. Enghoff, N. J. Shaviv, J. Svensmark, The response of clouds and aerosols to cosmic ray decreases, Journal of Geophysical Research – Space Physics, 2016, DOI: 10.1002/2016JA022689.

507 H. Svensmark, Der Einfluss kosmischer Strahlung auf das Klima, Vortrag an der 12. Int. Klima- und Energiekonferenz, München, am 24. November 2018.

508 Anthony Watts, Solar activity has a direct impact on Earth's cloud cover, Denmark Techn. Univ. 25.08. 2016.

509 N. A. Kilifarska, Journal of atmospheric and Solar-Terrestrial Physics, August 2015.

Homogenisierung der Rohdaten

Nachdem die wissenschaftlichen Belege gegen eine anthropogene Klimakatastrophe durch CO2 überwältigend sind, blieb der Politik samt dem IPCC und den ihm angeschlossenen Instituten nur noch die Flucht nach vorn: Anpassung der Rohdaten an die Hypothese,[510] zu deutsch: Manipulation der Messwerte.

Schon 2015 berichtete die Nachrichtenseite The Daily Caller über Manipulationen von Klimadaten der US-Wetter- und Ozeanografiebehörde NOAA[511]. Um die Anstiegsrate der Erwärmung zu erhöhen, gewichteten NOAA-Wissenschaftler Bojendaten bestimmter Meeresregionen stärker und korrigierten Temperaturmessungen durch Schiffe nach oben. Judith A. Curry, Professorin für Geo- und Atmosphärenwissenschaften, fiel auf, dass die höchste Erwärmung der Meere in Regionen gefunden wurde, wo es so gut wie keine Bojen gibt und die Werte „hochgerechnet" worden waren.[512] Da in Australien die Temperaturen sinken, hat man z. B. die Rohdaten der Region um Darwin „homogenisiert" um den gewünschten Temperaturanstieg zu erhalten.[513]

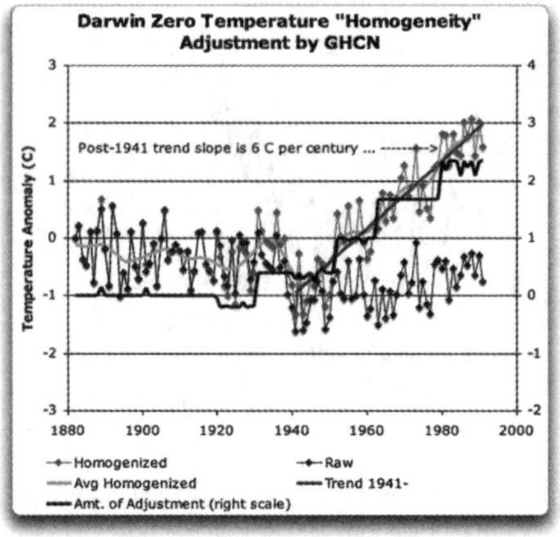

Joseph D'Aleo, Meteorologe und Chairman der „American Meteorological Society's Committee on Weather Analysis and

510 Siehe Glossar Kap. 6.3: Anpassung der Daten an die Hypothese.

511 L. J. Devon, Kopp online, 14.12.2015.

512 Doug L. Hoffman, www.eike-klima-energie.eu.

513 Dr. Judith Curry, zitiert in: Friedrich Karl Ewert, https://www.youtube.com/watch?v=uR8X2UhS0Fk&sns=em.

Forecasting" fand eine dritte „Modifikation" der Rohdaten: „Seit etwa 1990 waren viele Messstationen in ländlichen Regionen, in Höhenlagen und in höherer geographischer Breite aus der statistischen Analyse entfernt worden."[514] Zu deutsch: Man hat ländliche Regionen mit niedrigen Temperaturen herausgenommen und damit die höheren städtischen, in der Statistik überbewertet.

Als der Betrug aufgeflogen war, leitete der amerikanische Kongress eine Ermittlung der Angelegenheit ein und stellte die Behauptung einer „unmittelbaren Bedrohung" infrage, an der Präsident Obama aber weiterhin unter Berufung auf den angeblichen Konsens der Klimaforscher festhielt.

Dieser „97%-Konsens", der bis heute immer wieder zitiert wird, basiert auf einer Studie des australischen Forschers John Cook von 2013[515]. Als „Konsens" wurde die Übereinstimmung gewertet, „dass CO2 ein Treibhausgas ist" und dass menschliche Aktivitäten den Planeten „in einem nicht näher spezifizierten Ausmaß erwärmt hätten." Beide Thesen sind selbst bei den Kritikern der anthropogenen Erderwärmung unstrittig. Der Konsens ist also in seiner Aussagekraft völlig bedeutungslos.

Unter der Administration von Barak Obama wurde die NASA darüber hinaus angewiesen, die Satellitendaten zu „homogenisieren". Steven Koonin, Professor und Under Secretary im Department of Energy 2009-2011, gibt offen Datenfälschungen bei NOAA und NASA während der Obama-Administration zu. Damit sollte der Schwenk der US-Klimapolitik „wissenschaftlich" untermauert werden.

Bei der postfaktischen Wissenschaft hat sich nicht die Hypothese an den Daten zu messen, sondern die Daten werden an die Hypothese angepasst.

514 Joseph D´Aleo and Anthony Watts, Surface Temperature Records: Policy Driven Deception? Science & Public olicy Institute, 26. Jan. 2010.

515 http://iopscience.iop.org/article/10.1088/1748-9326/8/2/024024.

So fand der Klimaforscher und Geologe Prof. Dr. Friedrich-Karl Ewert, dass in allen untersuchten Datensätzen die historischen Daten der NASA von 2012 nicht mit denen von 2010 übereinstimmten. Bei näherer Untersuchung fand er, dass alle ihm zugänglichen NASA-GISS Temperaturdaten z. T. sogar wiederholt und mit unterschiedlichen Methoden geändert worden waren.

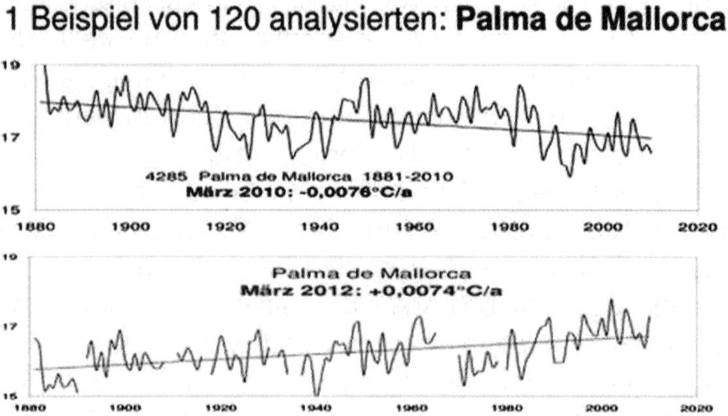

Anders als immer wieder behauptet, sind sich die Klimaforscher ganz und gar nicht einig, was die Hypothese von der menschengemachten Erderwärmung betrifft. Im Gegenteil: In einer Studie des renommierten Kommunikationswissenschaftlers Prof. Hans Mathias Kepplinger (*1943) wurden 239 Klimaforscher identifiziert, die als Professoren an wissenschaftlichen Einrichtungen in Deutschland tätig sind. Das dürfte der Gesamtheit der als Wissenschaftler anerkannten Klimaforscher entsprechen. Von diesen nahmen 133 im Sommer 2006 an einer Online-Befragung teil. „Ihre Antworten liefern die bisher breiteste Übersicht über die wirkliche Einschätzung der Klimaforscher."

Die Schlussfolgerung der Studie zeigte: „Es gibt gute Gründe für den Klimaschutz, aber bei einzelnen Maßnahmen handelt es sich letztlich um politische Entscheidungen, die mit Wissenschaft eher bemäntelt als begründet werden. Dies trifft vor allem auf eine, auf Maßnahmen zur Verhinderung des Klimawandels fixierte Politik zu.[516] Ganz in diesem Sinne sprachen sich 2018 in einer Petition über 31.000 US-amerikanische Wissenschaftler gegen die politische Agenda der globalen Erwärmung aus. Sie warnten die Regierung der Vereinigten Staaten „vor der Unterzeichnung internationaler Verträge, die nur eine finanzielle Belastung für die Bürger des Landes darstellen."[517] Der Schwenk in der amerikanischen Klimapolitik unter Donald Trump beruht also nicht auf irrationalen Affekten, sondern auf seriösen Fakten und ist die richtige Konsequenz dieser Petition.

6.6 Cui bono?

Klimaschutz- oder Verarmungsprogramm?

Zur Bekämpfung des „menschengemachten Klimawandels" fallen ungeheure Kosten bei gleichzeitiger Deindustrialisierung der westlichen Industriestaaten an. So sollen bis 2025 die Industrieländer die Entwicklungsländer vorerst mit 100 Milliarden Dollar pro Jahr zur Finanzierung von Umweltprojekten unterstützen. Schwellenländern wie China, die heute für den größten und am stärksten steigenden Ausstoß an Treibhausgasen verantwortlich sind, wird ein Nachholbedarf zugestanden. Sie spielen pro forma bei der internationalen Klimapolitik mit, aber ohne ihren eigenen wirtschaftlichen Interessen zu schaden: So verweist China, mittlerweile größter CO2-Emittent, zwar gerne auf seine weltgrößten Windparks, aber gleichzeitig nimmt es, ohne darüber zu reden, etwa jede Woche ein neues Kohlekraftwerk in Betrieb.

In Indien hängen in den Chefetagen große Poster mit den Umweltaktivitäten der Firmen, aber nach deren Verbindlichkeit auch bei wirtschaftlichen Nachteilen gefragt, ist die Ant-

516 Friedrich-Karl Ewert: https://www.youtube.com/watch?v=uR8X2UhS0Fk&sns=em.

517 Kepplinger, Klimaforscher.

wort: „Just paper".[518] Natürlich wird der Geldregen aus den Industriestaaten von der großen Mehrheit der Weltgemeinschaft begrüßt, denn sie bzw. ihre zum großen Teil korrupten Führungseliten können davon nur profitieren.

Vorreiter Deutschland

Deutschland fühlt sich erstaunlicherweise zum Klimaschutz-Vorreiter berufen, obwohl es praktisch nichts zu den globalen CO2-Emissionen beiträgt: Ca. 97 % des CO2 sind natürlichen Ursprungs. Der Anteil Deutschlands an den etwa 3 % weltweiten anthropogenen CO2-Emissionen beträgt ca. 2,4 %, also gerade mal 0,07 % der totalen globalen Emissionen. Selbst wenn man Deutschland komplett abschalten würde, hätte das keinen messbaren Einfluss auf das Klima. Dazu hat sich Deutschland mit der „Energiewende" ein gewaltiges Kostenpaket aufgeladen. Es könnte leicht eine Billion Euro oder mehr kosten, wie der ehemalige Umweltminister Peter Altmeier schätzte.[519] Darin ist eine notwendige, aber technisch nicht verfügbare energieeffiziente Speichertechnologie noch gar nicht enthalten. Und „die nötigen Kosten für den Netzausbau hat noch niemand seriös beziffern können."[520]

Der Strompreis, mittlerweile der höchste in Europa, wird auch in Zukunft nur eine Richtung kennen: „Steil nach oben."[521] Da dies speziell für energieintensive Industrien ein Standortkriterium ist, kann man mit ihrer mittelfristigen Abwanderung mitsamt ihrer Weiterverarbeitungsindustrie rechnen. Zudem ist man gerade dabei, nach Abschaffung der Kernkraft und der fossilen Kraftwerksindustrie über das Verbot von Verbrennungsmotoren auch die Automobilindustrie von ihrem Weltmarktführer-Sockel zu stürzen. Jan Fleischhauer meinte sarkas-

518 Persönliches Erlebnis des Autors bei einem großen Aluminiumhersteller.
519 Winand von Petersdorff, Atomkraft ja Bitte! FAS 20/2015.
520 Prof. Justus Haucap: Wettbewerb statt Streichelzoo Focus 34/12.
521 Focus 50/12.

tisch dazu: „Verarmt, dafür aber ökologisch vorbildlich: Mit dem Kampf gegen die eigene Autoindustrie betreibt die deutsche Wohlstandsgesellschaft ihre Selbstabschaffung."[522] So sagte der Analyst Christian Bartsch voraus: „Das Klimaschutzprogramm wird eine stete Verarmung der heute noch reichen Industrieländer mit Deutschland als Vorreiter zur Folge haben."[523] Damit ist unsere gegenwärtige Klimapolitik „gefährlicher als es ein Klimawandel je sein könnte", so der Astrophysiker und Trendanalysator Dr. Peter Heller. „Denn der Preis der zur Verhinderung des Klimawandels erforderlichen umfassenden Dekarbonisierung wäre nicht zu bezahlen, weil nur eine konsequent auf Wachstum und Wertschöpfung ausgerichtete Politik den Wohlstand schafft, den es braucht, um den zu erwartenden Stürmen zu trotzen. Man sollte schlicht die Zivilisation vor dem Klima schützen – und nicht andersherum."[524]

Rettung der Welt als ultimative Politik

Die Begründung dafür, dass die Klimaschutzpolitik trotzdem konsequent weitergeführt wird, liefert eine einfache politische Argumentation: „Klimamodelle sagen für die kommenden Jahrzehnte eine kräftige Erwärmung voraus. Wir können es uns nicht leisten, diese Vorhersagen in Frage zu stellen. Denn wenn sie stimmen, stellt das für die Welt eine ungeheure Katastrophe dar". Allerdings ist dieser Argumentation jede wissenschaftliche Basis entzogen. Deshalb darf man vermuten, dass die Klimathematik letztlich als Vorwand für ganz andere politische Programme dient. Dies zeigt z. B. die Äußerung der kanadischen Ex-Umweltministerin Christine Steward[525]: „Es ist egal, ob die Wissenschaft der globalen Erwärmung komplett an den Haaren herbeigezogen ist, gibt uns der Klimawandel

522 Jan Fleischhauer, SPIEGEL ONLINE, 3.8.2017.

523 Christian Bartsch, Mehr Licht im Dunkel des Klimawandels, FAZ 27.3.2007.

524 Heller, Klimapolitik.

525 Christine Steward zitiert in: Junge Freiheit 47/16.

doch die größte Möglichkeit, Gerechtigkeit und Gleichheit in die Welt zu tragen." Bestätigt wurde das von Prof. Ottmar Edenhofer, Vize-Chef des PIK: „Wir verteilen durch die Klimapolitik de facto das Weltvermögen um. Man muss sich von der Illusion freimachen, dass internationale Klimapolitik Umweltpolitik ist."[526]
Dass man zur Durchsetzung einer CO2-freien Wirtschaft auch eine neue Staatlichkeit inkauf nimmt, bzw. diese damit begründet, zeigt das „Hauptgutachten eines Gesellschaftsvertrages für eine große Transformation", das vom „Wissenschaftlichen Beirat der Bundesregierung Globale Umweltveränderungen" (WBGU) 2011 unter wissenschaftlicher Federführung des PIK erstellt wurde.[527] „Der WBGU unterstellt zunächst einen bindenen Volonté Générale zum Klimaschutz und stellt sich damit in die staatspolitische Tradition Rousseaus:"[528] Die gesellschaftlichen Folgen dieser radikalen Klimaschutzpolitik, die wir ansatzweise schon heute spüren, sind gewaltig: Um den Temperaturanstieg in den Grenzen von 1.5 bis 2 °C zu halten, fordert das PIK nicht weniger als die „Decarbonisierung" [529] der Welt, also die Abschaffung aller auf fossilen Energien basierenden Technologien. Um die Radikalität dieses Programms zu unterstreichen, vergleicht das Gutachten die Auswirkungen der geplanten „großen Transformation" mit den großen menschheitsgeschichtlichen Umwälzungen und fordert eine „tiefgreifenden Änderungen der Lebensstile"[530] Zur weiteren Dramatisierung findet der Chef des PIK und leitender Mitautor des Gutachtens, Prof. Hans-Joachim Schellnhuber, Festkörperphysiker und Quereinsteiger in Sachen Klima, markige Worte

526 Zitiert von Günter Ederer in „Anmerkungen zum Weltgesellschaftsklima", Konferenzbericht, 11. Klima- und Energiekonferenz, Düsseldorf 9.-10.11.2017.

527 WBGU Wissenschaftlicher Beirat der Bundesregierung Globale Umweltveränderungen; Hauptgutachten „Welt im Wandel – Gesellschaftsvertrag für eine Große Transformation", Berlin 2011.

528 Fritz Varenholt, Sebastian Lüning, Die kalte Sonne, 2012, S. 329.

529 Siehe Glossar Kap. 6: Decarbonisierung – die schöne neue Ökowelt.

530 https://www.wbgu.de/hauptgutachten/hg-2011-transformation/.

wie: Der Klimawandel ist „wie ein Asteroideneinschlag in Zeitlupe" und habe die Erde ins „Zeitalter des Feuerwahns" katapultiert. Er fordert, in den Parlamenten eine Sperrminorität an „Ombudsleute" zu vergeben, die, ohne jede demokratische Kontrolle, „ausschließlich die Interessen künftiger Generationen vertreten".[531] Auf globaler Ebene soll dem Sicherheitsrat der UNO ein Ökosicherheitsrat zur Seite gestellt werden. Wer sich noch an die geschichtlichen Folgen von Rousseaus Gesellschaftsvertrag erinnert, wird kaum umhin kommen, dieses Konzept als freundlich formulierte Blaupause einer globalen Ökodiktatur zu lesen.[532]

Es ist schon fast gespenstisch, wie hier, völlig abgehoben von der Wirklichkeit, mit Hilfe einer ideologisch instrumentalisierten „Wissenschaft" und unterstützt von den Medien, die Vision einer „schönen neuen Ökowelt" geplant und umgesetzt wird. Aber schon der Soziologe Ulrich Beck (1944-2015) machte deutlich, dass es hier nicht um Fakten und berechenbare Risiken geht: „Die Klimadebatte hat etwas Mystisches, weil wir über eine Zukunft reden, über die wir letztlich nichts wissen können. An die Stelle eines handfesten Faktenwissens treten Vermutungen und Szenarien, an die wir glauben müssen um das Schlimmstmögliche zu verhindern. ... Plötzlich ist es notwendig, die Menschheit zu retten. Aus diesem hohen Wert lassen sich Prestige, Machtchancen, neue Institutionen, und ein politischer Mehrwert im transnationalen Bereich gewinnen. Klimapolitik stellt eine Sinnressource für die delegitimierte und von Vertrauensverlust gezeichnete Politik dar.[533] Damit bekommt die Klimapolitik eine religiöse Komponente, die besonders in Deutschland auf fruchtbaren Boden fällt: Matthias Horx (*1955) Trend- und Zukunftsforscher schrieb dazu: „In unserem kollektiven Unbewussten hat sich die Natur

531 Wolfgang Kaufmann, Der Weltretter, Junge Freiheit 46/2016.
532 Siehe Glossar Kapitel 6.3: Die Klimakatastrophe.
533 Ulrich Beck, Klimapolitik als Sinnbeschafferin, Die Welt, 28. März 2007.

an die Stelle der Religion gesetzt." In der Tat: „Wie beim Sozialismus" handelt es sich nach Sicht des ehemaligen Marxisten und Umweltaktivisten Edgar L. Gärtner (*1949) „beim Ökologismus um eine politische Religion, die sich als Überwissenschaft und somit als alternativlos ausgibt."[534]
Die „Klimarettung" wurde zum moralischen Gebot und zur Zivilreligion erhoben. Wäre es also vorstellbar, dass unsere „Klimakanzlerin" angesichts der Fakten vor die Kameras treten und verkündigen könnte: „Unsere gesamte Klimaschutz-Politik mit ihren Billionen-Euro-Projekten wie der „Energiewende" und der „Decarbonisierung" samt Abschaffung von Verbrennungsmotoren und fossilen Kraftwerken beruht leider auf einem Irrtum?" Gerhard Schulze (* 1944), Professor für empirische Sozialforschung, hält das denn auch für unmöglich: „Was wir in den letzten Jahren in der Klimadebatte erlebt haben, war die Geburt einer konstruierten Gewissheit mit großer Suggestivkraft. Ihr Erfolg hat mit ihrer eingängigen Erzählbarkeit und Dramatisierbarkeit zu tun, aus der zunächst die Medien Schlagzeilen machten und dann die Politiker Programme. Inzwischen ist das Paradigma vom menschengemachten Klimawandel nicht nur mächtig geworden, sondern es stattet auch mit Macht aus. Zu viele Politiker sind mittlerweile auf den Zug aufgesprungen: Es darf gar nicht mehr falsch sein."[535] Damit wurde, so der der Wirtschaftspublizist Günter Ederer (*1943):

> „Die Klimapolitik das zentrale Feld der Zukunft, wo sich unsere Wirtschaftsentwicklung und Gesellschaftsform entscheiden."[536]

Eigentlich müssten die Klimaschützer ja glücklich sein über jeden theoretischen Ansatz, der eine Klimakatastrophe

534 Edgar L. Gärtner, Öko-Nihilismus, Eine Kritik der politischen Ökologie, 2007, S. 137.
535 Gerhard Schulze, Die Klima-Hysterie, Die Welt, 12. Februar 2007.
536 Güter Ederer, Auf dem Weg in die Ökoplanwirtschaft, https://www.youtube.com/watch?v=TYvoSxgBACg.

unwahrscheinlich macht. Ginge es also wirklich um das Klima, hätte spätestens hier ein ehrlicher IPPC samt dem PIK umschwenken müssen. Aber in Anbetracht des beschriebenen psychologischen und politischen Hintergrundes wundert es nicht, dass nicht etwa Jubel ausbrach, als Henrik Svensmark seine empirisch verifizierte Theorie vorstellte, sondern dass – wie seinerzeit über Einstein – eine Flut von „Studien" über ihn hereinbrach, die seine Hypothese nach dem „Mehrheitsprinzip" – allerdings vergeblich – zu widerlegen suchten. So wundert es auch nicht, dass er keinerlei Unterstützung von seiner Universität bekam und seine Hypothese erst beweisen konnte, als ihm private Spender ein spezielles Spektrometer zur Verfügung gestellt hatten.

Am Beispiel der Klimapolitik wird ein besorgniserregender Trend in unserer Entwicklung deutlich: Die ab Mitte des 20. Jahrhunderts aufkommenden Umweltbewegungen sowie die Berichte des Club of Rome 1972 – 1974 zogen ihre politische Wirkung aus den von ihnen erzeugten Angstszenarien. Und sie wirken im Unterbewusstsein bis heute weiter, obwohl so gut wie nichts davon eingetroffen ist. Aber, so Matthias Horx, „gegen die Kathedrale der Klimakatastrophe sind alle bisherigen Angstepidemien kleine Kirchlein. Wer diese Angst beherrscht und funktionalisieren kann, verfügt über den zentralen Code der Menschheitsängste: Die Besänftigung der Naturgötter."[537] So hat sich in der glaubenslosen westlichen Welt eine Ökumene der Ängstlichen formiert, die Schützenhilfe von engagierten „Wissenschaftlern" bekommt. „Man findet immer, was man erwartet. Und immer ist es Fünf vor Zwölf. Rationalität hat hier keine Chance, einzuhaken. Gerade beim Thema Global Warming präsentieren sich viele Wissenschaftler als Glaubenskrieger. Man könnte geradezu von einer Industrie der Angst sprechen. Politiker, Anwälte und Medien leben ja

537 Matthias Horx, Epidemien der Angst, Die Welt 14. März 2007.

sehr gut von der Angst. Und eine steigende Anzahl von Gefälligkeitswissenschaftlern nutzt die Universitäten als eine Art Zulieferndustrie."[538] So wird, ungerührt von Fakten, eisern an der menschengemachten Erderwärmung festgehalten und der Sonderbericht 2018 des IPPCverlangt[539] „schnelle, weitreichende und beispiellose Veränderungen in allen Bereichen der Gesellschaft."
In der Schweiz fiele das unter den Straftatbestand der „Verschreckung der Bevölkerung": „Wer die Bevölkerung durch Androhen oder Vorspiegeln einer Gefahr für Leib, Leben oder Eigentum in Schrecken versetzt, wird mit einer Freiheitsstrafe bis zu drei Jahren oder Geldstrafe bestraft."[540]

6.7 Die unauffindbare Wirklichkeit

Wir befinden uns auf der letzten Etappe des Weges in ein postfaktisches Zeitalter, einer verbogenen Wirklichkeit. Sie begann mit der Mechanisierung der Welt durch die naturalistische Physik, die von der Wissenschaft zur Weltanschauung und schließlich zu einer nicht hinterfragbaren Zivilreligion mutierte. Sie verdrängte den Glauben aus der Öffentlichkeit und ignoriert folgerichtig die weltanschaulichen Konsequenzen der Quantenphysik. So musste Pascual Jordan, gläubiger Christ und Pionier der Quantenphysik erstaunt feststellen:

> „Wer heute die biblische Weltsicht vertritt, steht der massiven Deutungshoheit naturalistischer Sicht gegenüber, die sich als so selbstverständlich darstellt, dass sie gar keine Alternativen zulässt."[541]

538 Norbert Bolz, Das Wissen der Religion, 2008, S. 43.
539 IPPC-Report „Global Warming of 1,5 °C", report.ippc.ch/sr15/pdf/sr15_spm_final.pdf.
540 Schweizer Gesetzbuch, 2. Buch, 12. Titel, Art 258/1.
541 Pascual Jordan, in: Dürr, 1986, S. 208.

Seitdem, so Oswald Spengler „durchsetzt und vergiftet eine künstliche Welt die natürliche."[542] Heute wird es zunehmend möglich, den Menschen eine „Wirklichkeit" vorzutäuschen, die absolut realistisch erscheint: TV-Bilder aus aller Welt zeigen in Echtzeit die entferntesten Zyklone, Überschwemmungen und Dürren. Diese natürlichen Ereignisse, die in vorindustrieller Zeit sogar oft häufiger und stärker auftraten, werden dem ahnungslosen Zuschauer heute wie selbstverständlich als Folgen der Erderwärmung präsentiert. Regelmäßig gezeigte TV-Bilder von kondensiertem Wasserdampf aus Kraftwerkskühltürmen sollen gewaltige CO2-Emissionen suggerieren und, um auch die emotionale Ebene zu erreichen, darf in keinem Bericht über die Erwärmung der Antarktis der Eisbär fehlen, obwohl dessen Bestand keineswegs bedroht ist. Aber durch ständige Wiederholung brennen sich diese Bilder ins Unterbewusstsein ein. Geprägt vom Konstruktivismus und mit Hilfe der digitalen Revolution wird die virtuelle Wirklichkeit immer realistischer. So stehen wir heute an einer Wende unserer Wahrnehmung dessen, was wir Wirklichkeit nennen. Der Philosoph Joseph Pieper sieht hier einen platonische Albtraum wahr werden:

> „Was anders geschieht in alledem, als dass mit Fleiß der wahre Sachverhalt mit Fälschungen zugestellt wird, wodurch dann für den Durchschnittsmenschen die wirkliche Welt und der wirkliche Mensch nicht bloß unauffindbar werden, sondern unaufsuchbar. Nicht einmal die Frage danach kommt mehr auf – weil die Fiktion überzeugt und genügt: Die perfekte Fiktion von Realitat."[543]

542 Oswald Spengler, Der Mensch und die Technik, 1931.
543 Josef Pieper, Kulturphilosophische Schriften, Bd. 6, 2012, S. 146.

Fazit: Die Postmoderne verspricht dem Menschen völlige Selbstbestimmung, auch über seine Natur. Aber C. S. Lewis zeigt scharfsinnig: „Die Macht des Menschen, aus sich zu machen, was ihm beliebt, bedeutet ... die Macht einiger weniger, aus anderen zu machen, was ihnen beliebt".[544] Nämlich Nietzsches „letzten Menschen": „Man hat sein Lüstchen für den Tag und sein Lüstchen für die Nacht."[545] Der „Nanny-Staat" versorgt einen nach Wohlverhalten. Man ist durch die Gender-Erziehung von jeder Tradition zu politisch korrektem Denken befreit und lebt in einer politisch opportunen Wirklichkeit, die einem überzeugend von „Konditionierern" präsentiert wird.

Die aber werden, „frei von Werten, letztlich von ihren Trieben, also ihrer Natur, manipuliert."[546] Der postmoderne Mensch, der sich zu manipulierbarem Rohmaterial erklärt hat, herrscht am Ende also doch nicht über seine Natur, sondern eine von allen Normen des Zusammenlebens befreite Natur herrscht – in Gestalt seiner Konditionierer – über ihn.[547]

544 C. S. Lewis, Die Abschaffung des Menschen, 2015, S. 62
545 Friedrich Nietzsche, Also sprach Zarathustra, Vorrede.
546 Lewis, Abschaffung, S. 70.
547 Lewis, Abschaffung, S. 70.

DIE KOMPLEMENTÄRE WIRKLICHKEIT

7. Die komplementäre Wirklichkeit

Ein ganzheitliches Weltbild
aus Wissenschaft und Glauben

7.1 Die Alternative

Wir können nun eine erstaunliche Geschichte der Beziehung von Wissenschaft und Glauben entdecken: Die christlich inspirierte klassische Physik verdrängte das mittelalterliche Weltbild, das alles Sein auf Gott als den Schöpfer und Erhalter der Welt zurückführte. Eine Zeitlang sah es so aus, als könnte der Naturalismus, der die Natur von Gott gelöst hatte, mit der „Weltformel" die Antwort auf die faustische Frage geben nach dem, „was die Welt im Innersten zusammenhält". Der von Gott losgelöste Mensch war geradezu getrieben von dem Gedanken, mit der Naturwissenschaft die vollkommene Kontrolle über die Natur und sein eigenes Schicksal zu gewinnen, und damit letztlich selbst Gott zu werden: „Wir brennen vor Gier, einen festen Grund zu finden und eine letzte beständige Basis, um darauf einen Turm zu bauen, der bis in das Unendliche ragt" erkannte schon Blaise Pascal. Aber „all unsere Fundamente zerbrechen."[548] Mit der Quantenphysik haben wir einen Einblick in die Wirklichkeit hinter dem Sichtbaren gewonnen. Das Erstaunliche dabei war, dass sich das Weltbild wieder dem mittelalterlichen nähert, in dem die sichtbare Wirklichkeit eingebettet und geleitet ist von einer höherdimensionalen Wirklichkeit, zu der uns der wissenschaftliche Zugang verschlossen bleibt. Aber, wie es der mittelalterliche Mensch erfahren hatte, hat sich diese höhere Wirklichkeit, Gott, in der Bibel offenbart und wir haben durch den Glauben Zugang zu ihr. Damit eröffnet sich uns ein neues Verhältnis von Wissenschaft und Glauben, in dem sich beide Welten nicht mehr unversöhnlich gegenüberstehen, sondern einander ergänzen, wie es Max Planck erkannt hatte.

548 Pascal, Gedanken, S. 34.

7.2 Wissen und Glauben

Die klare Trennung der Naturwissenschaft von der Metaphysik ist notwendig, denn Meta-Physik ist ja nach ihrem Wortsinn das, was hinter der Physik steht, also gar nicht ihr Forschungsgegenstand sein kann. Das bedeutet, dass die Fragen nach der Herkunft der physikalischen Gesetzmäßigkeiten und der Existenz der Natur wissenschaftlich nicht beantwortet werden können. So stellt der Wiener Physiker Josef Tomiska völlig zu Recht fest: „Alle, die den Grund unserer Welt im Willen eines Gottes sehen, stehen somit genauso im Einklang mit der Naturwissenschaft wie jene, die ihn mit einer „Ursubstanz" und immerwährend existierenden „Naturgesetzen" (oder der Logik) erklären möchten."[549]
Ein Christ ist also nicht schon aufgrund seines Glaubens „unwissenschaftlich", wie es Naturalisten gerne behaupten. Wolfgang Pauli fasste das prägnant zusammen: „Es wird immer Menschen geben, die der religiösen Interpretation positiv, und andere, die ihr ablehnend gegenüberstehen. Die Grenze verläuft nicht zwischen aufgeklärt und naiv, klug und dumm und schon gar nicht zwischen gut und böse."[550] Nachdem wir uns in der modernen Physik an der Grenze des überhaupt Erkennbaren bewegen und auch die mächtigsten wissenschaftlichen Theorien nur relatives Wissen vermitteln können, so das Fazit von Tomiska, „fällt die naive Unterscheidung: „hier die exakte Wissenschaft, dort alles andere", in sich zusammen."[551]

Anders ausgedrückt sind physikalische Theorien nicht Beschreibungen der Wirklichkeit, sondern, wie das griechische Wort θεορια sagt, ein Bild, eine Beschreibung unserer Vorstellung von der Wirklichkeit.

549 Tomiska, Physik, S. 93.
550 Wolfgang Pauli in Fischer, Sowohl, S. 276.
551 Tomiska, Physik, S. 173.

Ein sehr gutes Beispiel, Glauben und Wissen zu vereinen, gab der Astrophysiker Prof. George V. Coyne (*1933), als er gefragt wurde: „Brauchen wir Gott, um das Universum zu erklären? Meine persönliche Antwort lautet: Ganz und gar nicht ... Vielen Dank, aber ich komme beim Versuch, das Universum zu begreifen, ganz gut zurecht, indem ich meine Fähigkeit nutze, das Universum in meinen Kopf zu stecken. Ach, übrigens, ich glaube durchaus, dass mir diese Fähigkeit von Gott gegeben wurde."[552]
Allerdings schien durch den Erfolg der naturalistischen Physik alles gegen den Glauben zu sprechen und, so der Philosoph Jean Guitton (1901-1999), „für einen großen Teil der heutigen Menschheit ist die objektivierbare Schicht der Wirklichkeit zur Wirklichkeit schlechthin erhoben".[553] Das war für Werner Heisenberg auch ganz plausibel: „Mussten wir uns nicht abwenden von einer Wirklichkeit, die so sehr subjektiv und damit, im Laufe der Jahrhunderte, scheinbar unbeständig ist, und uns beschränken auf den objektivierbaren Bereich der Wirklichkeit, der auch die Jahrtausende sicher überdauert? Das ist ja wohl die Stellung, die viele Menschen heute einzunehmen suchen."[554] Wenn man aber genauer hinsieht, so Heisenberg weiter, bleibt von dieser Sicherheit wenig übrig, denn schon „der Glaube, dass die objektivierbare Schicht der Wirklichkeit die „eigentliche" Wirklichkeit sei, behandelt sie in ähnlicher Weise wie irgend ein anderer Glaube."
Die Quantenphysik ermöglichte eine neue Sicht auf den Glauben. Sir Eddington beschrieb dies mit der Erkenntnis, „dass für einen vernünftigen Wissenschaftler die Religion etwa um das Jahr 1927 möglich geworden ist."[555] Jedenfalls, so Eddington, „bildet die Idee eines allgemeinen Geistes oder

552 George V. Coyne Der Spiegel 52/2000, S. 118.
553 Werner Heisenberg, Erste Gespräche in: Dürr, 1986, S. 330.
554 Heisenberg, Gespräche, S. 335.
555 Jean Guitton, Grichka und Igor Bogdanov, Gott und die Wissenschaft, 1992, S. 154.

Logos, so wie ich glaube, eine durchaus einleuchtende Schlussfolgerung aus dem gegenwärtigen Stand der theoretischen Physik, zum mindesten ist sie aber in ihrer harmonischen Übereinstimmung."[556] Sir Jeans sieht es ähnlich: Der alte Dualismus von Geist und Materie scheint zu verschwinden, „dadurch dass körperliche Materie zu einer Schöpfung und Offenbarung des Geistes wird. Wir entdecken, dass das Weltall Spuren einer planenden oder kontrollierenden Macht zeigt, die etwas Gemeinsames mit unserem eigenen individuellen Geist hat."[557] Für Werner Heisenberg bedeutete das: „Wir dürfen uns voll Vertrauen der höheren Macht in die Hände geben, die für unser Leben und im Laufe der Jahrhunderte unseren Glauben und damit unsere Welt und unser Schicksal bestimmt. ... So bleibt uns in den Symbolen der Gemeinschaft der Hintergrund der Welt lebendig und fruchtbar, dem wir uns als harmonische Glieder der Gemeinschaft anvertraut fühlen. Und dieses Aufgehen in der Welt, die zugleich „die Welt Gottes" ist, bleibt auch schließlich das höchste Glück, dass uns die Welt zu bieten vermag: das Bewusstsein der Heimat."[558]

Man gewinnt den Eindruck, dass es für viele Physiker eine Befreiung war, wieder im Einklang mit der Wissenschaft glauben zu können. So schreibt Lothar Schaefer: „Es ist eine wunderbare Entdeckung, dass man gleichzeitig logisch-schlüssig und von einer geistigen Welt inspiriert sein kann. So können wir die erprobten Eigenschaften der klassischen Wissenschaft, das Verlangen nach Aufklärung, rationaler Klarheit, Objektivität und Übereinstimmung mit der Sinneserfahrung, mit der Öffnung unseres Bewusstseins für eine Welt von Bedeutung, Sinn und Wahrhaftigkeit im weiteren Sinn vereinbaren."[559]

556 Eddington, Naturwissenschaft, in: Dürr, 1986, S. 166.
557 Jeans, Religion, in: Dürr, 1986, S. 64.
558 Werner Heisenberg, Erste Gespräche, in: Dürr, 1986, S. 336.
559 Schaefer, Wirklichkeit, S. 17.

Schaefers Fazit:

„Der Eindruck ist unvermeidbar, dass die Quantenwirklichkeit alle Aspekte einer transzendenten Wirklichkeit offenbart hat." [560] Die alten Symbole haben neue Kraft geschöpft. In den Quantenphänomenen wird Geist zu Materie: Das Wort wird Fleisch. Geist, nicht Materie erscheint als das Fundament der Wirklichkeit – am Anfang war der Logos."[561] Geht man von der Einheit der Physik aus, also der Einbeziehung des Bewusstseins, so „öffnet dies die Tür zur rationalen Akzeptanz der Religion."[562] Sir Eddington folgert daraus: „Das erlaubt uns, ... die geistige Welt mit einer religiösen Färbung zu umkleiden, die jenseits alles dessen liegt, was wir in ihren nackten äußeren Eigenschaften begreifen. Und so dürfen wir vielleicht mit der gleichen inneren Überzeugung behaupten, dass auch dies keine Missdeutung ist, sondern die Erfüllung von etwas Göttlichem in des Menschen Natur."[563]

Gewissheit ohne Beweise

Als der englische Philosoph und Atheist Bertrand Russel gefragt wurde, was ihm am christlichen Glauben fehle, rief er „Beweise, Beweise!!!" Um eine Hypothese zu überprüfen, ist Skepsis, sind Beweise notwendig. Doch die persönliche Wahrheit „Ich liebe dich" kann weder bewiesen noch widerlegt, sie kann nur geglaubt werden. Es ist exakt der Irrtum von Bertrand Russel und von vielen Agnostikern, die wissenschaftliche Wahrheit auf eine Person anzuwenden. Einem Gott der Liebe kann man nicht mit Skepsis, sondern nur mit Vertrauen begegnen.

560 Schaefer, Wirklichkeit, S. 14.
561 Schaefer, Wirklichkeit, S. 150.
562 Weizsäcker, Bewußtseinswandel, S. 419.
563 Eddington, Wissenschaft, in: Dürr, 1986, S. 114.

Jede Beziehung beginnt, wie das auch Werner Heisenberg erfahren hat, mit einer Begegnung: „Wenn es uns selbst angeht, können wir vom Inhalt dieses Erlebnisses nur in Gleichnissen reden. Wir können sagen, dass uns plötzlich die Verbindung mit einer anderen, höheren Welt in einer für das ganze Leben verpflichtenden Weise aufgegangen sei oder dass uns in einer bestimmten Situation Gott unmittelbar begegnet sei und zu uns gesprochen habe. Dieses Bewusstwerden der anderen, höheren Welt ist dabei etwas, das ganz unvermittelt, gewissermaßen von außen an uns herantritt, so dass wir gar nicht zweifeln können, dass eben eine andere Welt uns plötzlich gegenübersteht und uns fordert."[564]
Dieses hier geschilderte, völlig unerwartete Innewerden der Gegenwart Gottes ist ein Kennzeichen des religiösen Erlebnisses und widerlegt die für viele Agnostiker plausible Philosophie von Ludwig Andreas Feuerbach (1804-1872), nach der Gott für den Gläubigen nur eine „Gewährleistung seiner selbst und seines eigenen Daseins"[565] sei, indem er sich ein Über-Ich macht, das er dann allmählich zu seinem Gott erhebt.
Man kann nun einwenden, dass eine subjektive Erfahrung nicht dieselbe „Wirklichkeitsqualität" haben kann wie eine naturwissenschaftliche, jedem zugängliche Beobachtung. Aber dieses Argument lässt Sir Arthur Eddington nicht gelten: „Wir müssen die Überzeugung postulieren, dass gewissen Bewusstseinszuständen des inneren Gewahrwerdens mindestens die gleiche Bedeutung zukommt, wie denjenigen Bewusstseinszuständen, die wir Sinneszustände nennen."[566]
Erwin Schrödinger bestätigt das aus seiner persönliche Erfahrung: „Wir wissen: wenn Gott erlebt wird, so ist das Erlebnis genauso real wie eine unmittelbare Sinnesempfindung oder

564 Heisenberg, Gespräche, S. 326-327.
565 Ludwig Feuerbach, Gesammelte Werke, hg. v. Werner Schuffenhauer, 1967ff.., S. 209.
566 Eddington, Wissenschaft, in: Dürr, 1986, S. 113.

wie die eigene Persönlichkeit."[567] Bernhard Philberth nannte es ein Schau-Erleben[568] und es ist dem Erlebenden höchste Realität. Er weiß völlig sicher, dass sein Erleben nicht normales Wachen und schon gar nicht Träumen ist. Er ist in voller Erkenntnis, was ist und was nicht ist. So fällt auch auf, dass bei den Propheten des Alten Testaments immer wieder die Redewendung „das Wort des Herrn geschah zu dem Propheten ..." gebraucht wird. Es ging also ganz offensichtlich um eine existenzielle Erfahrung, die keinen Zweifel ließ, wer hier redete.
Das macht deutlich, dass der Kern des christlichen Glaubens nicht auf intellektueller Erkenntnis, sondern auf einer persönlichen Begegnung basiert. „Wissenschaftliche Erkenntnis kann bestenfalls zur Aufstellung eines farblosen Pantheismus führen."[569] Damit weist Eddington die Vorstellung entschieden zurück, der „eigentümliche Glaubensinhalt der Religion könne aus den Gegebenheiten der Physik oder mithilfe physikalischer Methoden abgeleitet werden."[570] Die moderne Physik hat zwar die intellektuellen Hindernisse für den Glauben aus dem Weg geräumt, aber sie kann nicht die persönliche Begegnung mit Gott ersetzen. Rudolf Seiß fasst prägnant zusammen: „Die Erfahrung der Wirklichkeit Gottes ist nicht intellektuelle Überzeugung, sondern innere Evidenz."[571] Wie essentiell diese Erfahrung ist, wusste auch der bekannte katholische Theologe Karl Rahner: „Der Fromme von morgen wird ein Mystiker sein, einer, der etwas erfahren hat, oder er wird nicht mehr sein." Auch die Evangelische Kirche (EKD, Juli 2007) bekannte: „Nicht äußere Zeichen, sondern die in Leib und Seele erfahrene Präsenz Gottes ergreift die Menschen in der Tiefe des Herzens."[572]

567 Schrödinger, Geist, S. 98.
568 Philberth, Wissenschaftler, S. 17.
569 Eddington, Wissenschaft, in: Dürr, 1986, S. 117.
570 Eddington, Wissenschaft, in: Dürr, 1986, S. 112.
571 Rudolf Seiß, Freiheit und Identität des Christen 1983, S. 44.
572 Görnitz, Evolution, S. 329.

Eine sehr starke übernatürliche Begegnung schildert der Atomphysiker und Priester Bernhard Philberth im Glossar.[573]

> *Diese enge Beziehung zu Gott trug Blaise Pascal durch seine schwere Krankheit, an der er schon mit 39 Jahren starb: „So hebe ich meine Arme auf zu meinem Erlöser, der, nachdem er vier Jahrtausende geweissagt war, gekommen ist, um für mich auf Erden zu leiden und zu sterben zu der Stunde und in der Weise, wie es gekündet worden war. Und durch seine Gnade erwarte ich den Tod in Frieden, in der Hoffnung, auf ewig mit ihm vereint zu sein, und bis dahin lebe ich froh und zufrieden. Sei es mit den Gütern, die es ihm gefiel, mir zu geben, sei es mit den Leiden, die er mir zu meinem Heil gesandt und die er mich durch sein Beispiel zu erdulden gelehrt hat."*[574]

Die Beziehung zwischen Gott und den Menschen hat zwar eine emotionale Komponente. Aber die „Freude im Herrn" ist nicht abhängig von äußeren Umständen. Es ist nicht „Spaß", sondern ein inneres Getragensein, das übernatürlichen Trost gibt. Anders wäre es nicht zu verstehen, dass Paulus, der von Auspeitschung, Gefängnis, Schiffbruch bis zur Steinigung und Hinrichtung so etwa alles erleiden musste, was man sich vorstellen kann, von diesem übernatürlichen Trost berichtet, den er selbst erfahren hat. So fasst er seine Erfahrung zusammen: „Wer will uns scheiden von der Liebe Christi? Trübsal oder Angst oder Verfolgung oder Hunger oder Blöße oder Gefahr oder Schwert? Wie geschrieben steht: »Um deinetwillen werden wir getötet den ganzen Tag; wir sind geachtet wie Schlachtschafe.« Aber in dem allen überwinden wir weit durch den, der uns geliebt hat. Denn ich bin gewiss, dass weder Tod noch Leben, weder Engel noch Mächte noch Gewalten, weder

573 Siehe Glossar Kap. 7.3: Eine Gottesbegegnung.
574 Pascal, Gedanken, S. 149.

Gegenwärtiges noch Zukünftiges, weder Hohes noch Tiefes noch eine andere Kreatur uns scheiden kann von der Liebe Gottes, die in Christus Jesus ist, unserm Herrn."[575]

Hier wird die tiefe innere Verbundenheit eines gläubigen Menschen mit Gott spürbar. Sie lässt uns auch verstehen, warum alle zwölf Apostel und viele Millionen Christen lieber den Märtyrertod starben, als die Beziehung zu diesem Gott zu verlieren. So wusste der Theologe Helmut Thielicke (1908-1986): „Wenn wir mit Gott leben, müssen wir nicht mehr fragen, *ob* Gott helfen wird, sondern nur noch, *wie* er helfen wird." [576] Er hat ein Millionenvolk 40 Jahre in der Wüste versorgt, und bis heute erleben viele Menschen seine übernatürliche Versorgung.

Wunder

Wenn man den Naturablauf als eine lückenlos im Ursache-Wirkung-Schema programmierte Maschine versteht, müssen Wunder als irreal gesehen werden. Aber, so Horst W. Beck, „wenn man alles Naturgeschehen von geistigen Programmen gesteuert begreift,"[577] gibt es eigentlich keine Trennung von „natürlich" und „übernatürlich". So hat der Theologe Karl Heim (1874-1958) aus der genauen Analyse der Wunderberichte den herausfordernden Schluss gezogen, dass das „gegenständliche Naturgeschehen, das der physikalisch-chemischen Beobachtung unterliegt, ein Niederschlag von Willensmächten ist."[578] Daraus erklärt sich für Horst W. Beck der Bericht von der „Stillung des Sturms":[579] „Mit dem bedrohlichen Sturm war eine Gegenmacht auf dem Plan, die sich offensichtlich auch in

575 Paulus, Römer 8, 35-39.
576 Helmut Thielicke, Das Leben kann noch einmal beginnen, 1994, S. 163-164.
577 Beck, Geist, S. 9.
578 Karl Heim, Zur Frage der Wunderheilungen, in: Adolf Köberle: Karl Heim, 1973, S. 222.
579 Markus 4, 37-39.

der Kausalkette physikalischer Vorgänge ausspielen kann. Damit, so Beck, „ist verständlich, dass Jesus in seiner Vollmacht einen Sturm anherrscht: „Schweig und verstumme!" mit der Folge, dass sich Wind und Wellen legten."[580] So folgerte Karl Heim schon 1904: „Das Wunder der Bibel steht nicht im Gegensatz zur Natur ... Die Wunder Jesu an Kranken sind nicht eine Durchbrechung der Natur, sondern ein … Sieg über die Willensmächte, die hinter den Leiden der Menschen stehen… Die ganze Wundertätigkeit Jesu beruht also darauf, dass die Welt eine Innenseite hat, die der Willenskraft zugänglich ist."[581] Aus physikalischer Sicht beschreiben unsere Theorien nur, was im Normalfall zu erwarten ist. Aber, so C. F. v. Weizsäcker: „Empirisch gefundene Gesetze sind unter bestimmten Versuchsbedingungen gefunden. In der Gegenwart eines von göttlichem Geist erfüllten Menschen könnten andere Gesetze ins Spiel kommen."[582] Der Gläubige ist dabei nicht der „Wundertäter", sondern der „Kanal", durch den der Heilige Geist nach dem Willen Gottes wirkt.

Bewusstsein ohne Körper?

Die Theorie von John Eccles, aber auch Nahtoderfahrungen legen es nahe, dass das Selbst das Gehirn für seine Existenz nicht braucht. Der Kardiologe Piet van Lommel hat sich sehr intensiv mit den wissenschaftlichen Hypothesen über Nahtoderfahrungen auseinandergesetzt. Denn „es ist unstrittig, dass Menschen zu allen Zeiten und in allen Kulturen im Wesentlichen die gleiche Art von Erfahrung schildern."[583] Andererseits bieten die bisherigen Theorien keine Erklärung für die Tatsache, dass Menschen während einer Nahtoderfahrung ein

580 Beck, Geist, S. 16.
581 Heim, Wunderheilungen, S. 220.
582 Weizsäcker, zitiert in: Görnitz, Evolution, S. 352.
583 Lommel, Bewusstsein, S. 142.

erweitertes Bewusstsein erfahren haben. Es gibt auch keine plausible Erklärung dafür, „dass alle Erlebnisse während einer Nahtoderfahrung anscheinend einen viel größeren Realitäts- und Wahrheitsgehalt haben, als die tagtäglichen Erlebnisse im Wachbewusstsein."[584] Die Berichte sind zudem überzeugend: „Einige dieser Menschen mit Nahtoderfahrung berichten, sie seien über dem Operationstisch geschwebt und hätten ihre eigene Operation beobachtet; sie sind in der Lage, unglaublich präzise Einzelheiten ihrer Operation zu beschreiben, die keine Zweifel am Wahrheitsgehalt ihrer Schilderung aufkommen lassen."[585] Demnach verfügt der Mensch über zwei verschiedene Sensorien: Unsere fünf Sinne und ein nichtlokales Sensorium auf der Quantenebene. Bei Nahtoderfahrungen „steht zumindest fest, dass die Menschen nicht mit ihren lokalen Augen und auf dem Weg lokaler Signale sehen. Sogar Blinde berichten von autoskopischen Visionen."[586]

Ein eindrückliches biblisches Beispiel außerkörperlicher Erfahrung findet sich bei Paulus: „Ich kenne einen Menschen in Christus; vor vierzehn Jahren – ist er im Leib gewesen? Ich weiß es nicht; oder ist er außer dem Leib gewesen? Ich weiß es auch nicht; Gott weiß es –, da wurde derselbe entrückt bis in den dritten Himmel und hörte unaussprechliche Worte, die kein Mensch sagen kann."[587] Im Neuen wie im Alten Testament finden wir „Astralreisen", Beispiele dafür, dass Menschen „im Geist" an andere Orte gebracht wurden. So z.B. Jesus, der aus der Wüste auf die Tempelzinne in Jerusalem gestellt wurde[588] oder Hesekiel, der damals in Babylon lebte: Gott „führte mich ins Land Israel und stellte mich auf einen sehr hohen Berg."[589]

584 Lommel, Bewusstsein, S. 142.
585 Lommel, Bewusstsein, S. 348.
586 Lommel, Bewusstsein, S. 348.
587 Paulus, 2. Korinther 12, 2+4.
588 Lukas 4, 9.
589 Hesekiel 40, 2.4.

Ist mit dem Tod alles aus?

So fragte sich Pim van Lommel: „Woher kommt dieses intensive Gefühl, sich außerhalb seines eigenen Körpers zu befinden? Diese Patienten sind hirntot und haben daher mit ihrem Körper keine Identität mehr, sind aber weiterhin eins mit ihrem mentalen Körper, ihrer Seele".[590] Dies ist im Einklang mit den Theorien von John Eccles und Burkhard Heim, nach denen das Bewusstsein nicht Teil des Gehirns ist und auch ohne das Gehirn weiterbesteht. Für Amit Goswami „sind diese außerkörperlichen Erfahrungen ein direkter Beweis für das Weiterbestehen des „Ichs" nach dem Tod: „Das „Ich" verbleibt in den mentalen Körpern."[591] Und weiter: „Folglich überdauert das Quantengedächtnis den Tod des physischen Körpers. Das überlebende Quantengedächtnis ... findet sich in dem wieder, was wir in den spirituellen Traditionen als Seele bezeichnen."[592] Burkhard Heim fand: „Das besondere dieser Persona [Seele] ist, dass sie prinzipiell, ohne Kontakt zum Soma [Körper] zu haben, bewusst in der Welt oder in davon getrennten Parallelwelten existieren könnte „in einem uns unbekannten Zustand, voll Ich-bewusst und mit Gedächtnisinhalten."[593] Heim weigerte sich aber, hier von einem „Leben nach dem Tode" zu sprechen, „denn für diesen Zwischenzustand ist der Begriff ‚Leben' nicht ganz angebracht, weil es ein sehr seltsamer Zustand ist, den wir uns überhaupt nicht vorstellen können, der auf keinen Fall etwas zu tun hat mit dem, was wir als Leben bezeichnen. Aber diese Persona ist immerhin in voller Integrität vorhanden."[594] Auch für Thomas Görnitz ergibt sich das Weiterbestehen der Persönlichkeit nach den Tode zwingend aus der Quantenwirklichkeit: „Dass mit dem Tode das materiell-körperliche nicht

590 Goswami, Evolution, S. 349.
591 Goswami, Evolution, S. 349.
592 Goswami, Evolution, S. 350.
593 Ludwiger, Weltbild, S. 68.
594 Ludwiger, Weltbild, S. 72.

verschwindet, ist für jedermann evident. „Aber auch die Information, die dasjenige ausmacht, was wir als Persönlichkeit ansehen, verschwindet nicht deshalb, weil sie sich von ihrem Träger löst. Aus naturwissenschaftlicher Sicht kann nichts, auch keine Quanteninformation, den Kosmos verlassen."[595]

So fasst Pim van Lommel zusammen[596]:

„Mit dem Tod erlöschen die Funktionen des materiellen Körpers und das Entropiegesetz wird wirksam: Das Ergebnis ist der Verfall. Allerdings bleiben das Bewusstsein und seine Möglichkeiten, vital, mental und supramental, intakt." Der Standpunkt „mit dem Tod ist alles aus", ist also offensichtlich nicht mehr zu halten. „Der Tod ist nur das Ende des physischen Aspekts unseres Lebens. Wir haben einen Körper, doch wir sind Bewusstsein."[597] Diese Schlussfolgerung entspricht der Sicht der Bibel.

Auferstehung

Die Bibel sagt: „Des Menschen Geist muss davon, und er muss wieder zu Erde werden."[598] Aber dies ist nicht das Ende: „Der du die Menschen lässt sterben und sprichst: Kommt wieder, Menschenkinder!"[599] Das gilt nicht nur für einige: „Es kommt die Stunde, in der alle, die in den Gräbern sind, seine Stimme hören werden und werden hervorgehen."[600]

Wie kann man sich den „Auferstehungsleib" physisch vorstellen? Es ist offensichtlich kein „Geistleib", denn Jesus, der „Proto-

595 Görnitz, Evolution, S. 351.
596 Lommel, Bewusstsein, S. 345.
597 Lommel, Bewusstsein, S. 339.
598 Psalm 146, 4.
599 Psalm 90, 3.
600 Johannes 5, 25.

typ" dieses neuen Körpers, bestand nach der Auferstehung aus Fleisch und Knochen und konnte essen und trinken. Allerdings war er nicht an seiner äußeren Erscheinung wiederzuerkennen, sondern an seinen typischen Verhaltensmerkmalen. So erkannten ihn die „Emmaus-Jünger"[601] erst, als er ihnen beim Abendmahl Brot und Wein reichte. Maria von Magdala, die ihn sehr gut kannte, hielt ihn für den Gärtner. Erst als Jesus sie in seiner ihr so vertrauten Weise mit „Maria!" anspricht, erkennt sie ihn.[602] Auch Karl Philberth kommt zu einem ähnlichen Schluss: „Die Auferstehung und Aufnahme in den Himmel erfolgt im unverweslich verklärten Leib. Es ist ein Leib, wie ihn Jesus Christus, der Sohn Gottes, nach seiner Auferstehung hatte; ein Leib, der wie ein irdischer Leib in Erscheinung treten kann, aber nicht an die Gesetze und Strukturen der Materie gebunden ist."[603] Eine besondere Eigenschaft des Auferstehungsleibes ist sein „Eintauchen" in einen Raum. Für den Auferstehungsleib gibt es auch für Michael König offenbar keine Bindung mehr an die Raumzeit. „Der erlöste und physisch unsterbliche Körper kann sich vollständig in den Hyperraum zurückziehen und nach Belieben wieder in die Raumzeit zurückkehren."[604]

Im Umkehrschluss könnte man daraus ableiten: Adam und Eva konnten sich vor dem Sündenfall frei in der Raumzeit und im Hyperraum, also in der Gegenwart Gottes bewegen. Der auferstandene Jesus hatte also einen Leib wie ihn Adam und Eva vor dem Sündenfall hatten. Die Vertreibung aus dem Paradies würde demnach physikalisch die Reduzierung des Menschen auf die Raumzeit bedeuten.

601 Lukas 24, 13ff.
602 Johannes 20, 16.
603 Karl Philberth in Philberth, S. 241.
604 König, Urwort, S. 225.

7.3 Existenzielle Bedürfnisse

Sinn

Die Hoffnung auf die Naturwissenschaft als objektive Religion hat getrogen. So musste auch Erwin Schrödinger mit Bedauern feststellen: „Am schmerzlichsten ist das völlige Schweigen unseres ganzen naturwissenschaftlichen Forschens auf unsere Fragen nach Sinn und Zweck des ganzen Geschehens. Je genauer wir hinsehen, umso zweckloser und sinnloser kommt es uns vor."[605] Man hatte erwartet, am Ende des Weges der Wissenschaft etwas Gutes, Tröstliches, Sinnvolles zu finden, aber, so Rüdiger Safranski: „Der Werteschleier um die Dinge und den Menschen zerreißt. Nun steht die Wirklichkeit nackt da. … Sie ist absolut, sie ist alles. Aber unter dem Gesichtspunkt des Wertes ist sie – nichts. Sie bedeutet nichts im Sinne der Frage: Wozu das Ganze?"[606] Auch Lothar Schaefer sieht das so: „Ohne Schöpfer, ohne ein Ziel, gesteuert von einer zufälligen Evolution „treibt das Leben sinnlos und ohne Ziel in der Raumzeit dahin. … die Wissenschaft … hinterließ eine „Welt mit eisiger Einsamkeit."[607]

Diese Sinnlosigkeit hat auch den atheistischen Existenzphilosophen Jean-Paul Sartre umgetrieben: „Alles ist sinnlos – der Park, die Stadt, ich selbst. Wenn dir das klar wird, dann dreht es dir den Magen um, und alles beginnt zu schwimmen."[608] Deshalb, so Heisenberg: „ist es wohl nicht wahrscheinlich, dass diese Weltanschauung auf die Dauer bestehen kann."[609] Auch Hans Jonas hatte „den Verdacht, dass das, was ich die Abschaffung der Transzendenz nannte, vielleicht der kolossalste Irrtum der Geschichte gewesen sein könnte."[610] Rüdiger

605 Schrödinger, Geist, S. 97.
606 Rüdiger Safranski, Das Böse oder das Drama der Freiheit, 1997, S. 258.
607 Schaefer, Wirklichkeit, S. 157.
608 Jean Paul Sartre, Der Ekel, 1975, S. 139.
609 Heisenberg, Gespräche, S. 330.
610 Hans Jonas, Das Prinzip Verantwortung, 1987, S. 231.

Safranskis Fazit: „Hier bemerkt man, dass die theoretische Neugier zu Einsichten führen kann, die in Verzweiflung umschlagen können. Die auch den Verdacht nähren, dass es womöglich doch ein Verhängnis war, vom Baume der Erkenntnis gegessen zu haben."[611]

*Wolfram Weimer (*1964) schrieb: „In der Religion bündeln sich die Sehnsüchte und Ängste, die Träume, Mythen und Visionen einer Kultur. Sie macht den Kern jeder Kultur aus. Und darum folgt auf das religiöse Erkalten in aller Regel ein kulturelles Erkalten. Wie ausgehöhlt wirken Gesellschaften, wenn ihr religiöser Kern abstirbt."[612] Diese Tragik sieht auch der Berliner Philosoph Wolf Lepenies: „Einer Welt, die sich lange ihrer Gottlosigkeit rühmte, sind jetzt auch noch die weltlichen Glaubensgewissheiten abhanden gekommen."[613]*

Viktor Frankl konnte während seiner Gefangenschaft im Konzentrationslager beobachten, dass nur die Insassen das KZ überlebten, die noch irgendetwas in ihrem Leben erreichen wollten, die noch immer einen Sinn in ihrem Leben sahen. Andere, die keinen Sinn mehr sahen, überlebten nicht. Aus dieser Erfahrung leitete Frankl ab, dass etwas tief verwurzelt ist im Menschen, „was ich als den Willlen zum Sinn bezeichne: Sein Ringen um bestmögliche Sinnerfüllung seines Daseins."[614] Dies schien Frankl gerade in unserer Zeit wichtig zu sein: Der typische Patient von heute leidet „an einem abgründigen Sinnlosigkeitsgefühl, das mit einem Leeregefühl vergesellschaftet ist – weshalb ich von einem existentiellen Vakuum spreche."[615] Wie wichtig dem Menschen Sinn ist, geht aus einer

611 Safranski, Böse, S. 251.
612 Wolfram Weimer, Credo, 2006, S. 51.
613 Wolf Lepenies, Die Zeit, 27/1996.
614 Viktor Frankl, Das Leiden am sinnlosen Leben, 1991, S. 70.
615 Frankl, Leiden, S. 11.

Äußerung Arthur Köstlers von 1950 hervor: „Ich war 26 Jahre alt, als ich in die kommunistische Partei eintrat, und 33, als ich sie verließ. Nie zuvor oder nachdem schien mein Leben so übervoll an Sinn, wie während dieser sieben Jahre. Sie hatten die Überlegenheit eines schönen Irrtums über die schäbige Wahrheit."[616] So bezeichnete Raymond Aron den Kommunismus treffend „als Opium für Intellektuelle."[617]

Liebe

Aber die Sinnsuche muss nach Elisabeth Lukas (*1942), einer Schülerin Frankls, wohl höher ansetzen: „Die Frage ist nicht Sinn oder Nicht-Sinn, sondern wie umfassend ist das, worin wir Sinn finden? Sinn muss liebevoll sein, alles umfangen."[618] Für C. G. Jung ist die entscheidende Frage für den Menschen: „Bist du auf Unendliches bezogen oder nicht? Das ist das Kriterium deines Lebens."[619] Etwas weiter gedacht kommt Elisabeth Lukas zu dem Schluss: „Könnte dieser „letzte Sinn" eines Menschenlebens das „Vordringen zur Liebe" sein? Es kostet mich keine Überwindung, ihn Gott zu nennen."[620]

Die Psychologie weiß, dass jede Sehnsucht das Ersehnte voraussetzt. Daraus leitete Viktor Frankl ab: „Der Durst ist der Beweis für die Existenz von Wasser. Das Auge ist der Beweis für die Existenz von Licht. Der Wille zum Sinn ist ein Beweis für die Existenz von Sinn. Wenn Millionen von Menschen aus allen Kulturen Gott lieben, dann ist Gott."[621]

616 Arthur Koestler, zitiert in: Roland Baader, Totgedacht, 2002, S. 213.
617 Jaques Schuster, Die Welt, 12.02.2011.
618 Franz Sedlak in: Elisabeth Lukas, Die magische Frage wozu? 1991, S. 217.
619 C. G. Jung, Erinnerungen, 2013, S. 327.
620 Lukas, Frage, S. 181.
621 Viktor Frankl, in: Lukas, Frage, S. 201.

Es ist erstaunlich, dass gerade Theoretiker der neomarxistischen Frankfurter Schule die Liebe als ein existenzielles Bedürfnis erkannt haben, weil man, so Erich Fromm „vom tiefsten Verlangen spricht, das in jedem menschlichen Wesen liegt."[622] Aber genau dieses Bedürfnis ist unerfüllt. Der Neomarxist Theodor W. Adorno (1903-1969) sah in der Lieblosigkeit das tiefste Problem der Gesellschaft: „Der Mangel an Liebe [ist] der Mangel aller Menschen ohne Ausnahme, so wie sie heute existieren. Die Gesellschaft in ihrer gegenwärtigen Gestalt ist ein Zusammenrotten von Erkalteten, die die eigene Kälte nicht ertragen, aber auch nicht sie ändern können."[623]
Die Unfähigkeit des Menschen zu lieben, trieb auch Konrad Lorenz um: „Aus der heute neu aufgetretenen Lebenslage der Menschheit leitet sich die selbstverständliche ... Forderung ab, alle unsere Menschenbrüder ohne Ansehen der Person zu lieben. Die Forderung ist nicht neu, unsere Vernunft vermag ihre Notwendigkeit, unser Gefühl ihre hehre Schönheit voll zu erfassen, aber dennoch vermögen wir sie, so wie wir beschaffen sind, nicht zu erfüllen."[624]
Erich Fromm fand als Jude die letzte Ursache der Unfähigkeit zu lieben in der Bibel: „Ursprünglich erfuhren sich Mann und Frau als „eins". Nach dem Sündenfall empfinden sie die tiefste Scham, die es gibt: Einem Menschen nackt gegenüberzutreten und sich dabei der gegenseitigen Entfremdung, der tiefen Kluft bewusst zu sein, die sie voneinander trennt. Das Bewusstsein der menschlichen Getrenntheit ohne Wiedervereinigung durch Liebe – das ist die Quelle der Scham. Gleichzeitig ist es die Quelle von Schuld und Angst. ... Der Mensch aller Zeiten und Kulturen steht der Lösung dieser einen und immer gleichen Frage gegenüber: wie die Getrenntheit überwunden,

622 Erich Fromm, Die Kunst des Liebens, 1973, S. 164.
623 Theodor W. Adorno, Erziehung nach Ausschwitz, 1966.
624 Konrad Lorenz, Das sogenannte Böse, 1971, S. 368.

wie man das eigene individuelle Leben transzendieren und eins werden kann."[625]

Das Bedürfnis nach Liebe ist so elementar, weil der Mensch geschaffen ist, in einer Liebesbeziehung mit Gott zu leben. Schon in der Schöpfung sieht Rüdiger Safranski einen Akt der Liebe: „Was es gibt, hätte es genauso gut auch nicht geben können. Der Schöpfungsglaube ... deutet den Schöpfungsakt als Akt der Liebe. Liebe ist der Seinsgrund – damit fängt alles an."[626] Die Emanzipation von Gott führte also nicht in die Freiheit, sondern in Lieb- und Sinnlosigkeit. So folgert Viktor Frankl: „Die Dimension, in die der religiöse Mensch vorstößt, nicht durch Wissen, sondern durch Glauben, ist eine höhere, will heißen umfassendere Dimension"[627] Da Gott die Liebe selbst ist, hat nur er die Lösung für das Liebesdefizit des Menschen. Gottes Liebe, so Rudolf Seiß aus eigener Erfahrung, ist das größte, was sich der Mensch wünschen kann:

„Eine Liebe, die nicht bedrängt, die keine Bedingungen stellt, die alle Macht hatte und doch in Machtlosigkeit kam. Eine bergende Grenze, die unendlich viel Freiraum gibt und Standards die nicht verbesserbar, die ewig sind."[628]

7.4 Amazing Grace

Der Sinn des Leides

Warum lässt dieser liebende Gott Krankheit, Katastrophen und Kriege zu? Die vielleicht überraschende Antwort lautet: Aus Liebe. Denn Gott hat nur zwei Möglichkeiten, die Menschen dazu zu bewegen, ihn zu suchen: Durch Güte und Segen oder durch Krankheit und Unglück. Daher muss Gott oft das

625 Erich Fromm, Die Kunst des Liebens, 1973, S. 24.
626 Safranski, Böse, S. 324.
627 Frankl, Leiden, S. 91.
628 Prof. Dr. Rudolf Seiss, Vortrag Jahresanfangstagung Eutin, 2002.

Unglück zulassen, um den Menschen vor noch Schlimmerem zu bewahren: Ein berührendes Beispiel dafür finden wir in dem Lied „Amazing Grace". Es verdankt seine Entstehung dem Erlebnis John Newtons, des Kapitäns eines Sklavenschiffs, der am 10. Mai 1748 in schwere Seenot geraten und in seiner Verzweiflung Gott um Hilfe angefleht hatte. Er ist gerettet worden, aber er konnte es nicht fassen, dass Gott sein Gebet erhört und einen „Halunken wie mich" gerettet hat. Diese Begegnung mit Gott veränderte sein Leben. Er behandelte die Sklaven menschlich, gab nach einigen Jahren seinen Beruf auf und wurde Geistlicher. Gemeinsam mit William Wilberforce setzte er sich schließlich für die Abschaffung der Sklaverei ein.

Glaube: Beziehung, nicht Ideologie

Die bewusste Entscheidung, Jesus Christus als Gott und Erlöser sein Leben anzuvertrauen, ist nicht die Übernahme einer Weltanschauung oder einer Ideologie, sondern sie bewirkt eine existenzielle Statusänderung, die die Bibel „Wiedergeburt" nennt: „Die ihn [Jesus] aufnahmen, denen gab er Macht, Gottes Kinder zu werden, denen, die an seinen Namen [Yeshua = Gott rettet] glauben, die nicht aus dem Blut noch aus dem Willen des Fleisches noch aus dem Willen eines Mannes, sondern von Gott geboren sind."[629] Wie sich diese Entscheidung auswirkt, hat Pascal erlebt und schon Paulus beschrieben: „Ist jemand in Christus, so ist er eine neue Schöpfung; das Alte ist vergangen, siehe, Neues ist geworden."[630] Werner Heisenberg schreibt aus eigenem Erleben: „Von außen erscheint das religiöse Erlebnis als eine Veränderung in der Struktur des menschlichen Bewusstseins und seines unbewussten Grundes. Wir merken, dass der betreffende Mensch seine

629 Johannes 1, 12-13.
630 Paulus, 2. Korinther 5, 17.

Stellung zur Welt verändert hat und dass diese Veränderung sich in seinen Worten und seinen Handlungen auswirkt."[631]
In „Erweckungsgebieten", wo sich Menschen ganzer Regionen für Jesus Christus entschieden, hatte das Konsequenzen auch in den gesellschaftlichen und wirtschaftlichen Bereich hinein: Viele Gegenden in Württemberg oder im Siegerland profitieren bis heute davon durch ihren Wohlstand. Eine gewaltige Erweckung fand 1905 in Wales statt: „Die Geschichte zeigt kein anderes Beispiel, bei dem die Änderungen in der Gesellschaft dem gleich kamen, was in Wales geschah. Manche der Städte und Kleinstädte, die sich am Rande der Anarchie befunden hatten, wo Gewaltverbrechen außer Kontrolle geraten waren, verzeichneten während der Erweckung nicht eine einzige Festnahme. … Die Gefängnisse waren vollkommen leer. Vor der Erweckung hatten Trunkenheit und Glücksspiel fast epidemische Ausmaße erreicht. Während der Erweckung wurden Kneipen entweder geschlossen oder in Versammlungsräume umgewandelt. Statt ihren Verdienst für Alkohol oder Glücksspiel zu verschwenden, begannen die Arbeiter, ihren Lohn für ihre Familie nach Hause zu bringen … und Tausende von Neubekehrten beglichen offene Schulden. Diese beiden Faktoren allein hatten beträchtliche wirtschaftliche Auswirkungen auf das ganze Land. ... Möglicherweise ist nie zuvor in der Geschichte innerhalb so kurzer Zeit eine gesamte Gesellschaft von einer geistlichen Erweckung so tiefgreifend verändert worden."[632]
Die sorgfältigste Studie des britischen Soziologen David Martin und seiner Mitarbeiter bestätigen das: „Diese Arbeit zeigt, dass Bekehrung zum persönlichen Glauben an Jesus Christus oft nicht weniger als eine Kulturrevolution hervorbringt. Diese sozialen Veränderungen gehen Hand in Hand mit ähnlichen Veränderungen im wirtschaftlichen Verhalten."[633]

631 Heisenberg, Gespräche, S. 326+327.
632 Rick Joyner, Die Vision einer Ernte, 1994, S. 69.
633 Friedrich Hanssmann, Humanisierung des Managements, Resch 2001, S. 40ff.

Aber wie kann es sein, dass aus Spielern und Säufern plötzlich anständige und ehrliche Menschen werden? Angst vor Gottes Zorn? Weil sie Gott oder den Menschen etwas beweisen müssen, wie Max Weber annahm? Durch die instinktive Anwendung des kategorischen Imperativs? Keines davon, denn beim moralischen Verhalten geht es nur am Rande um Logik oder Richtigkeiten. Es geht um einen Konflikt. Haben-Wollen als Ausdruck der Absicherung und der Lebensqualität ist eine sehr starke Motivation. Es gibt nur zwei Motivationen, die stärker sind: Angst und Liebe. Die durch die Hinwendung zu Gott entstandene Liebesbeziehung bewirkt eine „Internalisierung der Gebote Gottes", wie sie Papst Benedikt XVI beschrieb[634]:

„Die Erfahrung von Gottes Liebe ist es, die den egoistischen Zug überwindet: Die Liebesgeschichte zwischen Gott und Mensch besteht darin, dass unser Wollen und Gottes Wille immer mehr ineinander fallen.

7.5 Der komplementäre Gott

Gott ist komplementär, unvereinbar, gleichzeitig der heilige und der liebende Gott: Der heilige Gott ist absolut gerecht und er verlangt von den Menschen, dass sie das Gebot der Liebe zu ihm und zu dem Nächsten erfüllen. Es gibt hier keinen Raum für Toleranz: Ein einziger Verstoß wird mit ewiger Gottverlassenheit bestraft. Das Bild der Waage, in dem die guten gegen die schlechten Taten abgewogen werden, ist der Bibel fremd. Es gilt wie in unserem Rechtssystem: Vorbestraft bleibt vorbestraft. Denn Lieblosigkeit bedeutet immer Verletzung, und Gott identifiziert sich mit dem Verletzten: „Was ihr getan habt einem von diesen meinen geringsten Brüdern, das

634 Benedikt XVI: Enzyklika Deus Caritas est, 2005, S. 26.

habt ihr mir getan."[635] Und er verpflichtet sich, ihnen Recht zu verschaffen, nicht unbedingt in diesem Leben, aber in jedem Fall in der Ewigkeit: „Gott schafft Recht allen, die Unrecht leiden."[636] Gleichzeitig aber ist er der liebende Gott, der nicht will, dass auch nur ein einziger Mensch diese Höllenqual der absoluten Isolation erleidet. Schon im Alten Bund macht er dies Hesekiel klar: „Meinst du, dass ich Gefallen habe am Tode des Gottlosen, spricht Gott der HERR?"[637] Er „will, dass allen Menschen geholfen werde und sie zur Erkenntnis der Wahrheit kommen."[638]

Als Gott den Menschen als sein geliebtes Gegenüber schuf, ging er ein großes Risiko ein. Denn Liebe ist nur in Freiheit möglich, deshalb hatte der Mensch auch die Freiheit, sich von Gott abzuwenden. Damit aber gab er sich letztlich auch der Demütigung durch seine Geschöpfe preis. Gottes übermenschliche Liebe zeigt sich immer wieder durch seine ganze Geschichte mit den Menschen hindurch, die ihn in allen Zeiten beleidigt, verhöhnt, abgelehnt oder ignoriert haben. Und die ihn zudem noch für alles Unrecht in der Welt verantwortlich gemacht haben, auch wenn es die Menschen zum größten Teil selbst verschuldet hatten. Horst-Eberhard Richter (1923-2011), Psychoanalytiker und Sozialphilosoph, schrieb ein ganzes Buch mit dem Titel: „Wer nicht leiden will, muss hassen." Oder anders gesagt: Echte Liebe, sogar die Liebe Gottes, ist in dieser Welt unvermeidbar mit Leiden verbunden. Der Konflikt zwischen dem heiligen und dem liebenden Gott ist logisch nicht lösbar. Wäre Gott eine Hypothese, gäbe es keinen Ausweg. Der schuldige Mensch muss sterben. Ohne jede Ausnahme. Aber weil Gott Person ist, entschied er sich, eine stellvertretende Übernahme der Schuld zu erlauben. So er-

635 Matthäus 25, 40.
636 Psalm 103, 6.
637 Hesekiel 18, 23.
638 1. Timotheus 2, 4.

innerte der Opferkult Israels, besonders der Versöhnungstag Yom Kippur das Volk jedes Jahr daran, dass nicht der Sündenbock, sondern eigentlich sie selbst sterben müssten, dass Gott aber das Tieropfer annimmt, bis er das Problem der Schuld endgültig lösen würde. Denn wirkliche Sühne konnte das Tieropfer nicht leisten. Nur ein Mensch, der selbst ohne Schuld ist, kann stellvertretend für den schuldigen Menschen sterben. Aber diesen Menschen gibt es nicht. So blieb nur ein Ausweg, Gottes Heiligkeit mit seiner Liebe zu versöhnen: Er musste selbst Mensch werden und die Schuld aller Menschen auf sich nehmen. Da war nicht ein grausamer Vater, der seinen Sohn geopfert hat: Jesus selbst hat das vor der Erschaffung der Welt so entschieden: „Der Menschensohn ist nicht gekommen, dass er sich dienen lasse, sondern dass er diene und gebe sein Leben zu einer Erlösung für viele."[639]
Wie übermenschlich diese Liebe Gottes zu seinen Geschöpfen ist, wird erst deutlich, wenn man sich einmal klar macht, wie diese Geschöpfe mit dem heiligen und liebevollen Gott umgegangen sind: Adam und Eva standen vor dem verbotenen Baum, an dem sich entscheiden sollte, ob sie der Schlange, dem Geschöpf oder Gott, ihrem Schöpfer, glauben würden. Sie glaubten der Schlange und erklärten damit Gott zum Lügner. Mit diesem Misstrauensbeweis kündigten die Menschen die Liebesbeziehung mit Gott und konnten nicht mehr Gottes Gegenwart erleben. Aber Gott liebte die Menschen noch immer. So fing er mit Abraham neu an. Doch auch die Geschichte Gottes mit seinem auserwählten Volk ist für ihn eine kontinuierliche Demütigung: „Ich streckte meine Hände aus … nach einem Volk, das mich beständig ins Angesicht kränkt."[640] Gott zeigt seine Trauer über das rebellische Volk in dem eindrücklichen Bild von seinem Freund: „Der hatte einen

639 Matthäus 20, 28.
640 Jesaja 65, 2-3.

Weinberg auf einer fetten Höhe. Und er grub ihn um und entsteinte ihn und pflanzte darin edle Reben. Er baute auch einen Turm darin und grub eine Kelter und wartete darauf, dass er gute Trauben brächte; aber er brachte schlechte.... Des HERRN Zebaoth Weinberg aber ist das Haus Israel und die Männer Judas seine Pflanzung, an der sein Herz hing. Er wartete auf Rechtsspruch, siehe, da war Rechtsbruch, auf Gerechtigkeit, siehe, da war Geschrei über Schlechtigkeit."[641] Und doch steht Gott bis heute zu diesem Volk. Selbst nachdem es Jesus, den Messias, der schon von Mose angekündigt war, nicht erkannte, weil er nicht seinen Erwartungen entsprach. Und schlimmer noch: Ihn, der selbst Gott war, der Gotteslästerung bezichtigte.

Die Verurteilung Gottes wegen Gotteslästerung und Aufruhr, die Auspeitschung, Verhöhnung und Kreuzigung des Gottessohnes: Eine tiefere Kränkung Gottes ist nicht denkbar. Aber seine Liebe ertrug auch das: „Denn also hat Gott die Welt geliebt, dass er seinen eingeborenen Sohn gab, damit alle, die an ihn glauben, nicht verloren werden, sondern das ewige Leben haben."[642]

„Gott hat um den Menschen gerungen und gelitten, damit dieser von der Herrschaft des Bösen, von Anklage, Verdammnis und Tod ins Leben, in die Freiheit, in die Freude hineinkommen kann."[643] Dafür „hat Gott sich zum Gespött gemacht. Er hat die ganze Hässlichkeit des menschlichen Herzens, die Gemeinheit, die Feigheit, den Hochmut, die Anmaßung, den Egoismus, die Gleichgültigkeit, die Enge, Härte und Selbstgerechtigkeit „umarmt". Das ist, so Marcel Rebiai, die Botschaft Gottes an alle Menschen: „Wenn wir einmal ganz am Ende

641 Jesaja 5, 1, 2, 7.
642 Johannes 3, 16.
643 Marcel Rebiai, Gott schauen, 2017, S. 159.

sind, wenn wir gar nicht mehr wissen, wohin, dürfen wir wissen: Wir können jederzeit wieder zurückkommen."
Diese bedingungslose vergebende Liebe durfte der Verbrecher,[644] der sterbend neben Jesus am Kreuz hing, noch erfahren. Gerade hatte er den Sohn Gottes noch verspottet, aber dann spürte er, wer da neben ihm hing und bat ihn: „Denke an mich, wenn du in dein Reich kommst!" Und, selbst im Sterben, versprach ihm der Gottessohn: „Wahrlich, ich sage dir: Noch heute wirst du mit mir im Paradies sein."

7.6 Umkehr

Der Weg eines rationalen Menschen zu Gott

Kaum jemand führte sich seine existenzielle Lage vor Augen, wie es Pascal schonungslos tat: „Weder weiß ich, wer mich in die Welt setzte, noch was die Welt ist, noch was ich selbst bin … Ich schaue diese grauenvollen Räume des Universums, die mich einschließen und finde mich in eine Ecke dieses weiten Weltenraumes gefesselt, ohne dass ich wüsste, weshalb ich nun hier bin und nicht woanders, noch weshalb ich die wenige Zeit, die mir zum Leben gegeben ist, jetzt erhielt und an keinem anderen Zeitpunkt der Ewigkeit … Alles was ich wirklich weiß, ist, dass ich bald sterben werde. Aber was der Tod selbst ist, … das weiß ich am wenigsten".[645]
Joseph Pieper sieht es ähnlich: „Ich wüsste in der Tat nicht, wie ein unbestechlicher Geist angesichts des Unheils in der Welt es sollte zu Wege bringen können, nicht zu verzweifeln, es sei denn aufgrund der Überzeugung, dass es eine göttlich verbürgte Gutheit des Seins gibt, die von keiner Macht der Destruktion erreicht wird."[646] Auch Pascal hatte diesen Gedanken: „Da ich aber bedachte, wie sehr der Anschein dafür

644 Lukas 23, 42-43.
645 Pascal, Gedanken, S. 19.
646 Joseph Pieper, Kulturphilosophische Schriften, 2012, S. 281.

spricht, dass es anderes gibt, das ich nicht sehe, bin ich auf die Suche gegangen, ob dieser Gott keinerlei Zeichen von sich hinterlassen haben sollte."[647]
So macht sich Pascal auf die Suche. In der Natur wird er nicht fündig: Er sieht in ihr zu viel von Gott, um zu leugnen und zu wenig, um zu glauben. So sucht er bei den Religionen: „Mehrere sich widersprechende Religionen fand ich, die folglich bis auf eine alle falsch sein müssen. Jede verlangt, dass man sie aufgrund ihrer eigenen Autorität glaube, jede bedroht die Ungläubigen, und deshalb glaube ich Ihnen nicht."[648] Pascal geht es um die Wahrheit. Er vertraute nur nachprüfbaren Fakten: „Ich will nicht von den Wundern des Moses, denen Jesu Christi oder der Apostel sprechen, weil sie zunächst nicht überzeugend zu sein scheinen, weil ich nur die Gründe, … die unbezweifelbar sind, in Evidenz haben will.[649]
So wird er auf die Juden aufmerksam: Dies Volk ist, so Pascal „einzigartig durch seine Überlebenszeit, die von seinem Ursprung bis heute reicht, … obwohl die Kriegszüge vieler mächtiger Könige sie hundertmal zu vernichten versucht haben."[650] Die Juden sind in der Tat das einzige Volk, das auch nach der Zerstörung und Auflösung ihres Staates und der Zerstreuung über die ganze Welt ihre ethnische Identität bewahrt haben.[651]
Was Pascal auch fasziniert, ist ihr Gesetz: „Ich prüfe dieses Gesetz, das sie sich schmeicheln von Gott erhalten zu haben, und ich finde, dass es bewunderungswürdig ist. … So finde ich, dass das älteste Gesetz sich auch als das vollkommenste erweist, derart, dass die größten Gesetzgeber ihre Gesetze von

647 Pascal, Gedanken, S. 102.
648 Pascal, Gedanken, S. 103.
649 Pascal, Gedanken, S. 103.
650 Pascal, Gedanken, S. 106.
651 Siehe Glossar Kap. 7.4: Woher stammt die Information der Bibel?

dem ihren entliehen haben."[652] Es war auch Grundlage der deutschen Verfassung nach dem Krieg. Das hat nach dem Wissenschaftsjournalisten Edgar L. Gärtner ganz rationale Gründe: „Die Zehn Gebote werden in der Tendenz nicht deshalb überall auf der Welt von geistig gesunden Menschen respektiert, weil sie in der Bibel stehen, sondern weil gesellschaftliche Systeme, in denen sie nicht respektiert wurden, größtenteils untergegangen sind oder vor dem Untergang stehen."[653]
Noch mehr überzeugte Pascal allerdings die Prophetie. Obwohl er noch vor dem Zeitalter des Determinismus eines Laplace und lange vor der Entdeckung der Unbestimmtheitsrelation lebte, wusste Pascal als einer der Begründer der Wahrscheinlichkeitsrechnung, dass Zukunftsvoraussagen außergewöhnlich sind: „Jeder kann sich Prophet nennen. Aber ich finde die christliche [Religion], wo ich Prophezeiungen finde, und das ist etwas, das nicht jedem möglich ist."[654] Daraus zieht Pascal eine heute eher ungewöhnliche Konsequenz: „Da das Eintreffen [der Prophetien] den göttlichen Ursprung dieser Prophezeiungen bewiesen hat, muss das Übrige geglaubt werden."[655] Exakt das war Gottes Intention für die Prophetie: Die Autorisierung der Propheten als verlässliche Kanäle göttlicher Botschaften.[656]
Schließlich war für Pascal ein entscheidendes Kriterium, dass wahre Religion den Menschen auch realistisch sieht. Konrad Lorenz hat dies in anderer Weise drastisch ausgedrückt: „Wenn ich glauben müsste, dass ein allmächtiger Gott den heutigen Menschen, wie er durch den Durchschnitt unserer Spezies repräsentiert wird, absichtlich so geschaffen habe, wie er

652 Pascal, Gedanken, S.105.
653 Gärtner, Öko-Nihilismus, S. 185.
654 Pascal, Gedanken, S. 103.
655 Pascal, Gedanken, S. 103.135.
656 Siehe Glossar Kap. 7.4 : Woher stammt die Information der Bibel?

ist, würde ich fürwahr an Gott verzweifeln. Wenn dieses, in seinem kollektiven Tun oft nicht nur so böse, sondern auch so dumme Wesen das Ebenbild Gottes sein soll, muss ich sagen: „Welch ein trauriger Gott".[657]
Bei Gott findet Pascal die Antwort: „Ich bin es ja, der euch geschaffen hat und der allein euch lehren kann, wer ihr seid. Jetzt aber seid ihr nicht mehr in der Seinslage, in der ich euch geschaffen habe. Ich habe den Menschen heilig, unschuldig und vollkommen erschaffen, ich erleuchtete ihn und gab ihm Vernunft, ich ließ ihn teilhaben an meiner Herrlichkeit und meinen Wundern. … Aber er konnte so viel Herrlichkeit nicht ertragen, ohne in Anmaßung zu verfallen. Er wollte sich selbst zum Mittelpunkt und von meiner Gnade unabhängig machen. Er hat sich mir entzogen; und da er sich mir in dem Wunsch, die Glückseligkeit in sich selbst zu finden, anglich [d. h. selbst Gott sein wollte], habe ich ihn sich selbst überlassen. Das ist die Seinslage der Menschen heute. Es blieb ihnen eine ohnmächtige Erinnerung von dem Glück ihrer ersten Natur und sie sind in das Elend ihrer Blindheit und ihrer Gelüste gesenkt, das ihre zweite Natur geworden ist."[658] Pascal fasst zusammen:

„Also lehrt sie [die göttliche Weisheit] die Menschen diese zwei Wahrheiten zugleich: Sowohl, dass es einen Gott gibt, dessen die Menschen fähig sind, als auch, dass es in ihrer Natur eine Verdorbenheit gibt, die sie seiner unwürdig macht. …
Kennt man nur eines davon, so führt das entweder zu dem Dünkel der Philosophen, die Gott gekannt haben und nicht ihr Elend, oder zur Verzweiflung der Atheisten, die ihr Elend ohne den Erlöser kennen."[659]

657 Konrad Lorenz, Der Abbau des Menschlichen, 1983, S. 285.
658 Pascal, Gedanken, S. 130 -131.
659 Pascal, Gedanken, S. 150 -151.

So fasst Pascal zusammen:
„Deshalb liebe ich diese Religion... Je mehr ich sie prüfe, umso wahrer finde ich sie."[660] Auch auf die Frage, warum nicht alle Menschen zu Gott finden, hat Pascal eine Antwort: „Weil so viele Menschen ihn nicht ernst genommen haben, sollten sie das Gute auch nicht bekommen, das sie nicht wollten. Also wäre es nicht gerecht gewesen, wenn er in einer Weise erschienen wäre, die so völlig göttlich und so völlig fähig, alle Menschen zu überzeugen gewesen wäre; aber es wäre auch nicht gerecht gewesen, wenn er so verborgen gekommen wäre, dass er sogar von denen nicht hätte erkannt werden können, die ihn ernsthaft suchten.... So milderte er seine Erkennbarkeit derart, dass er Zeichen seiner selbst gegeben hat, die sichtbar für die sind, die ihn suchen und es nicht sind, für die, die ihn nicht suchen. Für die, die nichts wünschen als zu sehen, ist Licht genug, und Finsternis genug für die, die das nicht wollen."[661] Wer ist nun dieser Gott? Blaise Pascal schrieb aus seiner Erfahrung:

„Der Gott Abrahams, der Gott Isaacs, der Gott Jakobs, der Gott der Christen ist ein Gott der Liebe und des Trostes, ist ein Gott, der das Herz derjenigen erfüllt, die er besitzt, ist ein Gott, der sie im Innern ihr Elend und seine unendliche Barmherzigkeit spüren lässt, der sich in der Tiefe der Seele mit ihnen vereint und sie mit Demut, Vertrauen und Liebe erfüllt und sie unfähig macht, ein anderes Ziel zu haben als ihn."[662]

Ganz ähnlich fanden die beiden Physiker Bernhard und Karl Philberth zum christlichen Glauben. Karl schrieb über seinen Bruder Bernhard: „Das sehnsüchtige Suchen meines Bruders

660 Pascal, Gedanken, S. 148-149.
661 Pascal, Gedanken, S. 134.
662 Pascal, Gedanken, S. 152.

nach einer absoluten, wertvollen Wahrheit wurde damals durch die Zeitumstände begünstigt. Die ganze Luft war sozusagen geschwängert mit Verlogenheit. … So machte sich mein Bruder – mit mir an der Seite – auf die große Suche nach der Wahrheit: In den Zweigen der modernen Naturwissenschaft[663] und in anderen Religionen.[664] Und diese große Suche hat wertvolle Frucht gebracht: Auf der einen Seite die naturwissenschaftlichen Erkenntnisse, auf der anderen Seite die klare Einsicht: Das Christsein ist nicht eine Wahrheit unter anderen, sondern es ist die eine und einzige volle Wahrheit."[665]

Wiedergefundene Söhne

Die Liebe zu den rebellischen Menschen ist die erstaunlichste und grundlegendste Charaktereigenschaft Gottes: In der bekannten Geschichte vom verlorenen Sohn[666] macht Jesus dies exemplarisch deutlich. Marcel Rebiai, selbst Nordafrikaner, erklärt die tiefe Demütigung des Vaters durch den Sohn aus der Sicht der orientalischen Kultur: „Dieser Sohn hatte sein Erbe genommen und war gegangen. Die Erbaufteilung war eine offizielle Angelegenheit. Damit war der Bruch zwischen Vater und Sohn eine öffentliche Sache. Kein Vater im orientalischen Kulturkreis würde es hinnehmen, sich so demütigen zu lassen und sich so zum Gespött der Menschen zu machen."[667] Doch damit nicht genug: „Man hätte erwartet, dass der Vater einen Rest von Würde wahrt und eine Entschuldigung des Sohnes abwartet. Mitnichten! Er läuft ihm sogar entgegen und umarmt ihn, bevor der Sohn überhaupt etwas sagen konnte. In der damaligen Kultur war es für einen Patriarchen ungehörig, seine Gefühle in dieser Weise zu zeigen. Aber dieser Vater

663 Siehe Glossar Kap. 7.3: Zeitgradient.
664 Siehe Glossar Kap. 7.3: Buddhismus.
665 Karl Philberth in Philberth, S. 11.
666 Lukas 15, 11ff.
667 Rebiai, Gott, S. 129.

verzichtet aus Liebe auf alle Haltung und sagt: Du bist willkommen! Ich habe auf dich gewartet!"[668] Der allmächtige, heilige Gott feiert ein Fest, wenn der bis zu den Schweinen heruntergekommene Sohn wieder zurückfindet, und er setzt ihn wieder in seine Stellung als Sohn ein. „Er hat die Ehre, die ihm zustand, mit Füßen treten lassen, um diesem Sohn die Tür offen zu halten. Das ist Gnade."[669]

Ein Spötter kehrt heim

So fand auch Heinrich Heine, der große Spötter, am Ende seines kurzen Lebens zu diesem Gott zurück: „Es war im Mai 1848, an dem Tage, wo ich zum letzten Male ausging, als ich Abschied nahm von den holden Idolen, die ich angebetet hatte in den Zeiten meines Glücks. Nur mit Mühe schleppte ich mich bis zum Louvre, und ich brach fast zusammen, als ich in den erhabenen Saal trat, wo die hochgebenedeite Göttin der Schönheit, unsere liebe Frau von Milo, auf ihrem Postamente stand. Zu ihren Füßen lag ich lange und weinte so heftig, dass sich dessen Stein erbarmen musste. Auch schaute die Göttin mitleidig auf mich herab, doch zugleich trostlos, als wollte sie sagen: Siehst du denn nicht, dass ich keine Arme habe und also nicht helfen kann? Ich bin zurückgekehrt zu Gott, wie der verlorene Sohn, nachdem ich lange Zeit bei den Hegelianern die Schweine gehütet. Das himmlische Heimweh überfiel mich und trieb mich ... Denn man sucht doch einen Gott, der zu helfen vermag."[670]

Eine alte Geschichte berichtet von Paul Gerhards (1607-1676) schweren Tagen nach dem dreißigjährigen Krieg, in denen nicht einmal mehr ein Stäubchen Mehl im Kasten und keine

668 Rebiai, Gott, S. 138.
669 Rebiai, Gott, S. 136.
670 Heinrich Heine, Nachwort zum Romanzero, 1851, S. 297.

Rinde Brot im Schrank war. Da sei die Pröbstin zaghaft zu ihrem Paul gekommen: „Gib mir nur einen Groschen, dass ich das Allernötigste kaufen kann. Sonst kann ich dir heute nicht einmal den Tisch zu Mittag decken!" Aber nicht ein Kreuzer fand sich. Paul Gerhardt tröstete sie: „Ich will dir eine Speise besorgen, die nicht vergeht." Er ging in den Garten setzte sich und schrieb das Lied: „Befiehl du deine Wege und was dein Herze kränkt der allertreusten Pflege des, der den Himmel lenkt. Der Wolken, Luft und Winden gibt Wege, Lauf und Bahn, der wird auch Wege finden, da dein Fuß gehen kann." Paul Gerhard ist nicht verhungert. Offensichtlich fand Gott einen Weg, ihn zu versorgen.

7.7 Der Weg in eine ganzheitliche, unverbogene Wirklichkeit

Die Frage: Gibt es den Gott der Bibel? ist wissenschaftlich nicht zu beantworten, denn Gott ist metaphysisch, er steht also hinter der Physik. So dürfen wir von der Naturwissenschaft keine Klärung in Hinblick auf die Existenz eines persönlichen Gottes erwarten: Sie ist dafür nicht zuständig. Aber sie legt uns heute auch keine intellektuellen Hindernisse mehr in den Weg zu Gott, wie es die naturalistische Wissenschaft noch tat. Es ist auch nicht „unwissenschaftlich", in den geheimnisvollen Hyperraum zu blicken, der der Wissenschaft versperrt ist. Gott selbst gestattet uns in seiner Offenbarung einen Blick in Seine Welt und Sein Wesen. Im Alten Testament hatte Er seinem Volk verboten, sich ein Bild, eine „Theorie" von ihm zu machen, denn die hätte ganz sicher nicht seinem Wesen entsprochen. Aber seitdem er in Jesus Christus Mensch geworden war, können wir so viel von seinem Wesen verstehen, wie es wichtig für uns ist: „Er [Jesus] ist das Ebenbild des unsichtbaren Gottes."[671] Dies bestätigt Jesus selbst: „Wer mich sieht,

671 Kolosser 1, 15.

der sieht den Vater!"[672] Damit wissen wir genug über die sichtbare und unsichtbare Wirklichkeit, um in dieser Welt ein sinnvolles Leben führen zu können.

Mehr noch: Gott bietet uns an, auch Bürger des Himmels zu werden und in Seiner Liebe zu leben. „Aber die Geschichte Gottes mit jedem Menschen hat ein offenes Ende. Hier muss jeder von uns selbst entscheiden."[673] Wir sind die einzigen Lebewesen, „denen Gott, der Unfassbare, sich durch seinen Sohn Jesus Christus verständlich und verstehbar gemacht hat. Wir sind die einzigen Lebewesen mit der Fähigkeit, darauf zu reagieren, Antwort zu geben."[674] So haben wir seit Adam und Eva die Wahl, Gott und seinem Wort zu vertrauen und Jesus als den anzunehmen, der als einziger uns unsere Schuld abnehmen und den Weg zum Vater frei machen kann. Oder, wie Adam und Eva und die meisten Menschen unseren eigenen Weg ohne Gott zu gehen. Diese Entscheidung ***muss*** getroffen werden. Werner Heisenberg hat sich entschieden, „wo diese andere Welt in unser Leben eingreift, das einfach als Geschenk hinzunehmen, … als die Gnade einer höheren Macht, die unser Schicksal bestimmt und der wir uns dankbar fügen dürfen."[675]

Für die Art dieser Begegnung gibt es kein Schema. Denn eine große Liebe ist einmalig und so ist auch jede Beziehung zu Gott eine einmalige. Es ist nicht möglich, darüber eine allgemein verständliche Aussage zu machen und einen anderen mit einzubeziehen in diese persönliche Erfahrung. Er muss sie selbst machen: Wenn ich wissen will, wie ein Apfel schmeckt, hilft es nicht weiter, jemanden zu befragen oder eine Theorie darüber aufzustellen: Ich muss hineinbeißen! Das Angebot gilt

672 Johannes 14, 9.
673 Tomiska, Physik., S. 185.
674 Karlheinz Binder, Geschäftsmann und Christ, 9/97.
675 Heisenberg, Ordnung, in: Dürr, 1986, S. 331.

nicht irgendwelchen besonderen Menschen, allen gibt Gott eine Garantie:

„Wenn du den HERRN, deinen Gott, suchen wirst, so wirst du ihn finden, wenn du ihn von ganzem Herzen und von ganzer Seele suchen wirst."[676]

So ist christlicher Glaube himmlischer Realismus, wie es auch Max Plancks Fazit zeigt:[677]

„Wohin und wie weit wir also blicken mögen, zwischen Religion und Naturwissenschaft finden wir nirgends einen Widerspruch, wohl aber gerade in den entscheidenden Punkten volle Übereinstimmung.

Religion und Naturwissenschaft: sie schließen sich nicht aus, wie manche heutzutage glauben oder fürchten, sondern sie ergänzen und bedingen einander. Wenn also beide, Religion und Naturwissenschaft, zu ihrer Bestätigung des Glaubens an Gott bedürfen, so steht Gott für die eine am Anfang, für die andere am Ende alles Denkens. Der einen bedeutet er das Fundament, der anderen die Krone des Aufbaus jeder weltanschaulichen Betrachtung.

Es ist der stetig fortgesetzte, nie erlahmende Kampf gegen Dogmatismus, gegen Unglauben und gegen Aberglauben, den Religion und Naturwissenschaft gemeinsam führen, und das richtungsweisende Losungswort in diesen Kampf lautet von jeher und in alle Zukunft: ***„Hin zu Gott!"***

676 5. Mose 4, 29 oder Jeremia 29, 13.
677 Planck, Religion, in: Dürr, 1986, S. 29, 37-39.

GLOSSAR

Glossar

Glossar Kapitel 1

Materialismus – Naturalismus

Naturalismus und Materialismus sind einander sehr ähnlich, aber „die Komplexität des Materiebegriffs hat dazu geführt, dass verschiedene materialistische Philosophen dazu tendieren, den Begriff „Materie" zu ersetzen durch eine Vorstellung von „allem, was mit den Methoden der Naturwissenschaft untersucht werden kann."[678] Materialisten sind Naturalisten, aber es gibt Naturalisten, die Geist und Bewusstsein von der Materie unterscheiden. Sie verstehen Geist und Bewusstsein auf einer höheren Ebene angesiedelt und nicht reduzierbar auf Materieeigenschaften, aber dennoch abhängig von Materie. Naturalismus und Materialismus gemeinsam ist die Vorstellung, dass „die Welt der Natur einen eigenen Bereich bilden sollte, ohne das Eindringen göttlicher oder menschlicher Seelen oder Geister von außen."[679] Unabhängig von ihren unterschiedlichen Sichtweisen sind Materialismus und Naturalismus grundsätzlich atheistisch.

Glossar Kapitel 2

2.1 Zivilreligion

Der Begriff „Zivilreligion" entstammt Jean-Jacques Rousseaus „Gesellschaftsvertrag" von 1762. Er versteht die „religion civile" als einen „doppelten Glauben"; nämlich als einen allgemeinen „Gottesglauben", der von den Vertretern aller Religionen zu akzeptieren ist und einen „Moralglauben", der vom Staat vorgegeben wird. Die Zivilreligion bildet den nicht hinterfragbaren „religiösen" Anteil einer politischen Kultur, der notwen-

678 Ted Honderich, Ted (Hg.), Oxford Companion to Philosophy, Oxford University Press 1995, S. 604.

679 Lennox, Wissenschaft, S. 40.

dig ist,[680] um ein Gemeinwesen zusammenzuhalten. Alle antiken Weltreiche von Assur bis Rom hatten solche staatlich verordnete „Oberreligionen". Durch Kaiser Konstantin wurde das Christentum Staats- und zugleich Zivilreligion. Nach dem Zusammenbruch des römischen Reiches gewährte Karl der Große dem von den Langobarden bedrängten Vatikan seinen Schutz, ließ sich aber als „Gegenleistung" 800 n. Chr. vom Papst zum Kaiser krönen. Damit wurde die kirchliche Lehre auch zur Zivilreligion des „heiligen römischen Reiches Deutscher Nation". Wer Reichsbürger sein wollte, musste getauft sein. Andernfalls musste er auswandern oder er wurde hingerichtet. Die „heilige Inquisition" bildete eine Art von „Verfassungsgericht". Was der Lehre der Kirche widersprach, war verfassungswidrig und wurde von staatlichen Organen brutal verfolgt. Ein typisches Merkmal der Zivilreligion ist: Sie lässt alle Freiheit, solange man sich innerhalb ihres Denk- und Glaubensrahmens bewegt, aber sie ist absolut intolerant, sobald dieser Rahmen öffentlich überschritten wird.

Im Prozess gegen Galilei ging es also nicht darum, ob er unbiblische Positionen vertrat, sondern ob seine Lehre der Lehre der Kirche widersprach. Auch die Prozesse gegen Jan Hus und Martin Luther waren nach Reichsrecht eine Verfassungsangelegenheit. Im Jahr 1520 wurde Luther vom Vatikan exkommuniziert, weil er sich weigerte, seine Überzeugung zu widerrufen, dass die Heilige Schrift allein – und nicht die Heilige Schrift in ihrer verbindlichen Auslegung durch das Lehramt der römischen Kirche – die Quelle christlicher Wahrheit sei. Vor diesem Hintergrund musste Luther wie auch Jan Hus und alle früheren Reformatoren zum Tode verurteilt werden.

Auch unsere Kultur hat eine Zivilreligion, in der neben Anderem der Naturalismus, Gender Mainstreaming und die

680 Robert N. Bellah, Civil Religion in America. In: Daedalus 96 (1967), Boston, Massachusetts, S. 1-21.

menschengemachte Erderwärmung nicht in Frage gestellt werden dürfen. Auch sie wendet Sanktionen an, um diese Vorgaben durchzusetzen.[681]

2.2 Galileis neue Methode

Das Revolutionäre an Galileis neuer Methode betraf sowohl den theoretischen wie auch den experimentellen Ansatz. Bei seinen theoretischen Überlegungen ging Galilei folgendermaßen vor:

1. Er beginnt mit der Erklärung der verwendeten Begriffe, z. B. einer gleichförmig beschleunigten Bewegung.
2. Danach formuliert er eine Hypothese, welchen Bewegungsablauf er erwartete.
3. Aus dieser Hypothese leitete er dann die mathematischen Zusammenhänge her.
4. Schließlich überprüfte er seine theoretischen Voraussagen im Experiment.

Aber auch im experimentellen Teil ging Galilei völlig neue Wege, um zu verwertbaren Ergebnissen zu kommen:

1. Er wählte eine einfache Teil-Bewegung aus komplizierten Bewegungen und
2. schuf idealisierte Versuchsbedingungen, die in der Natur nirgendwo zu finden sind, wie eine völlig glatte Ebene oder eine Experimentalanordnung, die bessere Messungen zulässt, ohne das Grundprinzip der Gesetzmäßigkeit zu verändern.

Ein Beispiel: Da Galilei bei der Aufstellung der Fallgesetze weder so kurze Zeiten noch Geschwindigkeiten im freien Fall messen konnte, führte er die Versuche an einer schiefen Ebene durch. Damit konnte er, ohne den Charakter des zeitlichen

681 Siehe Kap. 6.1: Der Umgang mit modernen „Ketzern".

Ablaufs zu verändern, den freien Fall so verlangsamen, dass er die Zeit mit der notwendigen Genauigkeit messen konnte.

Der dritte Schritt ist mindestens ebenso wichtig:

3. Er vernachlässigte unwesentliche Störeinflüsse, um, wo nötig, durch Extrapolation aus den gemessenen Werten auf das idealisierte Objekt zu schließen.

Auch dazu ein Beispiel: Bei einer völlig exakten Berechnung der Fallgesetze hätte Galilei genaugenommen die Masseverteilung des gesamten Universums kennen und einbeziehen müssen. Das war zum einen unmöglich und hätte andererseits am Ergebnis so gut wie nichts geändert, weil die Anziehungskraft der anderen Himmelskörper vernachlässigbar klein gegenüber der Erdanziehungskraft ist.

Galilei und die Kirche

Galilei symbolisiert für viele den „Konflikt von Glauben und Wissenschaft". So war Albert Einstein fest davon überzeugt, dass „die Kirchen die Wissenschaft von jeher bekämpft und ihre Anhänger verfolgt haben."[682] Aber die Fakten zeigen etwas anderes. Galilei hatte gute Beziehungen zur Kirche und viele Unterstützer im Vatikan. Kardinal Robert Bellarmin, zentrale Persönlichkeit der Inquisition, schrieb im ersten Prozess einen Brief an Galilei mit der Versicherung, er müsse keiner Lehre abschwören, aber die Kirche verlangte von ihm zu Recht, wie es C. F. v. Weizsäcker sah, „die Kopernikanische Lehre, die er auch wirklich nicht beweisen konnte, nicht als These, sondern als mathematische Fiktion zu lehren."[683] 1623 wurde sein Förderer, Kardinal Maffeo Barberini, zum Papst gewählt. Galilei machte sich aber öffentlich über die wissenschaftlichen

682 Einstein, Weltbild, S. 20.
683 Weizsäcker, Bewusstseinswandel, S. 405.

Gedanken Urbans VIII lustig und verspielte damit die Protektion des Papstes. Im September 1632 bestellte der ihn zu einem zweiten Prozess nach Rom ein. Im April 1633 wurde er vernommen und bekannte, in seinem Buch „Dialogo" geirrt zu haben. Nachdem er seinen Fehlern abgeschworen hatte, wurde er zu lebenslanger Kerkerhaft verurteilt. Aber Galilei kam nie in einen Kerker, sondern schon nach wenigen Wochen wurde er unter die Aufsicht des Erzbischofs von Siena gestellt, der sein glühender Bewunderer war und ihn nach Kräften unterstützte."[684]

Es gibt zwei Interpretationen dieses zweiten Prozesses. Die eine, „dass er, als ein zeitlebens tiefgläubiges Mitglied der Kirche, den Versuch unternahm, diese Kirche vor einem verhängnisvollen Irrtum zu bewahren."[685] Die andere, die von C. F. v. Weizsäcker vertreten wird, betrifft den Umgang mit den Ergebnissen der Wissenschaft. „Die Kirche hatte die Verantwortung für das Ganze und musste versuchen, mit aller Kraft ihre Stützen zu bewahren. Galilei hatte sie nicht. Er diente einer ganz anders gedachten Wissenschaft. Er tat, was die moderne Physik prinzipiell ermöglichte: Er publizierte alle neuen Erkenntnisse und wollte die technische Anwendung des Gefundenen. Und so begann bei ihm ein gerader Weg zur Atombombe. Im allgemeinen Bewusstsein lebt Galilei weiter als der große Märtyrer der Wissenschaft, der im Kampf gegen eine versteinerte Kirche unschuldig unterlag. Galilei war kein Märtyrer. Er ist nicht getötet worden, er hat abgeschworen. Er vertrat eine Wahrheit, die keiner Märtyrer bedarf, weil sie beweisbar war."[686]

684 Die Fakten der Prozesse gegen Galilei sind eine Kurzfassung der Darstellung in Wikipedia, Juli 2017.

685 Wikipedia, Galilei.

686 Weizsäcker, Bewusstseinswandel, S. 406.

2.3 Ist alles relativ?

Bernhard Philberth hat recht: Es gibt kein Relativitätsprinzip, kein spezielles und kein allgemeines. Physikalisch raum-zeitliche Phänomene erscheinen in Bezug auf einen Standpunkt mit je einem Wert, in Bezug auf einen anderen Standpunkt mit je einem anderen Wert. Was gelang ist, dass man die Transformationsschemata angeben konnte, mathematische Formeln, welche die einen in die anderen Werte transformieren, d. h. umrechnen konnten. „Relativitätsprinzip" dagegen wäre die „Gleichberechtigung aller Bezugssysteme zur Beschreibung physikalischer Zustände und Vorgänge. ... Aber gerade in Bezug auf die Energie, d. h. der Basis physikalischer Existenz, insbesondere des Weltalls, ist eben keine gleichwertige Beschreibung gegeben. ... Die die ganze Physik beherrschende Vakuum-Lichtgeschwindigkeit ist als Invarianz-Geschwindigkeit keine relative, sondern eine absolute Größe. Relativität stütz sich also auf Absolutes."[687]

Glossar Kapitel 3

3.1 Zufall und Wahrscheinlichkeit

Üblicherweise wird der Zufall als äquivalent zur Gesetzmäßigkeit verstanden. Aber genaugenommen geht man davon aus, dass wir den tieferen Grund des Phänomens nicht kennen. Denn obwohl ein Geschehen statistischen Gesetzen folgt, kann hinter diesem „Zufall" dennoch eine Absicht oder Kausalität stehen. Das zeigt ein einfaches Beispiel: Man kann an einer Verkehrskreuzung eine Statistik aufstellen, wie viele Fahrzeuge sie zu einer bestimmten Zeit überqueren und die Wahrscheinlichkeiten dafür berechnen. Dennoch findet keine einzige dieser Fahrten zufällig statt.

687 Philberth, in: Uhlenbruch, Wissenschaftler, S. 191-193.

In der Deutung des Zufalls unterscheiden sich die klassische und die Quantenphysik grundsätzlich: Die klassische Physik sieht alles vollkommen determiniert und nichts wirklich zufällig. Es erscheint nur als zufällig, weil man die Zusammenhänge noch nicht kennt oder man sie in einem allzu komplexen System nicht berechnen kann. In der Quantentheorie dagegen sind nur die Möglichkeiten eines Systems festgelegt, nicht aber deren tatsächliche Realisierung bei der Messung. Welche dieser Möglichkeiten realisiert wird, hängt vom „echten" Zufall ab. „Quantenzufällig" heißt, so Lothar Schaefer, „dass es nichts gibt, was man wissen könnte, um eine Vorhersage zu machen."[688] Das hat aber nichts mit „Willkür" zu tun, denn es gibt nur einen begrenzten Vertrauensbereich um den Erwartungswert, in dem nach der Wahrscheinlichkeit der Schrödinger-Gleichung die tatsächlichen Werte zu erwarten sind.

Unbestimmtheit

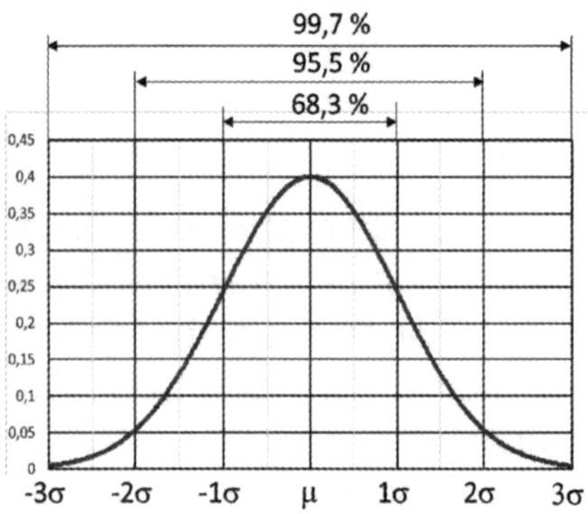

Eine Zufallsvariable hat zwei Merkmale: Den Erwartungswert μ, (der Wert mit der höchsten Wahrscheinlichkeit von 40 %) und den Vertrauensbereich, den Bereich um den Erwartungswert, innerhalb dessen z. B. mit –2σ bis +2σ 95,5 % der Werte zu erwarten sind. Nach der Unbestimmtheitsrelation hängt der Vertrauensbereich von der Masse des Elementarteilchens ab.

688 Schaefer, Wirklichkeit, S. 107.

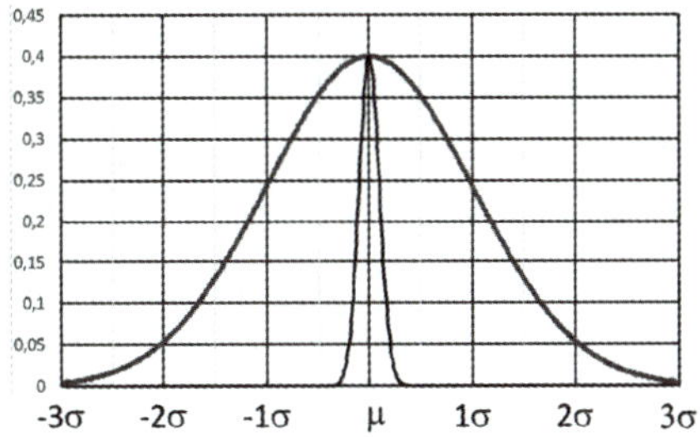

Da sich der Vertrauensbereich mit der Anzahl der Atome (im Bild für 1 und 100 Atome) verringert, makroskopische Systeme aber aus Billionen von Atomen bestehen, wird die Unschärfe so klein, dass sie nicht mehr messbar ist. Das System erscheint determiniert.

Erwartungswert

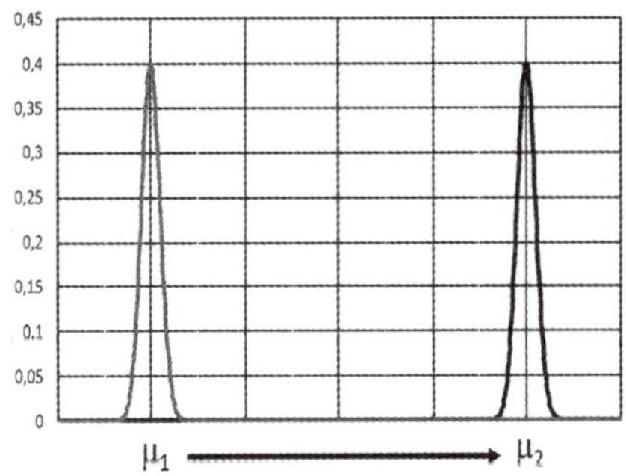

Es war zunächst die Ansicht vertreten worden, dass Heisenbergs Unbestimmtheitsrelation das erforderliche „Schlupfloch" für einen Eingriff in das sonst geschlossene System der Natur wäre. Dieser Vorschlag widerspricht aber der Quantentheorie. Die Unschärfe ist nicht manipulierbar. Nach der Theorie Burkhard Heims (Kap 4.3) und den Forschungen von John Eccles (Kap. 5.6) kann das Bewusstsein über Wahrscheinlichkeitsfelder den Erwartungswert μ einer großen Zahl von Atomen oder Molekülen verschieben und so makroskopisch auf ein System einwirken.

3.2 Einsteins metaphysisch begründete Ablehnung der Unbestimmtheit

Die Wahrscheinlichkeitskomponente der Quantentheorie öffnete unser Universum für das Eingreifen aus einer Dimension außerhalb der Raumzeit. C. F. v. Weizsäcker wusste: „Einstein hat die Radikalität des Bohrschen Standpunktes genau verstanden."[689] Wer, wie Einstein „von der kausalen Gesetzmäßigkeit allen Geschehens durchdrungen ist, für den ist die Idee eines Wesens, welches in den Gang des Weltgeschehens eingreift, ganz unmöglich."[690] Selbst Affekte dürfen in diesem pantheistischen Weltbild nicht moralisch bewertet werden, denn auch sie sind naturgesetzlich determiniert. Einsteins Ablehnung der Unbestimmtheit, so v. Weizsäcker, „war letztlich metaphysisch bestimmt, und er wusste das. ... Wenn man ihn stellte, antwortete er direkt: „Ich glaube an Spinozas Gott, der sich in der gesetzlichen Harmonie des Seienden offenbart, nicht an einen Gott, der sich mit Schicksalen und Handlungen der Menschen abgibt"[691] Für Einstein sind die Natur und ihre Gesetze eine Offenbarung Gottes: „Die intuitive Erkenntnis der Ordnung der Natur, also Gottes, ist Vereinigung mit Gott bzw. Liebe zu Gott."[692] Einstein war in seinem Glauben ein tief religiöser Mensch: „Meine Religiosität besteht in einer demütigen Bewunderung des unendlich überlegenen Geistes, der sich in dem Wenigen offenbart, was wir mit unserer schwachen und hinfälligen Vernunft von der Wirklichkeit zu erkennen vermögen." [693]

Mit dieser pantheistischen Religiosität verband sich eine tiefe Ablehnung des Christentums, die wohl in der Kirchenge-

689 Weizsäcker, Physik, S. 497.
690 Einstein, Religion, in: Dürr, 1986, S. 69.
691 Weizsäcker, Physik, S. 553.
692 Nach Röd, Weg, S. 50-55.
693 Albert Einstein, Gelegentliches, Soncino-Gesellschaft der Freunde des jüdischen Buches, 1929, S. 9.

schichte begründet ist. Spinoza war mit seiner Familie vor der Inquisition aus Spanien nach Holland geflohen. Die Kirche hatte den hoheitlichen Auftrag, über die Einhaltung der mittelalterlichen „Zivilreligion"[694] zu wachen. Danach musste man getauft sein, um Bürger des Reiches zu sein. Juden mussten sich also taufen lassen, um im Reich bleiben zu können oder sie mussten auswandern, um nicht getötet zu werden. Diese Erfahrung hat auch Einsteins negative Grundeinstellung gegenüber der Kirche und dem Christentum geprägt. Sie hat sich auf die Quantenphysik übertragen, wie Horst W. Beck empfindet[695]: „Der unterschwellige Hass gegen die Kontingenz- und Verschränkungsfolgen der Quantentheorie, die er mitbegründet hat, und die er auf dem Sterbelager noch mit Papier und Bleistift bekämpfte."[696]

3.3 Was wissen Photonen?

Doppelspaltversuche

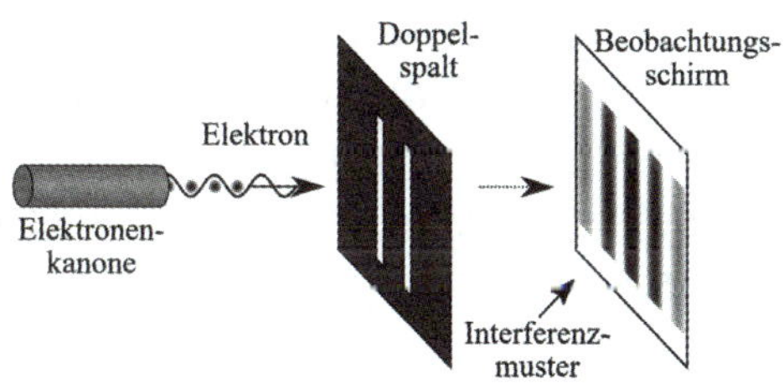

Erstaunliches Verhalten von Photonen zeigt sich in dem sogenannten Doppelspalt-Versuch: Der Aufbau des Experiments ist sehr einfach: Licht aus einer Elektronen- oder Photonenquelle (Lampe) tritt durch zwei Spalte, die in eine Blende geschnitten sind. In einem Abstand hinter der Blende ist ein Beobachtungsschirm aufgestellt. Man kann nun, wie bei Licht zu erwarten, auf dem Schirm helle und dunkle Interferenzstreifen sehen, die sich aus der Überlagerung (Verstärkung und Abschwächung) der Lichtwellen der zwei Spalte ergeben.

694 Siehe Glossar Kap. 2.1: Zivilreligion.
695 Beck, Licht, S. 68.
696 Abraham Pais, The Genius of Science, A portrait gallery, Oxford University Press, 2000.

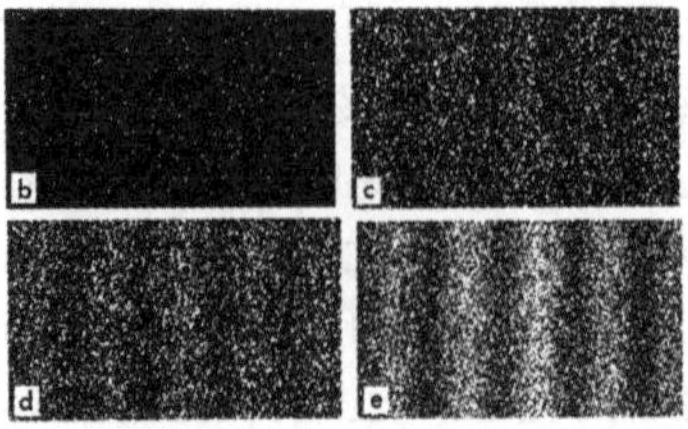

„Schießt" man nun aber aus einer sehr schwachen Lichtquelle einzelne Photonen nacheinander in Richtung der Blende, so baut sich erstaunlicherweise mit zunehmender Zahl von Protonen (b: 200, c: 6.000, d: 40.000, e: 140.000) das gleiche Interferenzmuster auf, obwohl ein einzelnes Teilchen selbst als Materiewelle nicht mit sich selbst interferieren kann. Woher „weiß" also das Teilchen, in welchen Bereich es (nicht) fliegen darf? Möchte man nun wissen, welchen der beiden Spalte ein Photon „wählt" und installiert an einem Spalt einen Detektor, so verschwindet das Interferenzmuster und es erscheinen nur zwei Zufallsstreifen auf dem Beobachtungsschirm. Woher „wissen" die Photonen des zweiten Spaltes, dass die des ersten beobachtet werden? Noch erstaunlicher: Dieses Phänomen tritt auch dann auf, wenn die Beobachtung nur indirekt geschieht, also ohne Wechselwirkung mit einem der Photonen. Daraus folgerte Anton Zeilinger: „Wir haben offenbar etwas qualitativ vollkommen Neues vor uns. Es wäre dann so, dass nicht einmal das Teilchen selbst „weiß", warum es an welchem Punkt am Beobachtungsschirm landet."[697]

Verschränkung

„Verschränkte" Photonen können durch polarisierende Strahlenteiler (nichtlineare Kristalle) erzeugt werden. Sie haben die Eigenschaft, dass ihre Polarisation immer rechtwinklig zueinander ist. Wenn die Lichtquelle ein verschränktes Photonenpaar aussendet, durchlaufen die Photonen unterschiedliche Wege. Sobald aber bei einem der Photonen die Polarisation verändert wird, reagiert der beliebig weit entfernte „Zwilling" ohne Zeitverzug und ändert seine Polarisation entsprechend. Das erfordert aber einen Informationsaustausch mit

697 Zeilinger, Schleier, S. 42.

Über-Lichtgeschwindigkeit. Amit Goswami erklärt dies: „Quantenobjekte müssen als „Objekte in Potentia" aufgefasst werden, die auf einen nichtlokalen Wirklichkeitsbereich hinweisen, der über die lokale Raumzeit hinausgeht und somit außerhalb des Hoheitsbereichs der Einsteinschen Geschwindigkeitsbegrenzung liegt.[698] Mittlerweile gibt es auch konkrete Anwendungen des Phänomens: Der Wiener Physiker Anton Zeilinger führte 1997 als erster eine Quanten-(Nachrichten-) Teleportation mit Photonen durch. So lassen sich abhörsichere Datenkanäle realisieren, da am „Referenzphoton" abzulesen ist, ob das „Signalphoton" beobachtet wurde."[699]

EPR-Paradox

Eine erste Erklärung versuchte David Bohm. Er vermutete „verborgene Parameter", die wie ein Radarsignal, das Schiff ohne Energie durch Information steuern.[700] Diese Hypothese musste aber verworfen werden, weil John Stewart Bell (1928-1990), 1969 durch seine „Bellschen Ungleichungen"[701] zeigen konnte, dass keine Theorie verborgener Variablen der Quantenphysik gerecht wird. Als einer der gründlichsten Kenner der Quantentheorie gab David Bohm aber die Suche nach einer Erklärung für das merkwürdige „Wissen" der Elementarteilchen nicht auf. So hat er 1980 aus der Nichtlokalität geschlossen, dass Phänomene, die in der Raumzeit voneinander getrennt sind, Wurzeln außerhalb der Raumzeit haben müssen, die nicht trennbar sind. Als Beispiel dafür nennt Bohm die Fernsehübertragung. Dort wird das Bild in eine zeitliche Ordnung übersetzt, die von einer Radiowelle getragen wird. „Punkte, die sich im Bild „nahe" sind,

698 Amit Goswami, Das bewusste Universum, 2007, S. 153.
699 Zeilinger, Schleier, S. 42.
700 David Bohm, Causality and Chance in Modern Physics, 1957.
701 John S. Bell, On the Problem of Hidden Variables ..., in: Reviews of Modern Physics. Bd. 38 (1966), S. 447-452.

müssen in der Ordnung des Radiosignals nicht unbedingt „nahe" sein."[702] Nach Bohms Theorie bilden die beiden verschränkten Photonen des EPR-Versuchs im Hyperraum ein einziges System, während sie uns in der raumzeitlichen Ordnung weit entfernt erscheinen.

Bewusstsein

Bewusstsein lässt sich nach Günter Ewald auch aus der Ganzheit des Universums ableiten. Weil die Ganzheit alles, auch unser eigenes Bewusstsein, in sich einschließt, ist der Schluss erlaubt: „Der Hintergrund der sichtbaren Wirklichkeit ist bewusstseinsartig."[703] Man muss also von einem Ganzen ausgehen, einem kosmischen Bewusstsein, aus dem heraus der einzelne Vorgang verständlich wird. Auch die Einbeziehung von Information in die Physik führt auf Bewusstsein hin: Denn Information ist nur sinnvoll, wenn sie eine Bedeutung hat. Die erhält sie aber erst durch Bewusstsein.
Kann man Bewusstsein physikalisch fassen? Zweifellos setzt Bewusstsein sinnliche Wahrnehmungen voraus. Dazu stehen zunächst die fünf klassischen Sinne zur Verfügung. Alle sinnlichen Wahrnehmungen lassen sich physikalisch auf die Fähigkeit unseres Körpers zurückführen, äußere optische, akustische, chemische und mechanische Reize in elektromagnetische Signale umzuwandeln. Somit hat unser Bewusstsein etwas mit der Verarbeitung von elektromagnetischen Vorgängen zu tun. Das Wahrgenommene muss aber gespeichert werden, sodass es erinnert werden kann."[704] Bis hierhin ist Bewusstsein physikalisch nachvollziehbar.[705]
Aber es genügt nicht, Informationen zu sammeln und zu speichern, was auch ein Computer kann, sondern es ist erforder-

702 Bohm, Ordnung, S. 198.
703 Ewald, Jenseits, S. 123-124.
704 Siehe Glossar Kap. 4.3: Emile Charon, Bewusstseinsteilchen.
705 Siehe Kap. 3.3: Das Bewusstsein hält Einzug in die Physik.

lich, über die gewonnenen Informationen zu reflektieren, um daraus eine geeignete sinnvolle Verhaltensweise abzuleiten. Der Philosoph John Searle (*1932) bewies, dass ein Computer als symbolverarbeitende Maschine keine Sinnhaftigkeit verarbeiten kann. Man kann zwar einige Symbole für die Kennzeichnung von Sinnhaftigkeit heranziehen, nennen wir sie „Bedeutungssymbole", dann brauchen sie andere Symbole, welche die Bedeutung der Bedeutungsymbole angeben, demzufolge wieder Symbole, welche deren Bedeutung angeben usw. „Um Sinnhaftigkeit zu verarbeiten, benötigen Sie eine unendliche Zahl von Symbolen und Maschinen. Eine unlösbare Aufgabe!"[706] Der Physiker und Mathematiker Sir Roger Penrose (*1931) konnte auch mathematisch nachweisen, dass Computer keine Sinnhaftigkeit verarbeiten können.[707]

Glossar Kapitel 4

4.1 Schwarzes Loch

Die Bezeichnung „schwarzes Loch" geht auf den Physiker John Archibald Wheeler (1911-2008) zurück. Die Existenz schwarzer Löcher wird durch die Allgemeine Relativitätstheorie vorausgesagt. Es ist, als würde sich ein Teil der Raumzeit aus dem Universum „herausstülpen". Selbst Lichtteilchen können das schwarze Loch nicht mehr verlassen, daher der Name „schwarzes" Loch. Jede noch so kleine Masse kann zu einem schwarzen Loch werden, wenn die Krümmung so stark wird, dass sie ein berechenbares Kugelvolumen unterschreitet. Dann zieht sich die Masse hinter

706 Goswami, Evolution, S. 307.

707 Roger Penrose, The Emperor's New Mind. Concerning Computers, Minds and the Laws of Physics, 1989.

dieses Volumen zurück und wird „unsichtbar". Schwarze Löcher können also nicht nur in Galaxien, sondern auch im Mikrokosmos auftreten.
Das Innere eines schwarzen Lochs hat eine 4-dimensionale Struktur. Wheeler et al. (1973) zeigten, dass die Raumdimensionen zeitartige Eigenschaften bekommen und die Zeit raumartig wird. Diese Metrik eines Schwarzen Loches bedingt, dass die Zeit zyklisch rückwärts läuft (Allan Sandage 1972). Dies hat gravierende Folgen: Der zweite Hauptsatz der Thermodynamik besagt, dass die Entropie in einem geschlossenen physikalischen System nur größer werden kann. Aber in einem System, in dem die Zeit rückwärts läuft, kann die Entropie auch kleiner werden. Man spricht dann von „Negentropie", die, im Gegensatz zur Entropie, das Bestreben eines physikalischen Systems bezeichnet, einen möglichst hohen Ordnungsgrad einzunehmen. Das würde erklären, dass Lebewesen, also Pflanzen, Tiere und Menschen einen höherer Organisationsgrad bilden, der andernfalls nicht zu erwarten wäre.

4.3 Hyperraumtheorien

Emile Charon – Innere Raumzeit von Elektronen

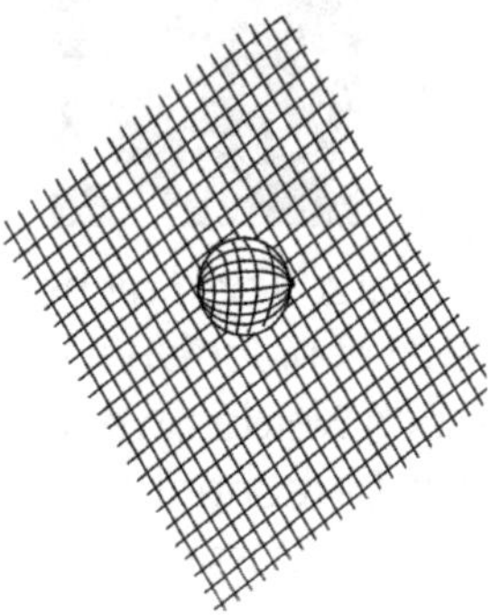

Charon ließ sich bei seinem physikalischen Ansatz von seinem französischen Wissenschaftskollegen Charles-Noel Martin inspirieren. In ihm fand er einen der ersten Physiker, die vermuteten, dass einige Elementarteilchen eine Raumzeit besonderer Art einschließen."[708]
Wie beim Schwarzen Loch[709] beschrieben, kann auch bei sehr kleinen Mas-

708 König, Urwort, S. 38.
709 Siehe Glossar Kap. 4.1: Schwarzes Loch.

sen die Struktur der äußeren Raumzeit so stark gekrümmt werden, dass die Elektronen eine „innere" Schwarzes-Loch-Struktur haben. Dabei entsteht ein in sich geschlossener, von der äußeren Raumzeit unabhängiger Raumzeit-Bereich: „Man kann sich die Elektronen als 4-dimensionale Kugeln vorstellen, die auf einer vierdimensionalen Fläche der äußeren Raumzeit dahinrollen. Die Schnittstelle bzw. der Berührungspunkt der inneren Raumzeit eines Elektrons mit der äußeren Raumzeit ist der Ort, an dem ein Elektron von der äußeren Raumzeit aus beobachtet werden kann. Man kann also sagen, dass die Elektronen die Dimensionspforten zwischen der äußeren und der inneren Raumzeit sind."[710] Zur Beschreibung dieser inneren Raumzeit verwendet Charon vier weitere Dimensionen. Das Universum der komplexen Relativitätstheorie besteht also aus insgesamt 8 Dimensionen.

Bewusstseinsteilchen[711]

Die gesamte Wahrnehmungs-Sensorik von biologischen Lebewesen ist dahingehend optimiert, den Elektronen als den kleinsten Einheiten des Bewusstseins die Informationen zukommen zu lassen. Wahrnehmungsfähigkeit ist jedoch nur eine Grundvoraussetzung von Bewusstsein.[712] Damit es entstehen kann, muss das Wahrgenommene bzw. Erfahrene auch abgespeichert und erinnert werden können. Schließlich muss es möglich sein, nicht nur Informationen über die Wahrnehmung zu sammeln und zu speichern, was auch ein Computer vermag, sondern es ist erforderlich, über die gewonnenen Informationen zu reflektieren, sich für eine geeignete Verhaltensweise, Aktion oder Tat zu entscheiden.

Über die elektromagnetischen Wechselwirkungsmechanismen ist es den Elektronen möglich, Informationen mit ihrer

710 König, Urwort, S. 39-41.

711 König, Urwort, S. 58-60.

712 Siehe Glossar Kap. 3.3: Bewusstsein.

Umgebung auszutauschen, diese Informationen zu sammeln, um daraus Erkenntnisse zu gewinnen (Negentropie-Erhöhung) und aktiv in das äußere Geschehen einzugreifen. Das „Erlebnis" des Elektrons mit einem äußeren Photon wird für das Elektron zu einer Erfahrung, die es in Form eines neuen Lichtmusters in seiner inneren Raum-Zeit speichert. Charon zeigte, dass neben der gerade beschriebenen Erfahrung, grundsätzlich weitere Prozesse unterschieden werden können: die Reflexion, die Tat, die Erkenntnis und die Liebe. Das Modell gibt eine erstaunliche Sicht auf die physikalische Seite von Bewusstsein. Der geistige Anteil lässt sich naturgemäß aus der Theorie nicht ableiten.

Faktische Ergebnisse

Für die Qualität von Charons Modell spricht, dass sich das Elektron und elektronenähnliche Teilchen wie das Positron beschreiben und daraus ihre Massen sowie elektrische Ladungen berechnen lassen. Das Modell ist frei von jeglichen Anpassungs-Parametern und benötigt lediglich die fundamentalen Naturkonstanten Lichtgeschwindigkeit, Planck-Konstante und Gravitationskonstante. Die Gleichungen der allgemeinen Relativitätstheorie behalten in der komplexen Relativitätstheorie ihre Gültigkeit.

Charons Theorie liefert auch ein klares Verständnis der elektromagnetischen Wechselwirkungen, wie es keine andere physikalische Theorie zuvor vermochte. „Besonders beeindruckend ist dabei, dass Charon die bislang rätselhaften gedrittelten elektrischen Ladungen der Quarks berechnen kann. Demnach bilden Elektronen und Positronen „Dreiergruppen: Elektron-Positron-Elektron oder Positron-Elektron-Positron. Die Folge ist, dass die elektrischen Ladungen der Quarks Vielfache von Dritteln der elektrischen Elementarladung sind."[713] In Experi-

713 König, Urwort, S 66.

menten ist es nie gelungen, die Quarks als isolierte Teilchen zu beobachten, da sie untereinander durch extrem starke Wechselwirkungen verbunden sind. Aus Sicht der komplexen Relativitätstheorie sind sie über die Transdimensionen der inneren Raumzeiten so stark miteinander verschränkt, dass es auch bei größten Energien in Teilchenbeschleunigern nicht möglich ist, sie in der äußeren Raumzeit räumlich zu trennen.

Burkhard Heim[714] *– Biographie*

Burkhard Heim war wohl einer der genialsten Physiker des 20. Jahrhunderts. Dabei war er körperlich schwerstens behindert: Er hatte gegen Ende des Krieges einen Unfall mit einem neu entwickelten Sprengstoff und verlor dabei beide Hände und fast sein gesamtes Sehvermögen. Sein jüngerer Freund, der Physiker Illobrand von Ludwiger berichtet in Heims Biographie: „Schon als Student der Physik in Göttingen hatte sich Heim 1951 in die Allgemeine Relativitätstheorie eingearbeitet und entdeckte einige Inkonsistenzen in den Einsteinschen Ansätzen.[715] Parallel dazu studierte er auch die Quantentheorie, deren Kopenhagener Deutung er allerdings ablehnte."[716] Er war schon als Student seinen Professoren oft weit voraus: „1952 wollte ich eine Leistungsprüfung für mein Stipendium ablegen über die einheitliche Feldtheorie. Unsere Professoren wollten mir die Prüfung nicht abnehmen, weil das keiner konnte. Da bin ich in meiner Not zu von Weizsäcker gegangen, und der sagte: „Ich kann das auch nicht, aber ich wollte das schon immer mal lernen. Jetzt bringen Sie mir das mal bei! Dann beurteile ich die Sache auch." Ich sagte, dass ich meine Zweifel habe, ob das so geht, wie Einstein es angepackt hatte, und habe ihm damals schon gesagt, dass ich mich mit einer anderen einheitlichen Theorie befassen möchte." V. Weizsäcker

714 Nach Ludwiger, Heim, Wunderheilung.
715 Siehe Glossar Kap. 3.3: Burkhard Heim.
716 Ludwiger, Heim, Wunderheilung, S. 150.

lehnte dann doch die Bewertung von Heims Quantenfeldtheorie ab mit der Begründung: „Ich hätte praktisch niemandem zugetraut, bei einer Arbeit in Isolierung, zumal über die schwierigsten Grundprobleme der Physik, die zahllosen dort möglichen Irrwege zu vermeiden. Das kann man nur in der Gesprächskontrolle durch gleichwertige oder überlegene Partner."[717] Im Klartext: Heims Leistung war absolut herausragend.
Burkhard Heim arbeitete nach seinem Diplom in theoretischer Physik am Max Planck-Institut für Astrophysik bei Prof. Carl Friedrich von Weizsäcker. Die Arbeit im normalen Institutsbetrieb war aber für ihn wegen seiner körperlichen Behinderungen nicht zu leisten, und so entschloss er sich, seine weitere Tätigkeit auf freiberuflicher Basis mit vorwiegend theoretischen Fragestellungen der physikalischen Grundlagenforschung fortzusetzen.
Einen Besuch bei Professor Hans-Peter Dürr schildert Illobrand v. Ludwiger: „Nach anfangs kühlem Empfang ... merkte Dürr, dass Heims Theorie eine völlig neuartige Annäherung an das Elementarteilchenproblem darstellte. Innerhalb von drei Stunden erlebte ich eines der intensivsten physikalischen Fachgespräche meines Lebens". Als Heim die Unterlagen seiner Theorie Dürr übersandte, entschuldigte er sich fast dafür: „Beide Bände umfassen ca. 700 Seiten eines verhältnismäßig schwierigen und nahezu völlig originären Textes, dessen Lektüre mit Sicherheit eine Zumutung ist." In der Tat ist die mathematische Formulierung von Heims Theorie so anspruchsvoll, dass selbst Pascual Jordan, einer der mathematisch versiertesten Physiker, an Heim schrieb: „Ich empfinde recht lebhaft, dass die Lücken meines diesbezüglichen Wissens sehr zu bedauern sind, da sie mich verhindern, auf Einzelheiten Ihrer Ergebnisse sachkundig einzugehen." Dennoch blieb Heim bescheiden, wenn er sagte:

717 Ludwiger, Heim, Wunderheilung, S. 174.

„Glauben Sie nichts! Prüfen Sie alles nach und kontrollieren Sie, ob man auf diesem vorgezeichneten Weg vielleicht etwas weiterkommen kann!"[718]

Fazit:

Wenn Heim trotz seiner beeindruckenden Leistungen von den Physikern bis heute weitestgehend ignoriert wird, liegt dies, so v. Ludwiger, „in erster Linie daran, dass Heims Veröffentlichungen außerhalb der „normalen", reglementierten Publikationswege erfolgten." Denn in den Naturwissenschaften ist es allgemein üblich, eine wissenschaftliche Arbeit erst einmal Kollegen vorzulegen, die dann im sogenannten Review-Verfahren prüfen, ob die Arbeit logische oder formale Fehler enthält. Erst nach erfolgreicher Prüfung gelangen die Arbeiten zur Veröffentlichung in einer Fachzeitschrift."[719]

Auch die äußerst anspruchsvolle Mathematik, verbunden mit einer unvollständigen Beschreibung seiner Ableitungen hält viele Physiker davon ab, sich in Heims Theorie einzuarbeiten. Da er zudem nur deutsch publiziert hat, ist er im heute maßgeblichen englischsprachigen Raum völlig unbekannt.

Michael König fasst seine detaillierte Analyse von Heims Theorie zusammen: „Eine endgültige Würdigung und Wertung der Arbeit dieses außergewöhnlichen Physikers ist zurzeit wohl noch zu früh. Doch es ist anzunehmen, dass Burkhard Heims theoretischer Ansatz ... die Entwicklung der Physik im 21. Jahrhundert noch nachhaltig beeinflussen wird."[720] Auch Horst W. Beck kommt zu dem Schluss: „An der Vereinigung von Quantentheorie und Gravitation haben sich die Großmeister der Physik des letzten Jahrhunderts abgerackert, so Einstein, Heisenberg und Pauli."[721] Aber, so Beck weiter: „Die aus meiner

718 Ludwiger, Heim, Wunderheilung, S. 439.
719 König Urwort, S. 70.
720 König, Urwort, S. 71.
721 Beck, Licht, S. 41.

Sicht reifste TOE (Theory of Everything) ... ist die Quantenfeldtheorie B. Heims."[722] Prof. H.-T. Auerbach von der ETH Zürich, der sich intensiv mit Heims Arbeiten beschäftigt hat, schrieb 1996 an einen Kritiker: „Man mag über Heims Theorie denken wie man will, aber es kann ihr nicht der Verdienst abgesprochen werden, eine außergewöhnliche Leistung zu sein. Ich bin überzeugt, dass sie die Physik der Zukunft, wenigstens im Ansatz, vorauszeichnet".[723]

Glossar Kapitel 5

5.2 Genetische Codierung

Die Grundbausteine der DNS sind Nucleotide, aufgebaut aus den vier Basen Adenin, Thymin, Guanin und Cytosin. Jeweils zwei dieser vier Formen passen wie Schlüssel und Schloss zusammen. Drei aufeinanderfolgende Paare von Nukleobasen werden Triplett genannt und entsprechen einer bestimmten Aminosäure. Vier Basen in Triplets ergeben das $4^3 = 64$ mögliche Kombinationen. 3 Tripletts sind mit einer Steuerfunktion belegt, die verbleibenden 61 Kombinationen codieren in der Regel 20 verschiedene Aminosäuren. Dabei ist die Verteilung der möglichen Triplets auf die Aminosäuren auf eine minimale Fehlerquote bei wichtigen Funktionen optimiert. „Der genetische Code ist derart ausgeklügelt konstruiert, dass in vielen Fällen die Mutation von Triplets entweder zu gar keiner Veränderung der kodierten Aminosäure führt, oder dass eine ähnliche Aminosäure eingebaut wird. So resultiert daraus ein minimaler Funktionsverlust. „So könnte man meinen, dass auch die Proteine so konstruiert worden sind, dass sie maximal redundant sind."[724]

722 Beck, Licht, S. 50.
723 H.-T. Auerbach in Ludwiger, Weltbild, S. 46.
724 Nach Reinhard Junker, Siegfried Scherer, Evolution – ein kritisches Lehrbuch 2006, S. 114-117.

5.3 Gene[725]

Ein Gen ist ein Teilabschnitt der DNS-Sequenz, der den Bauplan für ein bestimmtes Protein enthält.
In der DNS-Sequenz ist allerdings nur die Grundstruktur eines Proteins festgelegt, nicht aber, ob und in welchem Umfang dieses Protein tatsächlich produziert wird. Nur ein Teil der Gene, die z. B. mit der Mindestversorgung von Energie zu tun haben, ist permanent aktiv. Die Aktivität der Gene wird über Signale gesteuert, die aus der Zelle, vom Organismus oder von der Umwelt, kommen können.
In den Organen des Körpers bzw. in deren Zellen werden jeweils nur bestimmte Sortimente von Genen „freigegeben". Dies geschieht durch über die Sinne wahrgenommene Situationen, die durch das Nerven-System weitergeleitet und vom Gehirn fortlaufend in biologische Signale verwandelt werden, die dann auf die Aktivierung der Gene wirken. Welche aktiviert werden, hängt davon ab, wie das Gehirn (genauer: das limbische System) die Signale „bewertet". Als gefährlich bewertete Situationen aktivieren ein anderes „Orchester" von Genen als Situationen, die als angenehm eingeschätzt werden. Die aktivierten Gene veranlassen dann die Produktion der erforderlichen Proteine. In ihrer Funktion als Botenstoffe, Hormone oder biochemische „Fabrikarbeiter" sorgen sie für den wesentlichen Teil der biologischen Abläufe des Körpers.

5.4 Biophotonen

Die Untersuchungen zu Biophotonen werden von Marco Bischofs[726] Buch ausführlich dokumentiert. Lebende Zellen strahlen kohärentes (Laser-) Licht aus, das mit Spezialkameras aufgenommen werden konnte. Das Frequenzspek-

725 Joachim Bauer, Das Gedächtnis des Körpers, 2016, S. 231-240.
726 Marco Bischof, Biophotonen: Das Licht in unseren Zellen, 2008.

trum dieser Biophotonen reicht vom ultravioletten Licht bis zum Infrarotbereich. Es ist ein pulsierender Strom von einigen Zehntausenden Photonen pro Sekunde und Quadratzentimeter. Da die Freisetzung von Biophotonen nur in der DNS und im Zellkern noch lebender Zellen von Pflanzen und Säugetieren nachgewiesen wurde, betrachten Physiker das DNS-Molekül als wahrscheinlichsten Ursprung eines kohärenten Photonenfeldes, das auch als Schnittstelle zwischen dem nichtlokalen Raum und lebenden Organismen fungieren könnte. Die Biophotonen-Theorie wurde bisher in keinem Punkt widerlegt aber in vielen Aspekten von verschiedenen Wissenschaftlern bestätigt.

5.5 Virtuelle Lebensformen

Quantengenetik

Die Komplexität von informationsreichen Bio-Molekülen wie der DNS können leicht den Eindruck erwecken, als würden die Gene uns alles über das Menschsein enthüllen. Aber, so der Genetiker Steve Jones (* 1944): „Ein Schimpanse kann 98 % seiner DNS mit uns teilen, aber er ist nicht zu 98 % Mensch: er ist überhaupt kein Mensch, er ist ein Schimpanse."[727] Zu meinen, die Gene erklärten uns, was wir wirklich sind, ist für Jones „ein absurder Gedanke: Nehmen wir an, wir haben die Organismen A und B mit 32.000 bzw. 30.000 Genen. Dann liegt die Anzahl der möglichen Zustände A bei $2^{32.000}$ und B bei $2^{30.000}$. Folglich hat A 2^{2000} mal so viele Zustände wie B, eine Zahl, größer als die Anzahl der Elementarteilchen (ungefähr 2^{80}), die sich schätzungsweise im Universum befinden. Somit könnte ein relativ kleiner Unterschied in der Anzahl der Gene die sehr großen Unterschiede im Phänotyp (äußere Erscheinungsform) des Organismus erklären. Dies ist aber erst der Anfang: „Alle biologischen Makromoleküle sind „einerseits nach den Reaktions-

727 Steve Jones, Language of the Genes, 2000, S. 35.

gesetzen der Quantenchemie im molekularen Atomverband, andererseits noch deutlicher als ihre Teilchen- und Atomkomponenten aus dem Hyperraum geführt. Daraus erschließt sich das „genetische Grundpostulat": die Gene selbst sind nur das passiv-Reaktive.[728] Für die Genetik sind drei Aspekte der Quantenphysik bedeutsam:[729]

1. Der Abstammungsbegriff ist eng mit der Sicht verbunden, dass in der geschlechtlichen Fortpflanzung die Gene der Eltern kopiert und dann an die Nachkommen weitergegeben werden. Wenn identische Gene aber nicht als Kopien voneinander verstanden werden, sondern als wiederholte Aktualisierungen des gleichen Quantenzustands, dann ändert sich der Sinn des Abstammungsbegriffs. In gewisser Hinsicht sind es nicht die Arten, die sich ändern, sondern ihre Gene wechseln nur den Quantenzustand. Weil Quantenzustände, die Lebewesen hervorrufen, nicht voneinander abstammen, stammen ihre phänotypischen Wirkungen auch nicht voneinander ab.
2. In gewissem Sinne ist jeder von uns die Aktualisierung eines komplizierten Quantenbestandes, „der schon lange vor unserer Geburt virtuell in der Quantenstruktur des Universums existierte."[730] Damit wird die naturalistisch unerklärliche Entstehung neuer Arten erklärbar. „Diese Überlegungen stellen ein Modell dar, das auf unserem allgemeinen Verständnis von einfachen Molekülen und deren Quanten-Eigenschaften beruht und sie beschreiben einen Mechanismus, durch den sich transzendente Ordnung auf natürliche Weise aus Informationsmustern und geistigen Elementen heraus in die Materie projizieren kann."[731] Das erklärt zugleich, dass alle realen Lebewesen „funktioniert"

728 Beck, Marken, S. 62.
729 Schaefer, Wirklichkeit, S. 99.
730 Schaefer, Wirklichkeit, S. 102.
731 Schaefer, Wirklichkeit, S. 16.

haben. Amit Goswami folgert daraus: „Es gibt keine fossilen Funde der Zwischenformen, da es keine manifesten Zwischenformen gibt!“[732] Der Prozess der virtuellen Zustandsaktualisierung so Schaefer, „bietet eine Alternative sowohl zu den materialistischen Thesen des Darwinismus als auch zu allen Hypothesen, die in der Evolution das Werk direkter göttlicher Intervention sehen.“[733]

Richard Dawkins schrieb: „Mutationen werden durch eindeutige physikalische Vorgänge verursacht, sie entstehen nicht einfach aus sich selbst heraus.“[734] In diesem Punkt kann die Quantenperspektive der Mutationen Klarheit verschaffen: Bildung und Trennung von chemischen Bindungen in Mutationen sind Quantenprozesse. Wie bei allen Quantenprozessen sind Quantensprünge daran beteiligt. Spontane Mutationen werden durch nichts verursacht, aber sie sind nicht unbedingt ohne Richtung. Einige Zustände sind bevorzugt, weil die entsprechenden Übergänge wahrscheinlicher sind als andere. Dies führt zu einer Art Auslese, die in Mutationen vor dem Prozess der natürlichen Auslese stattfindet und jene daher gewissermaßen kontrolliert.

5.6 Dualismus

Monismus: Das Problem der Beziehung zwischen Geist und Materie schwindet trivialerweise sofort, wenn die Welt nur aus Materie oder nur aus Geist besteht (Monismus): Der heute dominierende Materalismus[735] lehnt geistige Größen grundsätzlich ab. Er sieht Emotionen oder Gedanken als Nebenwirkungen von elektrochemischen Prozessen im Körper. Oder noch radikaler: Der Mensch ist als Materie vollständig determi-

732 Goswami, Evolution, S. 228.
733 Schaefer, Wirklichkeit, S. 102.
734 Dawkins, Money, S. 306ff .
735 Auch der Naturalismus: Siehe Glossar Kap. 1: Materialismus – Naturalismus.

niert. Dem entgegengesetzt sieht z. B. Thomas Görnitz Materie als verdichtete Information. Damit besteht die Welt letztlich nur aus Geist. Es ist ein geistiger Monismus, „eine Wechselwirkung zwischen diesen beiden Bereichen der Wirklichkeit ist auch im Rahmen der Physik möglich."[736]

Parallelismus: Bei der zweiten Denkrichtung läuft jeder Denkvorgang mit einem Gehirnvorgang parallel. Karl Popper nennt die Gegengründe dieser Auffassung: „Man kann Teile des Gehirns entfernen, und andere Teile übernehmen dann die Funktion der entfernten Teile. ... So scheint mir alles dafür zu sprechen, dass kein wirklicher Parallelismus stattfindet."[737]

Dualismus: Die Vorstellung Descartes, dass der Geist den materiellen Naturverlauf beeinflussen könnte, findet in der naturalistischen Physik keinen Platz. Allerdings widerlegt eine große Zahl von Berichten diese Auffassung. Wolfgang Pauli ist dafür ein seriöses Beispiel: Als er in Göttingen lehrte, gingen die teuersten Versuchseinrichtungen kaputt, sobald er ein Labor betrat: „Unter dem Namen „Pauli-Effekt" waren paranormale Erscheinungen im Zusammenhang mit Paulis Gegenwart unter Physikern legendär geworden. So erhielt er von seinem guten Freund, dem Nobelpreisträger Otto Stern, ein ständiges Laborverbot."[738] Für Pauli war es daher ohne jeden Zweifel, dass es Zusammenhänge gibt, die mit der gängigen kausalen Verursachung nicht zu erklären sind. Pauli hatte in der Schweiz Kontakt zu C. G. Jung, mit dessen Begriff der Synchronizität „ein nicht kausaler aber sinnhafter Zusammenhang bezeichnet wird, bei dem der psychische und der materielle Bereich korreliert scheinen." [739] Allerdings hatte man dafür keine physikalische Erklärung. Nach der Strukturtheorie von Heim-Dröscher könnte der Geist über die Informationsdimen-

736 Görnitz, Kosmos, S. 119.

737 Popper, Ich, S. 103.

738 Görnitz, Kosmos,S. 243.

739 Görnitz, Kosmos, S. 247.

sion in den Strukturraum wirken. Konkret: an den Synapsen[740] als Interface „vermuten wir den Durchgriff des Geistes/Bewusstseins."[741]

Nerven und Synapsen

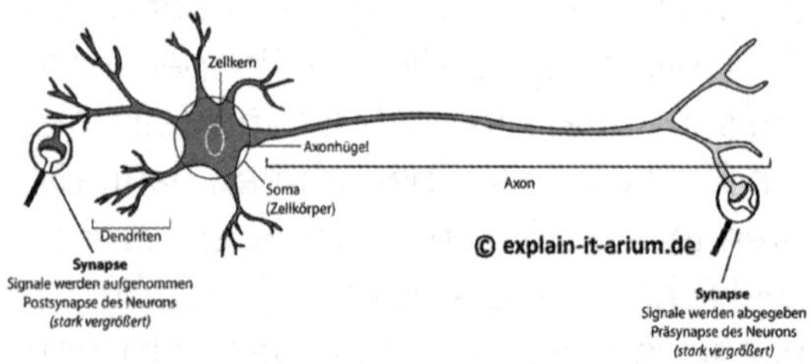

Die Nervenzelle (Neuron) ähnelt einem Baum („Dendron") mit einem Stamm („Axon") mit etwa 1000 Wurzeln. Das Axon ist mit Sinnesorganen („Input") oder steuerbaren Muskeln („Output") verbunden und kann von wenigen Mikrometern bis zu über einem Meter lang sein.

Die „Krone" des Baumes bilden bis zu 10.000 „Äste" (Dendriten). Die Dendriten eines Neurons sind mit denen anderer Neuronen zu Netzwerken verbunden. Die Verbindung zweier Neurone, entspricht einer "elektrisch-chemischen Kontaktstelle", genannt „Synapse". Hier wird ein elektrisches Signal in einen chemischen Botenstoff umgewandelt, der als „Neurotransmitter" die Verbindung herstellen kann. Das Neuron erhält so Signale von vielen mit ihm verknüpften Neuronen. Diese werden im Neuron "verrechnet", und erzeugen bei Überschreitung einer „Reizschwelle" für eine kurze Dauer ein impulsartiges Signal (Exozytose). Alle mentalen Operationen beruhen auf der Verbindung von Nervenzellen (Neuronen) oder Nervenzell-Netzwerken.

Die Bildung von Nervenzell-Netzwerken beginnt schon in der Schwangerschaft. Dazu ist ein „Vermittler" als Verbindung des Säuglings zur fremden äußeren Umwelt nötig. Da die Mutter

740 Siehe Glossar Kapitel 5.6: Nerven und Synapsen.

741 Beck, Marken, S. 74.

ihm schon seit der Schwangerschaft vertraut ist, ist sie die beste Voraussetzung für die Bildung eines hohen Lern- und Gedächtnispotentials durch ein starkes Nervenzell-Wachstum. Die frühkindliche Trennung von der Mutter führt zu einer unsicheren Bindung und damit zu einer irreversiblen Einschränkung des Hirnpotentials.[742]

Gehirn

Über eines sind sich die Wissenschaftler einig: Das Gehirn ist das komplexeste und intelligenteste System des ganzen Universums. „Das menschliche Gehirn verfügt über 100 Milliarden Nervenzellen, das entspricht etwa der Zahl der Sterne in unserer Milchstraße, von denen jede mit mehr als 10.000 Nervenzellen über Synapsen kommuniziert. Zusammen wird die Zahl der Synapsen im Gehirn auf etwa eine Trillion geschätzt ... Von diesen Abermilliarden Nervenzellen wissen wir bei 99,9 % überhaupt nicht, wie diese verschaltet sind, sagt Prof. Thomas, Biochemiker, Neurowissenschaftler und Medizin-Nobelpreisträger 2013."[743] Damit ergibt sich eine unvorstellbare Menge von neuronalen Netzwerken, die Signale, Situationen oder dynamische Abläufe speichern können.

Eingangssignale führen im Gehirn zur Aktivierung der für dieses Signal zuständigen Nervenzellen bzw. Nervenzell-Netzwerke. Durch sie wird ein wahrgenommenes Objekt in die subjektive Vorstellung gebracht. Werden mehrere Nervenzell-Netzwerke untereinander verschaltet, dann entsteht die Vorstellung einer Situation. Wenn dann Gruppen von Netzwerken, kontinuierlich miteinander verschaltet werden, wird das als Prozess-Ablauf wahrgenommen. So sind in jedem Moment viele Netzwerke gleichzeitig aktiviert. Unter dem Eindruck einer sich verändernden Situation verlässt das eine oder ande-

742 Nach Bauer, Gedächtnis, S. 58-62.
743 Wolfgang Schuler, Gehirn, factum 7/2018, S. 26.

re Netzwerk den aktiven Verband, während neue Teil-Netzwerke hineinkommen. So entsteht ein stetiger Wahrnehmungs- und Aktionsstrom.

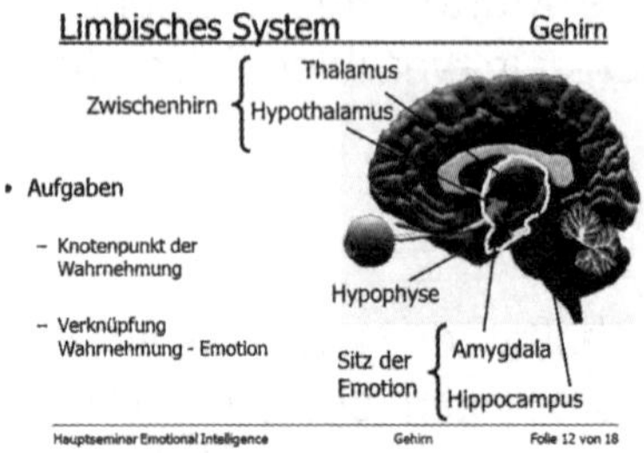

Mit der Hirnrinde eng verbunden ist das limbische System, das „Zentrum für emotionale Intelligenz". Das limbische System steht in intensivem Kontakt mit tiefer liegenden Hirnteilen insbesondere mit Hirnstamm und Hypothalamus, von denen es „online" Informationen über das innere Körperbefinden erhält.

Durch diese Nachrichten und die von der Hirnrinde kommenden Auskünfte über die äußere Welt erzeugt das limbische System emotionale Befindlichkeiten, Gefühle, Motive und Antriebe. Ein wichtiger Teil des limbischen Systems ist der Mandelkern (Amygdala), der bei Bedarf tiefer gelegene Hirnzentren aktiviert, wo durch die Gene die Proteine für notwendige Körperfunktionen produziert werden. Die Amygdala bewertet die Situation anhand von Vorerfahrungen, die das Individuum in ähnlicher Situation gemacht hat.[744] Diese sind in Nervenzell-Netzwerken gespeichert, die das limbische System, speziell die Amygdala, mit der aktuellen Situation abgleicht.[745]

Gedächtnis

Situationen und Abläufe werden in speziellen Netzwerken gespeichert (Hippocampus), die als „Gedächtnis" fungieren. Alle Lernvorgänge und die damit verbundenen Gedächtnisleistungen des Gehirns erfolgen auf zellulärer Ebene. Nervenzellen, die durch eintreffende Signale gemeinsam und gleich-

744 Bauer, Gedächtnis, S. 50.
745 Bauer, Gedächtnis, S. 50.

zeitig aktiviert werden, verstärken ihre synaptische Verknüpfung. Das gleiche gilt für Netzwerke: Wenn sie gemeinsam „feuern", wird ihr internes Verknüpfungssystem verstärkt. Netzwerke, die häufig ausgeübte Wahrnehmungen, Denkvorgänge oder Tätigkeiten repräsentieren, gewinnen an Strukturstabilität, während wenig trainierte Netzwerke geschwächt werden oder sich gänzlich auflösen. „Es gibt einen entscheidenenden Unterschied gegenüber der Lernfähigkeit eines Computers, so Prof. Manfred Spitzer (*1958), Direktor des Zentrums für Neurowissenschaften und Lernen: „Wenn der Datenspeicher in einem Computer voll ist, kann er keine weiteren Daten mehr speichern. „Ganz anders beim Gerhirn. Je mehr darin bereits gespeichert ist, umso mehr zusätzliche Inhalte und Eindrücke können gelernt werden. Wer schon zwei oder drei Sprachen kennt, tut sich viel leichter mit dem Erlernen weiterer Sprachen."[746]

Das menschliche Gedächtnis zeichnet sich weiter durch seine „Assoziativität" aus. Wir können also schon „ungefähre" Informationen richtig einordnen. So kann schon der Geruch, der mit einem bestimmten Objekt verbunden ist, die Erinnerung an das Objekt wach werden lassen. Dies findet sich auf der Ebene der Nerven wieder: Nervenzellen verstärken ihre Verbindungen bevorzugt dann, wenn die neuronale Aktivität zwischen ihnen korreliert ist, also gleichzeitig stattfindet.

5.7 Ist der Materialismus zu retten?

Ein Beispiel zur Rettung des Naturalismus zeigt die Argumentation des Mathematikers Klaus-Dieter Sedlacek.[747] Er geht zunächst in eine Vorwärtsverteidigung, indem er messerscharf die Existenz eines Hyperraums, das „Vakuum", nachweist. Aber

746 Schuler, Gehirn, S. 27.
747 Sedlacek, Bewusstsein, S. 109ff.

wie Demokrit, der ein transzendentes Jenseits schon in seiner Prämisse verhinderte, indem er den Raum als unendlich annahm, ist Sedlaceks Vakuum Teil des allumfassenden „Kontinuums" das auch kein „Außerhalb" zulässt. So wird das gewünschte Ergebnis der Untersuchung schon in dieser unbewiesenen Prämisse festgelegt.

Das Bewusstsein ist auch für Sedlacek das Primäre, der „fundamentale Baustein von allem, was existiert". Aber es ist nicht Geist oder Person, sondern eine „Energieart", entstanden aus einfachen Algorithmen wie dem 56-Bit-Algorithmus des „Apfelmännchen-Fraktals", der graphisch ein „komplexes Wunderwerk praktisch aus den Nichts entstehen lässt". Ein Kennzeichen von Bewusstsein ist freier Wille. Da bei der Beobachtung aus den Quantenmöglichkeiten „ausgewählt" wird, interpretiert Sedlacek den Zufall innerhalb der statistischen Wahrscheinlichkeit als „freien Willen". Mit jeder Entscheidung „speichert das Bewusstsein mehr Information und nimmt in seinem Umfang zu". So entsteht evolutionär aus einem kleinen Algorithmus ein gewaltiges bewusstes Informationssystem.

Aber Bewusstsein ist nicht reduzierbar auf einen Algorithmus. Wie bereits beschrieben, hat der Philosoph John Searle bewiesen, dass eine auf Algorithmen basierende symbolverarbeitende Maschine (ein Computer) Sinnhaftigkeit nicht einmal verarbeiten, geschweige denn erzeugen kann. Daran ändert auch der Grad seiner Komplexität nichts. Natürlich sucht man in Sedlaceks mathematischer Welt Persönlichkeit, Beziehung oder gar Liebe vergeblich.

Um einem hypothetischen Gott außer dem Wohnraum auch jede Eingriffsmöglichkeit zu verwehren, übernimmt Seldlacek die unhaltbare „Viele-Welten-Theorie", in der alle statistischen Quanten-Möglichkeiten in Paralleluniversen realisiert werden, weil sie „mathematisch und physikalisch gesehen einfacher ist, als alle anderen Erklärungen". Sie sei „nach dem Prinzip von Ockhams Rasiermesser vorzuziehen". Das aber wählt nur die einfachste unter Theorien mit gleichem Ergebnis aus, wie der Matritzen- und der Differentialgleichungsdarstellung der Quantenphysik. Es ist aber ein völlig unbrauchbares Werkzeug, um eine widerlegte Theorie zu „rehabilitieren."

Ganz im naturalistischen Weltbild wird auch das Denken materialistisch gedeutet: „Da wir beispielsweise durch Kernspintomographie dem Gehirn beim Denken zuschauen können, brauchen wir nicht mehr herauszufinden, wie zwei so unterschiedliche Substanzen wie Geist und Materie zusammenwirken können." Was wir dort sehen, sind allerdings keine Gedanken, sondern elektromagnetische Muster. Diese Methoden „lassen keine Rückschlüsse auf die inneren Vorgänge und Inhalte dieser Prozesse zu. Diese sind nur dem betroffenen Menschen selber zugänglich."[748] Immerhin gesteht Sedlacek zu, dass „zumindest Teile des menschlichen Bewusstseins dem Vakuum angehören."

Sedlaceks Argumentation endet mit der Frage: Wo ist der „Demiurg", der Weltenbauer der alles erschaffen hat? Da das Kontinuum „alles was existiert" ist, folgt: „Der Weltenbauer ist Teil des Kontinuums und muss, wenn er der Erschaffer des Kontinuums ist, sich erst einmal selbst erschaffen haben." Da das logisch nicht möglich ist, folgert Sedlacek: „Ein Baumeister ist nicht nötig. Seine Einführung würde die Theorie komplizieren, ... wir schneiden es einfach mit dem Ockhamschen Rasiermesser weg."

An dieser „Beweisführung" zeigt sich exemplarisch, wie einen Wissenschaftler, der absolut stringent die Existenz eines Hyperraumes beweist, seine Logik völlig verlässt, wenn es um

748 Schuler, Gehirn, S. 28.

die Rechtfertigung seiner Weltanschauung geht. Sein Festhalten an der „Viele-Welten-Theorie" hängt mit dem „anthropischen Prinzip" zusammen, das besagt, dass ein Universum, in dem Leben entstehen kann, extrem unwahrscheinlich ist. Wenn es nun Billiarden von Universen gäbe, dann wäre es wenigstens nicht ganz so unwahrscheinlich, dass eines davon eben wie unseres aufgebaut ist.

Sedlacek nimmt letztlich unzählige Universen in Kauf, um einen Gott zu vermeiden. Trotzdem hat er den erstaunlichen Eindruck: „Ich werde das Gefühl nicht los, dass das Vakuum (Hyperraum) theologische Bedeutung besitzt."[749]

Glossar Kapitel 6

Decarbonisierung – die schöne neue Ökowelt

Gefühle sind heute wichtiger als rationales Denken. Eine Aussage gilt als „wahr", nicht weil sie richtig ist, sondern weil sie sich richtig anfühlt oder man möchte, dass sie wahr sei. So darf Greta, die 16-jährige Schwedin den Größen des Weltwirtschaftsgipfels 2018 in Davos erklären, was jetzt zu tun sei. Als eine Jeanne d´Arc der Klimarettung wurde sie zur Ikone einer wütenden, weil desinformierten jungen Generation. Mit derartigen Kampagnen drängt eine global agierende politische Elite die westlichen Industrieländer in eine CO2-freie Wirtschaft. Eine Vorlage dieser neuen Weltgesellschaft kann man im Hauptgutachten des WBGU [750] nachlesen (S. 5): Sie „ist hinsichtlich der Eingriffstiefe vergleichbar mit der neolithischen Revolution." Die neue Welt erfordert „tiefgreifende Ände-

749 Sedlacek, Bewusstsein, S. 53.
750 Hauptgutachten WBGU.

rungen der Lebensstile" (S. 1). Ein „gestaltender Staat" gibt „Entfaltungsmöglichkeiten in eine bestimmte Richtung" vor (S. 7). Um den Schein einer demokratischen Mitbestimmung zu wahren, werden den Bürgern zwar „erweiterte Partizipierungsmöglichkeiten" zugestanden (S. 2), aber um diese in den gewünschten Bahnen zu halten, sind „neue Formen globaler Willensbildung" (S. 2) notwendig: Betreutes Denken. Dies ist schlicht die totale Abkehr von der Aufklärung und dem Aufruf Immanuel Kants, seinen eigenen Verstand zu gebrauchen. So wird die junge Generation von einer verblendeten und manipulativen Elite um genau die lebenswerte Zukunft gebracht, für die man sie kämpfen lässt.

Glossar Kapitel 7

7.3 Bernhard Philberth

Zeitgradient[751]

In der Relativitätsphysik wird behauptet, bei einer Bewegung würde sich die Zeit verlängern; in der Quantenphysik verkürzt sich die Zeit der Schwingungsdauer wegen der Vergrößerung der Masse. Diesen großen Konflikt konnte man nicht bewältigen. Mit der Verschiebung der Zeit pro Strecke (das entspricht einem Zeitgradienten) erkannte und publizierte ich (1964), dass die Einstein-Dilatation keine Zeit-Dilatation, sondern eine Dilatation der Alterung von Objekten längs der Bewegungsstrecken ist. Als Louis de Broglie, Entdecker der Materiewelle, Nobelpreisträger für Physik und „Secrétaire Perpétuel" der Pariser Akademie der Wissenschaften die Arbeit sah, hatte er eine solche Freude daran, dass er sie persönlich präsentierte.

751 Philbert in Uhlenbruch, Wissenschaftler, S. 186-189.195.

Buddhismus[752]

Der Klassische Buddhismus von Gautama selbst beeindruckte mich zutiefst. Ich empfand damit eine Aufgipfelung weltimmanenter Geistigkeit zu sonst unerreichter Höhe. Dennoch „bekehrte" ich mich nicht zum Buddhismus, denn bei sonst unerreichbarer Geistigkeit und gleicher Morallehre wie die von Christus bringt er keine Erlösung. Vor diesem schöpfungsmächtigen, überweltlichen „Wort Gottes" tritt alle welteigene, weltinnere Geistigkeit in den Hintergrund. Die Konsequenz daraus nannte Bernhards Bruder Karl Philberth: „Wenn Leute manchmal staunten, dass wir trotz unserer intensiven Beschäftigung, vor allem mit dem Buddhismus, so überzeugte Christen und katholische Priester geworden sind, dann konnten wir nur antworten: „Nicht trotzdem, sondern deshalb." Den Buddhismus halb kennen heißt, von ihm fasziniert sein; Buddhismus gründlich kennen heißt, seine furchtbare Leerheit zu durchschauen."[753]

Eine Gottesbegegnung

„Die Porongroup-Bergkette liegt in Australien, 50 km nördlich von Albany. Sie hat Fünf gleich hohe felsige Gipfel … In der Mitte sind die beiden Twin Peaks. … Der westliche Twin Peak ist ein oben fast flacher Gipfel mit östlich davon einer 20 m tieferen Schulter. Sein nackter Fels hebt sich 100 m aus dem zum Felsen hin steil ansteigenden, dicht bewaldeten Berghang. … Auf einmal, ganz unvermittelt, stand ich vor der glatten Felswand. … An alles kann ich mich glasklar und in allen Details erinnern, nur nicht, wie ich zu der schrägen Platte direkt zur Schulter hochkam…. Diese Platte war glattpoliert, mit einer Steilheit an der Rutschgrenze. … Ich war wie in Trance. Irgendetwas trieb mich immer weiter. Auf einmal war ich oben. Es muss so 10 Uhr morgens gewesen sein. Ich stand

752 Philbert in Uhlenbruch, Wissenschaftler, S. 159-165.

753 Philbert in Uhlenbruch, Wissenschaftler, S. 11.

dort oben und bekam eine fürchterliche Angst und schrie aus Leibeskräften um Hilfe, weil ich dachte, dass ich nicht lebend wieder herunterkäme; ... Da sang ich das Lied „Großer Gott, wir loben Dich." Am Ende der zweiten Strophe heißt es „... alle Engel, die Dir dienen, rufen Dir in ewger Ruh: Heilig, heilig, heilig! Zu". Als ich das dritte „heilig" sang, war auf einmal der Himmel wolkenfrei und um die Sonne herum ein gigantischer Eishalo. [754] Da war auf einmal der Herr gegenwärtig. ... Dann bekam der Halo an einer Stelle ein Loch und löste sich innerhalb von einigen Sekunden auf. Ich weiß nicht, wie ich den Berg wieder hinunterkam. ... aber ich war völlig unverletzt, hatte nicht einmal eine Abschürfung. Etwa 15 Jahre später traf ich auf den Ranger für das ganze Gebiet und zeigte auf den westlichen Twin-Peak. Er sagte, der Berg sei unbesteigbar und so gefährlich, dass die Behörden keinen Weg dorthin angelegt hätten; es sei noch niemand droben gewesen.

Aus seinen Begegnungen mit Gott beschrieb Philberth einige Charakteristika der Gegenwart Gottes[755]:

1. Beim Erleben der Präsenz des Herrn wusste ich genau, was Sein Wille ist, dennoch war ich völlig frei, „Ja" oder „Nein" zu seiner Forderung zu sagen. ...
2. Der Herr spricht in keiner Sprache. Die Kommunikation ist Erlebnis der unmittelbaren Präsenz. Deshalb gibt es keine Missverständnisse. ... Seine Gegenwart ist von derartiger Fülle, dass sie nicht in Worte gefasst werden kann.
3. Als ich nach den Begegnungen wieder im normalen Bewusstsein war, erschien es mir, als wäre Gott nicht dagewesen, aber ich wusste genau, was der Herr wollte.
4. Das ungeschaffene Sein Gottes ist derart dominierend, dass alles Geschaffene danach wie leer erscheint. Soziale, politische oder ökonomische Probleme treten völlig zurück.

754 Eishalo: Optische Erscheinung durch die Brechung des Lichtes an Eiskristallen.
755 Philbert in Uhlenbruch, Wissenschaftler, S. 14-15.

7.4 Woher kommt die Information der Bibel?

Zukunftsvoraussage

Die Bibel ist das einzige „heilige" Buch, das Hunderte geschichtlich nachprüfbarer Vorhersagen enthält. Denn Gottes Volk, Israel stand schon seit Mose vor dem Problem, dass es mehr falsche als echte Propheten gab. So stellte sich die Frage: „Wie kann ich merken, welches Wort der HERR nicht geredet hat?" [756] Gottes Antwort: „Wenn der Prophet redet im Namen des HERRN und es ... trifft nicht ein, dann ist das ein Wort, das der Herr nicht geredet hat."[757] Gott hat also ein sehr klares Kriterium dafür gegeben, ob ein Prophet in seinem Namen spricht. Seit Heisenbergs Unbestimmtheitsrelation wissen wir, dass Zukunftsvoraussage, gar über Jahrhunderte, prinzipiell nicht möglich ist. Sie kann also nur aus einer Quelle außerhalb der Zeit stammen. Die offensichtlichste Erfüllung biblischer Prophetie ist die Geschichte Israels: Schon beim Einzug in Kanaan finden wir die Prophetie: „Der HERR wird dich zerstreuen unter alle Völker."[758] Im Jahr 135 n. Chr., nach der Niederschlagung des zweiten jüdischen Aufstands unter Bar Kochba, wurde den Juden bei Todesstrafe verboten, jüdischen Boden zu betreten. Aber die Prophetie ging weiter: „Und er wird ... die Verstreuten Judas wieder sammeln von den vier Enden der Erde."[759] Völker, die aus ihrer Heimat vertrieben wurden, verloren innerhalb weniger Generationen ihre Identität. Nur eine einzige Ausnahme gibt es: Die Juden. Bei der Gründung des Staates Israel am 14. Mai 1948 sagte Ben Gurion: „1900 Jahre haben wir auf diese [von Gott vorhergesagte] Stunde gewartet!"

756 5. Mose 18, 21+22.
757 5. Mose 18, 21+22.
758 5. Mose 28, 64,.
759 Jesaja 11, 12.

Was Menschen damals nicht wissen konnten

Thomas Görnitz schrieb: „Es ist immer wieder eine überraschende und nachdenklich machende Tatsache, wie gut sich dieser etwa vier Jahrtausende alte Genesis-Text zu den Ergebnissen der Wissenschaft zumindest teilweise parallelisieren lässt. Dies ist in keiner Weise als selbstverständlich zu erwarten."[760] Als Beispiel sei hier der Schöpfungsbericht Gen 1, 2 genannt: „Die Erde war wüst und leer, und es war finster auf der Tiefe; und der Geist Gottes schwebte auf dem Wasser." Wie in Kap 3.5 erläutert, könnte man „wüst und leer" (tohuwabohu) wissenschaftlich als unstrukturiert, als Higgs-Feld oder Quantenvakuum verstehen. Denn Gott schuf nicht aus dem „Nichts", wie Hebr 11,3 oft falsch übersetzt wird, sondern „aus nicht Wahrnehmbarem". Die Bibel verwendet für das Unsichtbare den Begriff „Wasser". Da die Photonen („es war finster") und Materie insgesamt erst später geschaffen wurden („es werde Licht"), kann mit Wasser nicht H_2O gemeint sein. So fand der Theologe Matthias Blum: „In vielen religiös-mythologischen Erzählungen über das Entstehen der Welt symbolisiert der Stoff Wasser den Zustand vor der Schöpfung beziehungsweise den Grund allen Seins, … welches die anderen kosmischen Elemente hervorbringt."[761] Auch an anderer Stelle findet man: „In der biblischen Schöpfung stehen sich Wasser und der Geist Gottes als zwei Prinzipien gegenüber. Dabei repräsentiert Wasser das Chaos, aus dem sich die Struktur und die unendlichen Möglichkeiten herauskristallisieren."[762] Wenn man also die Protyposis-Theorie von Görnitz zugrunde legt, dann bedeutet das „Schweben" oder „Brüten" des Heiligen Geistes die „Informierung, die „in-Form-Bringung" des

760 Görnitz, Evolution, S. 345.

761 Dr. habil. Matthias Blum, Theologe, FU Berlin, Zur Bedeutung des Wassers in der jüdisch-christlichen Überlieferung und Tradition.

762 https://www.symbolonline.de/index.php?title=Wasser.

Quantenvakuums. Information als Urgrund des Seins schafft Struktur und Materie durch Umgruppierung der ungeordneten QBits im Quantenvakuum.
Manche Begriffe wie „die Feste" vermitteln allerdings den Eindruck, dass die Bibel eine antike Weltbeschreibung vertritt. Im Urtext heißt es: „Gott nannte die dünne (Luft-) Schicht (raqia) Himmel."[763] Auch für die Erdoberfläche wird erstaunlicherweise das gleiche Wort gebraucht. Die Erdoberfläche als „dünne Schicht" klang absurd. Sie war doch etwas Festes! Die Septuaginta (2/3. Jhd. v. Chr.) übersetzte raqia daher mit „Festigkeit" (griech.: „στερεομα"). Die Vulgata (Hieronymus 345-420 n. Chr.) nimmt dafür das lateinische Wort „Firmamentum" und Martin Luther (um 1522) das deutsche Wort „Feste". Die Übersetzer der Bibel interpretierten das Wort also aus ihrem vorwissenschaftlichen Weltbild. Sie konnten nicht wissen, dass der Durchmesser der Erde 12.000 km beträgt, die Erdkruste (raqia) und die Toposphäre (auch raqia) im Mittel jeweils nur ein Tausendstel, ca. 12 km. Gemessen am Erddurchmesser sind die Erdkruste und die Toposphäre in der Tat extrem dünne Schichten um die Erdkugel. Von einer Erdscheibe ist im Urtext nirgendwo die Rede, dagegen: „Er hängt den Erdkörper in ein Vakuum."[764] Oder: er regiert „über die Kugel der Erde."[765] Die Bibel redet von einer Urzeit, „ehe denn die Berge eingesenkt waren."[766] Woher wusste Salomo, dass die Erdkruste auf der Magma schwimmt und so die Wurzeln der Gebirge Spiegelbilder der Höhen sind? So finden sich, besonders im Buch Hiob viele wissenschaftlich korrekte Beschreibungen von geologischen und physikalischen Phänomenen, die damals völlig unbekannt waren.

763 Genesis 1, 7+8.
764 Hiob 26, 7.
765 Jesaja 40, 22.
766 Sprüche 8, 25.

Fazit

Gott hat uns in der Bibel, als seiner zur Wissenschaft komplementären Informationsquelle, so viel von sich und dem Menschen offenbart, wie wir wissen müssen. Aber er hat auch Belege dafür gegeben, dass die Information der Bibel aus einer Dimension außerhalb unserer Raumzeit stammen muss.

Die Autoren der Bibel haben in ihrer Sprache und in ihrem Stil geschrieben. Aber die Information, die sie von Gott empfingen und weitergaben, die Voraussage der Zukunft und die physikalisch richtige Beschreibung von Naturphänomenen, konnte nicht von Menschen stammen. So ist die Bibel eine zuverlässige Orientierung, komplementär für Fragen, auf die die Wissenschaft keine Antworten geben kann: Dem Woher, dem Wohin, dem Sinn unseres Lebens, und der Frage, was Gott von uns erwartet. Die Schriftrollen vom Toten Meer aus dem 2. Jahrhundert v. Chr., in denen z. B. das komplette Buch des Propheten Jesaja gefunden wurde, haben überdies gezeigt, dass es mit unserem heutigen Text bis auf winzige Abweichungen, die keine Bedeutung für den Inhalt haben, übereinstimmt. Gott selbst hat also dafür gesorgt, dass uns seine Botschaft bis heute unverfälscht erhalten geblieben ist.

LITERATURVERZEICHNIS

D´Aleo Joseph, Watts, Anthony: Surface temperature Records: Policy Driven Deception? Science & Public, Policy Institute, 26. Jan. 2010

Anquetil-Duperron, A. H., Das Konzept der „Achsenzeit", in: Achaemenid history VII. through travellers' Eyes. ed. H. Sancisi-Weerdenburg, 1991

Ayer A. J.: Dover Publications, Kap. VI, 1952

Bacon, Francis: The Advancement of Learning, London, 1605, the 1893 edition by David Price

Badruddin, Aslam: Journal of Atmospheric and Solar-Terrestial Physics, Januar 2015

Barrow, J. D., Tipler, F. J.: The Anthropic Cosmological Principle. Oxford: Clarendon Press 1986

Bartsch, Christian: Mehr Licht im Dunkel des Klimawandels, FAZ, 27. 03. 2007

Bauer, Joachim: Das kooperative Gen – Abschied vom Darwinismus, 2008

Bauer, Joachim: Das Gedächtnis des Körpers, 2016

Beck, Horst W.: Biblische Universalität und Wissenschaft, 1994

Beck, Horst W.: Naturwissenschaftliches Ringen um die Erhaltung des Schöpfungsgedankens, Diakrisis Archiv, 1998

Beck, Horst W.: Geist-Wort-Materie, 2001

Beck, Horst W.: Marken dieses Äons, 2003

Beck, Horst W. Vom Geheimnis des Lichtes und der Zeit, 2005

Beck Ulrich: Klimapolitik als Sinnbeschafferin, Die Welt, 28. März 2007

Beckers, E., Hägele, P. C., Hahn, H.-J., Ortner, R: (Hg.) Pluralismus und Ethos der Wissenschaft, 1999

Behe, Michael J.: Darwins Black Box, 2007

Bell, John S.: On the Problem of hidden Variables, Reviews of Modern Physics. Bd. 38, 1966

Bellah, Robert: Civil Religion in America in: Daedalus 96 (1967), Boston, Massachusetts, S. 1–21

Benedikt XVI: Enzyklika Deus Caritas est, 2005

Benz, Arnold: Astrophysik und Schöpfung, 2009

Berner, U., Streif, H. (Hg.) Klimafakten, Abb. 11.9, 2004

Binder, Karlheinz: Geschäftsmann und Christ, 9/97

Biktash, I. Z.: Advances in Space Research, Dezember 2014

Bischof, Marco: Biophotonen: Das Licht in unseren Zellen, 2008

Bleeken, Stefan: Die existenziellen Grundlagen lebender Systeme? Naturwissenschaften 77, 1990

Bobbio, Norberto: Wir wissen immer weniger, Die Zeit, 1/2000

Bohm David, Causality and Chance in Modern Physics, 1957

Bohm, David: Fragmentierung der Ganzheit in Hans-Peter Dürr (Hg.), Physik und Transzendenz, , 1986

Bohm, David: Die implizite Ordnung, 1987

Bohm David in: Massey/Frazer; The Unturned Stone, 2007

Bolz, Norbert: Das Wissen der Religion, 2008

Born, Max: Physik im Wandel meiner Zeit, 1959

Born, Max: Physik und Metaphysik, in Hans-Peter Dürr, Physik und Transzendenz, 1986

Came Rosemarie et al., Nature 449, Sept. 2007

Casti, John I.: Verlust der Wahrheit, 1990

Chargaff, Erwin in Alfred Locker (Hg.) Evolution kritisch gesehen, 1983

Chargaff, Erwin, Unbegreifliches Geheimnis, 1986

Clement, Wolfgang: Stoppt die Kreuzzügler! Cicero, 9/2007

Coyne, George V.: Der Spiegel, 52/2000

Craig, William Lane: Die Revolution in der angloamerikanischen Philosophie, Newsletter Professoren-Forum, IV/2015

Crick, Francis: Das Leben selbst, Sein Ursprung, seine Natur, 1983

Darwin, Charles: Die Entstehung der Arten, 2016

Darwin, Charles in einem Brief an einen holländischen Studenten am 2. April 1873, in: Siegfried Schmitz (Hg.), Carles Darwin – ein Leben, 1982

Dawkins, Richard: Put your Money on Evolution, New York Times Review, 9. April 1989

Davies, Paul: Der Plan Gottes. Die Rätsel unserer Existenz und die Wissenschaft, 1995

Davies, Paul: New Scientist, 30. Januar 1999

Davies, Paul, Kenyon D. H.: The Central Question of Biological Origins, Haughton Publishing C., 1989

Derrida, Jaques zitiert in: Paula-Irene Villa: Judith Butler, 2003

Devon, I. J., Kopp online, 14.12.2015

Dose, Klaus: The Origin of live: More Questions than answers, Interdisciplinary Science Rev., 1988

Dürr, Hans-Peter: Naturwissenschaft und Wirklichkeit in: Helmut A. Müller (Hg.) Naturwissenschaft und Glaube, 1988

Dürr, H.-P., Panikkar Raimund: Liebe – Urquelle des Kosmos, 2008

Dürr, Hans-Peter: Geist, Kosmos und Physik, 2010

Dreher, Rod: Die Benedikt-Option, 2018

Duve, Christian de: Live Evolving, Oxford University Press, 2002

Eccles, J. und Beck, F.: Proceedings of the National Academy of Sciences, 1992

Eccles, John: Wie das Selbst sein Gehirn steuert, 2000

Eddington, Arthur Stanley: Die Naturwissenschaft auf neuen Bahnen in Hans-Peter Dürr (Hg.), Physik und Transzendenz, 1986

Eddington, Arthur Stanley: Wissenschaft und Mystizismus in Hans-Peter Dürr (Hg.), Physik und Transzendenz, 1986

Einstein, Albert: Gelegentliches. Soncino-Gesellschaft der Freunde des jüdischen Buches, 1929

Einstein, Albert: Briefe an Maurice Solovine, Paris, 1956

Einstein, Albert: Religion und Wissenschaft in Hans-Peter Dürr (Hg.), Physik und Transzendenz, 1986

Einstein, Albert: Mein Weltbild, (Hg.) Carl Seelig, 2010

Ewald, Günter, Gibt es ein Jenseits? 2000

Fischer, Ernst Peter: Sowohl als auch, 1987

Fleischhauer, Jan: Unter Linken, 2010

Fleischhauer, Jan: Spiegel Onllne, 03.08.2017

Feuerbach, Ludwig: Gesammelte Werke, (Hg.) Werner Schuffenhauer, 1967

Flew, Antony: Associated Press Report, 9. Dezember 2004

Frankl, Viktor Das Leiden am sinnlosen leben, 1991

Froböse, Rolf: Der Lebenscode des Universums, 2009

Fromm, Erich: Die Kunst des Liebens, 1973

Fromm, Erich: Haben oder Sein, 1980

Gärtner Edgar L.: Öko-Nihilismus, Eine Kritik der politischen Ökologie, 2007

Galilei Galileo: Opere, Vol. V, 1615

Galilei, Galileo: Il Saggiatore (1623) Edition nazionale, Bd. 6, Florenz, 1896

Gisin, Nicolas, zitiert in: Rolf Froböse, Der Lebenscode des Universums, 2009

Görnitz, Thomas: Quanten sind anders, 2008

Görnitz, Thomas und Brigitte: Die Evolution des Geistigen, 2009

Goswami, Amit: Das bewusste Universum, 2007

Goswami, Amit: Die schöpferische Evolution, 2009

Guitton, Jean, Bogdanov Grichka und Igor: Gott und die Wissenschaft, 1992

Hanssmann, Friedrich: Humanisierung des Managements, 2001

Haraway, Donna: Monströse Versprechen, 2017

Haucap, Justus: Wettbewerb statt Streichelzoo, Focus, 34/12

Heim, Karl: Du Herr bist Kraft und Leben, 1961

Heim, Karl: Zur Frage der Wunderheilungen in: Adolf Köberle: Karl Heim, 1973

Heine, Heinrich: Nachwort zum Romanzero, 1851

Heisenberg, Werner: Schritte über Grenzen, 1971

Heisenberg, Werner, Quantentheorie und Philosophie, 1979

Heisenberg, Werner: Gesammelte Werke, Bd. IV, 1986

Heisenberg, Werner: Ordnung in der Wirklichkeit in Hans-Peter Dürr (Hg.), Physik und Transzendenz, 1986

Heisenberg, Werner: Der Teil und das Ganze, 2010

Heller, Peter: Unwissenschaftliche Klimapolitik, Tichys Einblick, 01/19, S. 54

Hoffman, Doug I.: www.eike-klima-energie.eu

Holzhauser Hanspeter: Mitteilungen der naturforschenden Gesellschaft in Bern, Bd. 66, 2009

Honderich, Ted (Hg.) The Oxford Companion to Philosophy, Oxford University Press, 1995

Horx, Matthias: Epidemien der Angst, Die Welt, 14. März 2007

Huygens, Christian: Traite de la Lumiere, 1678

Jaspers, Karl: Vom Ursprung und Ziel der Geschichte, 1949

Jeans, Sir James: In unerforschtes Gebiet, in Hans-Peter Dürr (Hg.), Physik und Transzendenz, 1986

Jonas, Hans: Das Prinzip Verantwortung, 1987

Jones, Steve: The Language of the Genes, 2000

Jordan Pascual: Die weltanschauliche Bedeutung der modernen Physik in Hans-Peter Dürr (Hg.), Physik und Transzendenz, 1986

Joyner, Rick: Die Vision einer Ernte, 1994

Jung, C. G.: Erinnerungen, 2013

Junker, Reinhard, Scherer, Siegfried: Evolution – ein kritisches Lehrbuch, 2006
Kanirova, M., Kudela, K.; Atmospheric Research, November 2014
Kant, Immanuel: Berlinische Monatsschrift, Dezember 1784
Károly, Simonyi: Kulturgeschichte der Physik, 1990
Kaufmann Wolfgang, Der Weltretter, JF 46/2016
Kepler, Johannes: Harmonices Mundi, 1619, dt. KGW Bd. VI, 1940
Kepler, Johannes in: Jürgen Hübner, Die Theologie Johannes Keplers, 1975
Kepplinger, M., Post, Senja: Die Klimaforscher sind sich längst nicht sicher, Welt Print, 25. 09. 2007
Kepplinger, Matthias: Phantomangst Atomangst, FAZ, 9. April 2011
Kepplinger, M.: www. professorenforum.de, 09.01.2017
Kilifarska, N. A. Journal of Atmospheric and Solar-Terrestrial Physics, August 2015
Klein, Stefan: Das All und das Nichts, 2017, Vorabdruck in FAS vom 22.10.2017
Knapp, Natalie: Anders denken lernen, 2008
König, Michael: Das Urwort, 2010
Koestler, Arthur zitiert in Roland Baader, Totgedacht, 2002
Krockow, Christian, Graf: Plädoyer für die Skepsis, DIE ZEIT, 12/87
Kuhn, Wolfgang: Heute noch an die Schöpfung glauben? in: Eberhard Beckers et al. (Hg.) Pluralismus und Ethos der Wissenschaft, Professoren-Forum, 1999
Kutschera, Ulrich: Die Welt, 21.10.2006
Laughlin, Robert: Abschied der Weltformel, 2007
Lennox, John: Hat die Wissenschaft Gott begraben? 2009
Lepenies, Wolf: Die Zeit, 27/1996
Lessing, G. E.: Gesammelte Werke, (Hg.) Paul Rilla, Bd. 8, 1956
Lewis, C. S.: Die Abschaffung des Menschen, Oxford Univ. Press, 1943, dt. 2015
Lewontin, Richard: The New York Review of Books, 9. Januar 1977
Lommel, Pim van: Endloses Bewusstsein, 2010
Lorenz, Konrad: Das sogenannte Böse, 1971
Lorenz, Konrad: Die acht Todsünden der zivilisierten Menschheit, 1982
Lorenz, Konrad: Der Abbau des Menschlichen, 1983
Ludwiger, Illobrand von: Das neue Weltbild des Physikers Burkhard Heim, 2006

Ludwiger, Illobrand v.: Burkhard Heim, 2010

Lukas, Elisabeth: Die magische Frage wozu? 1991

Lüpke, Gesco von: Galileos Erben, In: Hofmeister/Bauerochse (Hg.), Die Zukunft der Religion, 1999

Mae-Wan Ho, The real Bioinformatics Revolution, ISIS, 2. Februar 2007

Mai, Lam, Geophysical Research letters, September 2014

Mann, Frido und Christine: Es werde Licht, 2017

Margenau, H.: The Miracle of Existence, 1984

Marcuse, Herbert zitiert in: Igor R. Schafarewitsch, Der Todestrieb in der Geschichte, 1980

Maxeiner, Dirk: Hurra, wir retten die Welt, 2007

Meyenn, Karl von: Paulis Ausschließungsprinzip, Teil 1+2, Phys. Blätter, Bd. 36+37, 1980-1981

Meyer, Stephen: Return of the God Hypothesis, 1998

Monod, Jaques, Zufall und Notwendigkeit, 1985

Mundy, David Lee: Die Auflösung des Geschlechts, 13. Bulletin des Deutschen Instituts für Jugend und Gesellschaft, Frühjahr 2007

Nagel, Thomas: Geist und Kosmos – warum die materialistische Konzeption der Natur falsch ist, 2013

Neumann, John v.: Mathematical Foundations of Quantum Mechanics, 1932

Nietzsche, Friedrich: Also sprach Zarathustra, Vorwort

Pais, Abraham: The Genius of Science. A portrait gallery, Oxford University Press, 2000

Paltridge, Arking & Pook: Trends in middle and upper level tropospheric humidity from nCEP reanalys data, theor. appl. Climatol, DOI 10.1007/s 00704-009-0117-x Springer, 2009

Pascal, Blaise: Gedanken, 1956

Pauli, Wolfgang: Die Wissenschaft und das abendländische Denken in Hans-Peter Dürr (Hg.), Physik und Transzendenz, 1986

Peat, F. David: Der Stein der Weisen, 1992

Penrose, Roger: Concerning Computers, Minds, and the Laws of Physics, 1989

Penrose, Roger: Computerdenken. Die Debatte um künstliche Intelligenz, 2002

Petersdorff, Wienand von: Die deutsche Angst, Die Welt, 28/2007

Petersdorff, Wienand von: Atomkraft ja bitte! FAS, 20/2015

Philberth, Bernhard: Ein Wissenschaftler erlebt Gott, Waltraud Uhlenbruch (Hg.), 2016

Pieper, Josef: Kulturphilosophische Schriften, Bd. 6, 2012

Planck, Max in: Hans-Peter Dürr (Hg.), Physik und Transzendenz, 1986

Popper, Karl R.: Leben ist Problemlösen, 1994

Popper, Karl R., Eccles John C.: Das Ich und sein Gehirn, 2014

Popper Karl zitiert in: Dirk Driesang: Popper fürs Praktische, JF28/18

Rebiai Marcel: Gott schauen, 2917

Riechelmann, Cord: Und sie existiert doch!, FAS 43/2014

Rovelli, Carlo: Die Wirklichkeit, die nicht so ist, wie sie scheint, 2016

Röd, Wolfgang: Der Weg der Philosophie, 2. Band, 1996

Rubla Carlo in: Massey/Frazer; The Unturned Stone, 2007

Rutherford, Ernest: Über die Kernstruktur der Atome, dt. Leipzig, 1921

Safranski, Rüdiger: Das Böse oder das Drama der Freiheit, 1997

Sandage, Allan: A Scientist Reflects on Religious Belief, Truth, 1, 1985

Sedlak, Franz zitiert in Elisabeth Lukas: Die magische Frage wozu? 1991

Sheldrake Rupert: Das schöpferische Universum, 1985

Sheldrake, Rupert: Das Gedächtnis der Natur, 1990

Schaefer, Lothar: Versteckte Wirklichkeit, 2004

Schmidt, Alvin J.: Wie das Christentum die Welt veränderte, 2009

Schmidt, Helmut: Auf der Suche nach einer öffentlichen Moral, 1998

Schrödinger, Erwin: Naturwissenschaft und Religion in Hans-Peter Dürr (Hg.), Physik und Transzendenz, 1986

Schrödinger, Erwin: Geist und Materie, 1989

Schuler, Wolfgang: Gehirn, factum, 7/2018

Schulze, Gerhard: Die Klimahysterie, Die Welt, 12. Februar 2007

Schuster, Jaques: Die Welt, 12.02.2011

Sedlacek, Klaus-Dieter: Unsterbliches Bewusstsein, 2008

Seiß, Rudolf: Freiheit und Identität des Christen, 1983

Simon, Herbert A.: Homo Rationalis, 1993

Spengler, Oswald: Der Mensch und die Technik, 1931

Storch, Hans v.: Spiegel 17.06.2013

Svensmark H. et al. The response of clouds and aerosols to cosmic ray decreases, Journal of Geophysical Research – Space Physics, 2016, DOI: 10.1002/2016Ja022689

Thayer, H. S.: Newtons Philosophy of Nature, 1953

Tomiska, Josef: Physik, Gott und die Materie, 2010

Ulrich, Hans: Zur Aktualität von Erwin Schrödinger, 2008

Varenholt, Fritz, Lüning, Sebastian: Die kalte Sonne, 2012

Vollmert, Bruno, Das Molekül und das Leben, 1985

Watts, Anthony: Solar activity has a direct impact on Earth's cloud cover, Denmark TU, 25.08.2016

WBGU Wissenschaftlicher Beirat der Bundesregierung Globale Umweltveränderungen; Hauptgutachten Welt im Wandel – Gesellschaftsvertrag für eine Große Transformation, Berlin, 2011

Weimer, Wolfram: Credo, 2006

Weizsäcker, Carl Friedrich von: Der Aufbau der Physik, 1985

Weizsäcker, C. F. v.: Parmenides und die Quantentheorie, in Hans-Peter Dürr (Hg.), Physik und Transzendenz, 1986

Weizsäcker, C. F. v.: Naturgesetz und Theodizee, in Hans-Peter Dürr (Hg.), Physik und Transzendenz, 1986

Weizsäcker, C. F. v.: Bewusstseinswandel, 1988

Wigner, E. P.: The Unreasonable Effectivness of Mathematics in: Pure and Applied Mathematics, 13, 1960

Zastrow, Volker: Gender – Politische Geschlechtsumwandlung, 2010

Zeilinger, Anton Einsteins Schleier – die neue Welt der Quantenphysik, 2003

Zeilinger, Anton: Einsteins Spuk, 2007

Persönliche Daten des Autors

Dr. Wolfgang Leisenberg, Jahrgang 1942, verheiratet und Vater zweier Kinder, studierte nach dem Besuch des Humanistischen Gymnasiums in Konstanz Elektrotechnik an der TU Berlin, Systemdynamik an der TH Darmstadt und Wirtschaftswissenschaften an der TU München. Nach seiner Promotion an der TU Berlin lehrte er als Professor und Dekan an der Technischen Hochschule Mittelhessen Elektrotechnik und Automatisierungstechnik. Gleichzeitig leitete er eine von ihm gegründete Firma für thermische Verfahrenstechnik[1], die als Weltmarktführer in ihrem Bereich und für die effiziente Nutzung von Energie mit dem „Hessischen Innovationspreis" ausgezeichnet wurde. Als Anerkennung für viele Patente und Fachveröffentlichungen erhielt Dr. Leisenberg den Kammerpreis „Innovativer Mittelstand".

Neben anderen Ehrenämtern war er Vorsitzender der Vereinigung keramischer Anlagenbauer, Vorsitzender des wissenschaftlichen Beirats der Freien Theologischen Hochschule Gießen, Mitglied des Leitungskreises des Professorenforums und des Kuratoriums „Christozentrische Bekenntnis-Ökumene" (Prof. Beyerhaus). Dr. Leisenberg wurde in die Leitung zweier freikirchlicher Gemeinden berufen und in den Vorstand des „Gesprächsforums Leben+Glauben".

Seine über 20-jährige Vortragstätigkeit an Hochschulen, christlichen Werken (IVCG, GLG, CIB und CIW) und Gemeinden hatte die Themen Glauben und Wissenschaft sowie wirtschaftliche und gesellschaftliche Entwicklungen zum Inhalt. Dr. Leisenberg ist Autor vieler Artikel in Zeitschriften wie der Confessio Augustana, Factum, oder „Z" und Mitautor in den Büchern „Pluralismus und Ethos"[2], „Wissenschaft contra Gott?"[3], Höllensturz und Hoffnung[4], und Genderismus(s).[5]

1 www.innovatherm.de
2 L. Simon (Hg.), Professorenforum 1999.
3 2007, H.-J. Hahn, L. Simon (Hg.), 2007.
4 2013.
5 Ch. Günther (Hg.), 2015.

Bildnachweise: Die verwendeten Bilder sind technische Reproduktionen.

WWW.FREIMUND-VERLAG.DE